AF567741
ARCTIC OCEAN
FR. JOSEPH LAND
SPITZBERGEN
Barents Sea
Nova Zembla
Kara Sea
Taimyr Peninsula
New Siberia
Lapland
SIBERIA
EMPIRE
RUSSIA
ASIA
Mongolia
Gobi or Shamo Desert
CHINESE EMPIRE
CHINA
TIBET
INDIA
PERSIA
ARABIA
TURKESTAN
Sea of Okhotsk
Behring Sea
Sea of Japan
Philippine Islands
EAST INDIAN ARCHIPELAGO
New Guinea
AUSTRALIA
Western Australia
South Australia
Queensland
New South Wales
Victoria
Tasmania
NEW ZEALAND
North I.
South I.
INDIAN OCEAN
PACIFIC OCEAN
Arabian Sea
Bay of Bengal
Coral Sea
Timor Sea
Cape Town to Adelaide 5400 m.
London to Melbourne 14,000 m.
Mauritius to Melbourne 4575 m.
Yokohama to S. Francisco 4500 m.
Sydney to Auckland 1281 m.

Till Hägele

Die Welt in voller Blüte

Eine botanische Entdeckungsreise zu den schönsten Blütenpflanzen der Welt

Bayerischer Landwirtschaftsverlag

Carrizo Plain, Kalifornien

Till Hägele
Die Welt in voller Blüte
Eine botanische Entdeckungsreise zu den schönsten Blütenpflanzen der Welt
BLV

Vorwort

Reisen und Pflanzen, diese beiden Themenfelder passen wirklich gut zueinander. Auch wenn das Reisen an sich deutlich leichter geworden ist, als es zu Zeiten der großen Entdeckungsreisen Anfang des letzten Jahrhunderts war, hat es den gleichen Reiz wie dazumal. Wir kennen zwar vieles aus dem Fernsehen, aber die Gerüche, der Wind im Gesicht und das Tosen von Kulturen um einen herum machen den Unterschied und das Erleben mit allen Sinnen aus. Schon am Flughafen zeigen verschiedene Landestrachten und Sprachen, wie groß die Welt tatsächlich ist. Am Ziel entdeckt man mit etwas Glück auf einer Dschungeltour »alte« Bekannte vom eigenen Fensterbrett oder botanische Sensationen mit auffälligen Blüten oder Blumen.

In diesem Buch möchte ich die Schönheit und die Biologie der Pflanzen mit Geschichten und Ausflügen in die Historie illustrieren. Ich hoffe, auch die Schilderungen meiner persönlichen Reiseerlebnisse machen Ihnen das Lesen unterhaltsam.
Der Fokus liegt zwar auf Pflanzen und ihren Blüten, doch auch Länder und Kulturen sollten in diesem Buch nicht zu kurz kommen.
Mit der Einteilung der Welt in ihre Florenreiche werden ausgesuchte Pflanzen ihren Standorten zugeordnet, spezifische Themen setzen sie in ökologischen und kulturellen Kontext. Durch die enthaltenen Pflanzenporträts mit Pflegehinweisen soll Ihnen das Buch zugleich ein Ratgeber für die Zimmerpflanzenpflege sein. Im ersten Teil finden Sie Wissenswertes zum Thema Blumen und Blüten, ihre Biologie und die menschliche Abhängigkeit von ihnen.

Ein großer Dank gebührt Sonja Forster und der gesamten Redaktion Heimtier, Haus & Garten sowie Susanne Kronester-Ritter, Ariane Heger und Hannah Crawford. Außerdem danke ich Bianca Busse und Frauke Hägele für das Zusammenstellen meiner Reiseberichte sowie meiner Frau Areenan In-lam.
Corina Steffl danke ich besonders für das Lektorat und die Auffrischung vieler Reiseerinnerungen, die sich im Austausch ergab und die wir unabhängig voneinander gemeinsam haben.

Durch die Blume

Pflanzen und Blumen wohnt nicht nur das faktisch Metonymische inne, das der Botaniker in ihnen sieht. Sie besitzen auch eine große Symbolik im Alltag und werden oft als Metapher verwendet.
Am besten lässt sich das anhand des Beispiels zeigen, wann eine Rose eine Blume oder ein Liebessymbol ist.

Glaube, Liebe, Hoffnung

Genau wie die Rose besitzen auch viele weitere Blumen eine eigene Pflanzensymbolik im Alltag, sodass man, ähnlich wie mit einem Gemälde, vieles ganz ohne Worte mit Blumen ausdrücken kann. Interessanterweise ist die Blumensymbolik kein Phänomen eines bestimmten Kulturkreises, sondern findet sich in allen Ländern und Sprachen und dem täglichen Leben wieder. Die Blüte selbst ist der Abschluss des sich langsam entwickelnden Lebens einer Pflanze und zeigt, als vermutlich größter Kraftakt im Pflanzenleben, die ganze Energie, die einer Pflanze innewohnt. Blumen werden daher in der Symbolik als der Höhepunkt des Lebens angesehen und stehen für alles Positive des menschlichen Lebens, wie Glück, Freude, Liebe und Freundschaft.

DIE HOFFNUNG IST NICHT NUR GRÜN

In seinem Buch über Symbolik und Mythologie in der Natur beschreibt der Würzburger Mediziner Johann Baptist Friedreich im 19. Jahrhundert, dass bereits in der römischen Mythologie die Blume nicht nur das Symbol des Lebens, sondern auch der damit verbundenen Hoffnung war. Die Hoffnung (lat. *spes*) wurde als ein schlankes, auf den Zehen leicht dahinschwebendes Mädchen dargestellt, das eine einzelne Blume in der Hand hält. Spes war nicht nur die personifizierte Hoffnung, sondern stand auch für Kindersegen und eine gute Ernte. Ihre Abbildung befindet sich auf der Rückseite eines Sesterzes aus der Herrschaftszeit von Claudius (10 v. Chr. bis 54 n. Chr.). Als Statue findet man sie auf der Grabstätte Alexander von Humboldts in Berlin oder in der Glyptothek in München. Spes wurde eng mit der Glücks- und Schicksalsgöttin Fortuna verbunden.

ÜBER ZEIT UND RAUM HINWEG

Im Hinduismus findet sich mit Lakshmi ebenfalls eine weibliche Gottheit mit ähnlichen Eigenschaften. Lakshmi ist nicht nur die hinduistische Göttin des Glücks, der Liebe, der Fruchtbarkeit und des Wohlstands, sondern auch die Göttin geistigen Wohlbefindens, der Harmonie, der Fülle, des Überflusses und der erhaltenden Kraft. Sie wird auf einer Lotosblüte (*Nelumbo nucifera*) stehend abgebildet, mit jeweils einer solchen in der Hand, und ist außerdem die Beschützerin der Pflanzen. Die Lotosblüte ist nicht nur die Blume Lakshmis, auch Brahma, der Gott der Schöpfung, thront auf ihr. Der Lotos besitzt eine besondere Oberfläche, die Schmutz und Wasser abperlen lässt, sodass er als Pflanze flacher Gewässer, an Ufern und der Verlandungszone (Hydrophyt) dennoch immer frei von Schlamm ist und wie »aus dem Ei gepellt« aussieht. Diese Eigenschaft hat ihm nicht nur im Hinduismus große symbolische Aussagekraft eingebracht, auch im Buddhismus steht der Lotos für Erleuchtung, Reinheit, Treue und Schöpferkraft. Buddhas werden daher, ebenso wie Brahma, häufig auf einer Lotosblüte thronend dargestellt.

Wegen der ähnlichen Schreibweise wird der Lotus (*Nymphaea lotus*) oft mit dem Lotos (*Nelumbo nucifera*) verwechselt. Zwar sind beide Wasserpflanzen, aber der Lotus ist eine Seerose und in Nordafrika beheimatet, während der Lotos seine Verbreitung in Asien hat. Doch auch dem Lotus wurde im antiken Ägypten eine große mystische Bedeutung zuteil, galt er doch als ein wichtiges Symbol für die Regeneration, Seelenwanderung und Wiedergeburt. Zu Zeiten Tutanchamuns und des neues Reiches (ca. 1550–1070 v. Chr.) symbolisierte ein Kind, das auf einer Lotusblüte sitzend dargestellt wurde, die Geburt des Sonnen-

gottes. Die Lotusblüte war außerdem das Attribut des jugendlichen Gottes Nefertem. Er wurde sie entweder auf dem Haupt tragend oder auf ihr sitzend, gleich dem Sonnengott, dargestellt. Die Lotusblüte hatte auch symbolische Bedeutung als Mittel zur Wiedergeburt und der Verstorbene konnte ihre Gestalt annehmen. Die Mumie von Ramses II. war mit einem Kranz aus Lotusblüten um den Hals geschmückt und bis heute werden die Blüten des Lotos sowie des Lotus in Tempeln zur Verehrung aufgestellt. Auffällig ist das Motiv des auf einer Blüte sitzenden Kindes, das durch die Epochen hindurch als Sinnbild des neuen Lebens in vielen Religionen erhalten geblieben ist.
Auch in deutschen Sagen aus dem Mittelalter stehen Blüten und Blumen für den Übergang zwischen Leben und Tod, oft gibt es Verbindungen zur christlichen Religion. Viele solcher Sagen handeln von frommen Toten oder einem unschuldigen Mädchen, aus deren Herzen oder neben deren Kopf weiße Lilien oder andere Blüten sprossen, nachdem man sie beerdigt hatte. Die weißen Blüten waren so das Abbild ihrer frommen und unschuldigen Seelen. Besonders in Italien kommt bis heute vielen Blüten eine große religiöse Symbolik zu.

BLUMEN IM CHRISTLICHEN GLAUBEN

Blumen und Pflanzen waren von jeher wichtige Attribute des christlichen Volksglaubens. Ihre Bedeutung reichte von einem Talisman bis hin zum Aberglauben, waren sie doch wegen ihrer schützenden Kraft bei den Bauern beliebt, zugleich aber aufgrund ihrer unheilvollen Wirkung gefürchtet. Am stärksten schlägt sich diese ambivalente Sichtweise sprachlich in den weitverbreiteten Trivialnamen nieder, mit denen Pflanzen in Gut und Böse unterteilt werden. Gute Pflanzen tragen die Namen von Gott, Christus, Engeln oder Heiligen, wie z.B. Gottes-Gnadenkraut (*Gratiola officinalis*), Christwurzel oder Christrose (*Helleborus niger*) oder Engelwurz (*Angelica archangelica*). Giftpflanzen führen hingegen den Namen des Teufels, z.B. Teufelsbeere (*Atropa belladonna*), Teufelsmilch (*Euphorbia lathyris*) oder Teufelspeterlein (*Conium maculatum*).

1
Die Lotosblüte, symbolträchtige Pflanze im Hinduismus und Buddhismus

2
Für gut und würdig befunden: die Christrose mit ihren Blütenblättern in unschuldigem Weiß

Zahlreiche Blumennamen beziehen sich auch auf die Unschuld der heiligen Maria, wie z.B. Marienhandschuh (*Digitalis purpurea*) oder Mariendistel (*Silybum marianum*). Darüber hinaus beschäftigen sich einige Forschungsarbeiten mit der christlichen Pflanzensymbolik auf den Gemälden der Gotik (Mitte des 12. Jahrhunderts bis etwa 1500) und ihrer Interpretation. Dabei steht das Hohelied aus dem Alten Testament im Vordergrund, da hier der reichste Bezug zu verschiedensten Pflanzen vorhanden ist. Insgesamt 20 Arten von Blumen und Früchten kommen darin vor, unter anderem Lilien, Maiglöckchen, Rosen, Äpfel, Trauben, Granatäpfel und Pfingstrosen, und fast alle werden in Verbindung zur Jungfrau Maria gebracht. In den gotischen Gemälden finden sich fast ausschließlich die Blumen aus dem Hohelied und viele werden häufig im Kontext zur Madonna mit dem Kind dargestellt. So kann man im Vordergrund der »Stuppacher Madonna« von Matthias Grünewald (um 1480–1530) eine Vase mit weißen Lilien und roten Rosen erkennen. Das Bild der »Madonna mit Kind« des flämischen Renaissancemalers Joos van Cleve (1485–1540), entstanden um 1530, zeigt eine Madonna, die eine Passionsblume (*Passiflora*) in ihrer rechten Hand hält. Daraus ergibt sich ein interessanter Konflikt: Pedro Cieza de León berichtete 1553 als erster von einer Passionsblume, die man in der Neuen Welt (Amerika) entdeckt hatte, und erst um das Jahr 1600 soll die erste lebende Passionsblume nach Europa gekommen sein. Wie konnte also Joos van Cleve bereits 70 Jahre vorher eine Passionsblume malen? Michael E. Abrams fand heraus, dass die Passionsblume nachträglich von einem unbekannten Künstler hinzugemalt wurde und somit das Sortiment der Marienblumen aus dem Hohelied um Blumen aus der Neuen Welt erweiterte. Anfänglich war es nämlich recht schwer, Amerika zu besiedeln, da die Neue Welt mit Unchristlichkeit und Negativem verbunden wurde. Um die Missionierung voranzutreiben, bediente sich die Kirche kurzerhand solcher Fälschungen, die zeigen sollten, dass sich Gott mit christlichen Blumensymbolen auch in der neuen Welt zu erkennen gab.

Einer Legende nach stammen die weißen Streifen auf den Blättern der Mariendistel von der Milch der Jungfrau Maria.

Zum Lichterfest Loi Krathong werden in Thailand Hunderttausende kunstvoller Blumengestecke – mit Kerzen und Räucherstäbchen bestückt – schwimmen gelassen.

RELIGIÖSE BLUMENFESTE

Wer etwas in der Welt herumkommt, wird zwangsläufig das eine oder andere religiöse Blumenfest miterleben. Ich persönlich finde besonders die Blumenfeste in Asien ungemein prächtig. Eines der schönsten, das jedes Jahr Millionen von Besuchern aus dem In- und Ausland anzieht und meist im November stattfindet, ist das thailändische Lichterfest Loi Krathong. Am prachtvollsten wird es in der ehemaligen Königsstadt Sukhothai abgehalten. In volksfestähnlicher Atmosphäre kann man an zahlreichen Buden allerlei Leckereien oder Souvenirs kaufen. Zusätzlich gibt es Bühnenshows und ein Feuerwerk. Überall werden kleine Flöße zum Kauf angeboten, die reich mit duftenden Blumen und Räucherstäbchen geschmückt sind. Meist treiben nach kurzer Zeit unzählige solcher Flöße auf den Wasserflächen. Auf dem Höhepunkt des Lichterfests lässt man die für Thailand typischen Himmelslaternen steigen. Die vielen Blüten des Floßschmucks finden sich auch in den kleinen Girlanden und Halsketten (Puang Malai) wieder, die als Glücksbringer des alltäglichen Lebens fungieren. Sie werden überall an Straßenkreuzungen angeboten und sollen dem Autofahrer, der die kleinen Blumenketten meist um den Rückspiegel hängt, eine gute Fahrt sichern. Die kunstvoll gefertigten Blumengebilde sind meist zweifarbig gehalten und duften intensiv, da sie aus Blüten von Jasmin, Rosen, Studentenblumen (*Tagetes*), Ringelblumen (*Calendula*), Lilien, Nelken (*Dianthus*) oder Orchideen (*Dendrobium*) bestehen.

Von großen Blumenfesten, den Floralia, zu Ehren der römischen Vegetationsgöttin Flora berichtet der römische Dichter Ovid (43 v. Chr. bis 17 n. Chr.). Zu diesem Fest, das vom 28. April bis zum 4. Mai gefeiert wurde und dessen Höhepunkt die Spiele (Luci Florales) am 3. Mai waren, wurden die Wohnungen mit Blüten und Blumen geschmückt. Besonders die Frauen legten ihre weißen Gewänder in dieser Zeit ab und kleideten sich in bunten Farben. Blumen sollen aus den Häusern auf Vorübergehende herabgeworfen worden sein. Da Flora auch die Göttin des fröhlichen Lebensgenusses und der Schwangerschaft war, braucht man nicht viel Fantasie, um sich vorzustellen, dass es sich bei den Floralia um rauschende Feste gehandelt haben muss. Unklar ist, ob sich das bis heute südlich von Rom gefeierte Blumenfest Infiorata und das gleichnamige Ballettstück auf die Floralia beziehen.

> ”… hört das Geheimnis der Rosen, wie statt Worte durch Düfte sie kosen.“

ZEICHEN DER LIEBE

Eine gleichfalls omnipräsente Deutung der Blumen ist jene als Liebessymbol. Schon der griechische Dichter Homer (um 700 v. Chr.) beschrieb, dass die Erde die verschiedensten Blumen wie Hyazinthen und Krokusse vor Freude hervorgebracht haben soll, als Zeus seine Frau Hera liebevoll umarmte. Doch die Blumensymbolik ist nicht allein dem Göttervater vorbehalten, viele andere Götter der Liebe werden mit Blumen in Verbindung gebracht. Kama, der hinduistische Gott der körperlichen Liebe und Sohn von Lakshmi (siehe Seite 10), besitzt – dem römischen Amor ähnlich – einen Bogen aus Zuckerrohr, mit dem er mit fünf Blüten bestückte Pfeile des Verlangens abschießen kann.

BLUMIGE SPRACHE

Sprachlich sind Blumen fest verankert und die Poesie und Lyrik würden wohl kaum ohne Blumensprache auskommen. Der Philosoph und Literaturwissenschaftler Franz Thomas Bratranek (1815–1884) sagte einmal, man würde der Blumensprache überall dort begegnen, wo die Phantasie einsetzt, es sei also eine Sprache, die mit den Sinnen aufgenommen werde und allgemein verständlich sei. Wie sollte man sonst schwelgerisch den Duft einer Rose beschreiben, wenn nicht in einem Gedicht? Der persische Poet Hafis (1315–1390) drückte es so aus: »… hört das Geheimnis der Rosen, wie statt Worte durch Düfte sie kosen.«
Neben unzähligen Blumengedichten nehmen die Blumenspiele (jeux floraux) von Toulouse, wo sie 1324 erstmals ausgetragen wurden, eine ganz besondere Rolle ein. Die Blumenspiele sind ein bis heute existierender Dichterwettstreit. Besondere Leistungen wurden früher mit einem goldenen Amarant sowie je einem Veilchen, einer Wildrose und einer Ringelblume aus Silber ausgezeichnet. Heute gibt es zehn jährlich vergebene Preise, die immer noch nach Blumen benannt sind. Die Blumenspiele dienten mehreren vergleichbaren Wettbewerben als Vorbild, z.B. in Köln und Baltimore. Der Schweizer Alchemist Paracelsus (1493–1541), bekannt durch die Aussage, die Dosis mache das Gift, schlug eine systematische Einteilung der Pflanzen nach ihren Düften vor. Folgende philosophische Überlegung zu den Pflanzen und Blumen, die Paracelsus sehr poetisch ausgedrückt hat, finde ich sehr ansprechend: »Jeder Stern am Himmel ist ein geistiges Gewächs, dem ein Kraut bei uns auf der Erde entspricht, und jeder zieht durch seine anziehende Kraft das ihm entsprechende Kraut auf der Erde an, und jedes Kraut ist daher ein irdischer Stern und wächst über sich dem Himmel zu.«

DIE BEDEUTUNG VON BLUMENKRÄNZEN

Ich kann mich noch gut daran erinnern, wie man mir im Kindergarten beibrachte, aus Gänseblümchen (*Bellis perennis*) kleine Kränze zu flechten und sie sich auf den Kopf zu setzen oder die Blümchen als Ring um den Finger zu tragen. Was eine harmlose Beschäftigung und ein Spiel für uns Kinder war, hatte viele Jahrhunderte lang eine sehr symbolische Bedeutung. Es gibt zahlreiche Berichte in Europa über Bräuche, in denen Blumenkränze eine wichtige Rolle spielten.

1
Wenn die Worte fehlen, dann sagen Sie es doch mit Blumen!

2
Das Veilchen steht für Unschuld, Demut und Bescheidenheit, aber auch für Hoffnung und Treue, maßgeblich begründet durch Goethes Gedicht »Das Veilchen«.

Zur Kupala-Nacht, nach unserem Kalender die Nacht vom 23. auf den 24. Juni, sagt man in Osteuropa den Pflanzen magische Kräfte nach.

Bereits in der Antike hatte der Kranz aus Laub oder Blumen große symbolische Bedeutung. Bei den Griechen erhielten die Sieger der großen internationalen Spiele einen Kranz aus Blättern: in Olympia aus Olivenzweigen, in Delphi aus Lorbeer- oder Eichenlaub. Die Kränze wurden als Ehrung und Siegessymbol verliehen (oder für andere Verdienste) und wie eine Krone auf dem Kopf getragen. Die Form des Kranzes steht dabei für die Unendlichkeit und je nach Anlass wurden dem Kranz aus nichtblühenden Pflanzen auch Blumen hinzugefügt.
Für eine erfolgreiche Christianisierung wurden viele Traditionen und Bräuche übernommen und umgedeutet, so auch rund um den Blumenkranz. In einigen Ländern werden diese Bräuche bis heute gepflegt.
Die Slawen, die grob gesagt das Gebiet der ehemaligen UdSSR besiedeln, feiern beispielsweise in der kürzesten Nacht des Jahres die Kupala-Nacht. Sie geht auf Traditionen aus dem 8.–13. Jahrhundert zurück und ist ein Fruchtbarkeitsritus und eine rituelle Reinigung für unverheiratete Frauen. Dabei setzen diese aber auch Blumenkränze, manchmal zusätzlich mit Kerzen geschmückt, in ein Gewässer und junge Männer versuchen, einen solchen Kranz zu erreichen, um die Aufmerksamkeit der Besitzerin zu gewinnen. Es ist also ebenso ein Brauch, in dem es um Wettkampf, (Mut) Probe und ums Werben geht. Im Zuge der Kupala-Nacht wird auch von einem anderen Brauch berichtet, quasi einer antiken Form des »Datens«:
Unverheiratete werden dabei in den Wald geschickt, um eine Farnblüte zu finden. Da Farne keine Blütenpflanzen sind, ist es folglich nicht möglich, eine solche zu finden, doch sollen sich stattdessen Paare bei der

Suche gefunden haben. Auch in Mitteleuropa (Deutschland und England) sowie Skandinavien haben sich Traditionen des Wettkampfes und Werbens erhalten. Etwa beim Maibaumkraxeln, bei dem unverheiratete Männer den Kranz von der Spitze holen müssen, um ihn als Zeichen des Sieges tragen zu dürfen. Heutzutage haben solche Bräuche eher unterhaltenden Charakter.

DER BRAUTKRANZ

Ein anderer Brauch ist der des Brautkranzes. Es wird berichtet, dass im antiken Rom junge, unverheiratete Frauen einen Blumenkranz als Zeichen des Nicht-Vergeben-Seins trugen. Auch junge Germaninnen sollen sich im Alltag Blumen in die Haare geflochten haben oder sich an Feiertagen zu Kränzen geflochtene Blumen auf den Kopf gesetzt haben. In Rom war der Brautkranz traditionell aus duftenden Myrten (*Myrtus communis*) gefertigt, was sich bis heute im Trivialnamen »Brautmyrte« widerspiegelt. Zwar wird es heutzutage kaum noch praktiziert, doch war das Kranzbinden und das Kränzen auch im deutschsprachigen Raum ein verbreitetes Brauchtum. Es gibt zwar verschiedene Versionen und Anlässe, doch meist wurden Blumen während der Hochzeits-Vorfeierlichkeiten zu einem Kranz gebunden, heutzutage entspricht das wohl dem Junggesellinnenabschied. Sprachlich lebt der Brautkranz, den die Braut auf dem Kopf trägt, aber nach wie vor weiter, auch wenn er heute als Brauch eher vom Brautstrauß abgelöst worden ist, den die Braut über die Schulter wirft und dessen Fängerin angeblich als nächstes heiraten wird.

DER BLUMENSTRAUSS

Der Blumenkranz kann als Vorgänger des Blumenstraußes angesehen werden und bis heute werden Blumen mit Werben verbunden. Der Psychologe Nicolas Guéguen fand bei Versuchen heraus, dass ein Blumenstrauß, den ein männlicher Mitproband über-

Die Frau, die den Brautstrauß fängt, soll dem Brauch nach die nächste sein, die den Weg zum Traualtar beschreitet.

reichte, positive Gefühle bei Probandinnen auslöste, die Damen die gestellten Aufgaben anschließend mit mehr Spaß ausführten und den männlichen Kollegen sogar attraktiver fanden als vorher. Handelte es sich dabei um die Lieblingsblumen der jeweiligen Probandin, wurde der Effekt noch verstärkt.

> »Ein Kranz voll Blumen sei dein Leben. Und jeder Tag bring Freude dir ...«

Das Schmücken von Innenräumen mit Blumen und Sträußen, rein zur Freude und Ästhetik, reicht etwa 300-400 Jahre bis ins Barock zurück, das ein Zeitalter des Ausdrucks von Pracht und Üppigkeit war. Aus dieser und den nachfolgenden Epochen rühren die bis heute üblichen Bräuche her, z.B. einen Blumenstrauß bei einer Einladung mitzubringen oder sich einfach mal einen Blumenstrauß in die Wohnung zu stellen, um sich daran zu erfreuen. Zwar kann die Wissenschaft bis heute keine klare Antwort darauf geben, warum man sich über einen Blumenstrauß freut, weshalb man es wohl am besten einfach machen sollte.

WAS MENSCHEN AN BLUMEN FASZINIERT

Was ist es, was den Menschen so sehr an Blumen und Blüten fasziniert, dass sich darum herum eine regelrechte Industrie entwickelt hat, die die Pflanzen zu Produkten degradiert und ihnen die Natürlichkeit nimmt, indem sie vermarket und gehandelt werden? Diese Frage ist nicht leicht zu beantworten, denn noch können wir bestimmte Dinge nicht messen, um einen wissenschaftlichen Beweis zu erbringen. Bleibt deshalb die Wirkung eines Blumenstraußes, den man einem kranken Menschen ans Bett bringt oder einem Gastgeber als Geschenk überreicht, rein symbolisch, »nur« eine Geste oder ein Brauch? Ein Blumenstrauß hat die vorrangige Funktion, emotional zu wirken, also beim Gegenüber Gefühle auszulösen, da er weder ein Nahrungsmittel ist oder eine andere wichtige biologisch-lebenserhaltende Funktion besitzt. Das heißt, Blumen werden vom Menschen über alle Kulturkreise hinweg als nonverbale Kommunikationsform mit einem starken Symbolcharakter verwendet. Je nachdem, wie bekannt der Symbolcharakter von Blumen ist, wird auch die Botschaft vom Empfänger verstanden und was der Sender damit ausdrücken möchte (z.B. Freude, Liebe oder Trauer).

BLUMEN SIND GESUND

Wie schon erwähnt, gilt die Blume als ein Symbol des Lebens, als Höhepunkt des biologischen Seins. Die meisten Blumen werden durchweg mit sehr viel Positivem und der Blüte des eigenen Lebens assoziiert. Für den Empfänger eines Blumenstraußes ist das Grund genug, sich an all das erlebte Positive zu erinnern und an die Dinge, die das Leben so lebenswert machen, wenn er gerade krank ist. Unzählige Studien haben einen Placeboeffekt für die Genesung belegt. Der Grund, dass Placebos überhaupt wirken, ist die positive Psyche. Das Sprichwort »Lachen ist gesund« ist z.B. auch ein Teil der Heilungsmethode des Arztes Hunter Doherty »Patch« Adams (geb. 1945). Sich wohlzufühlen ist also ein wichtiger Baustein für eine positive Einstellung und Blumen können viel dazu beitragen. Als einer der Ersten entdeckte der schwedische Architekt Roger S. Ulrich 1984 ein solches »Stay Positive-Phänomen« in der Rehabilitation. In einer Studie stellte er fest, dass sich Patienten im Krankenhaus nach einer Operation im Durchschnitt drei bis fünf Tage schneller erholten, wenn sie aus ihrem Fenster auf einen Baum oder Garten blicken konnten, als andere Patienten, die nur auf eine Steinmauer schauten. Die Patienten, die ins Grüne sahen, bewerteten auch die Versorgung durch die Krankenschwestern durchweg positiver und benötigten weniger Schmerzmittel.

Was es also auch genau ist und aus welchem Anlass auch immer man Blumen verschenkt, es bringt Freude und Wohlgefühl – was Grund genug für das Verschenken eines Blumenstraußes sein sollte.

Wem zaubert der
Anblick eines solchen
Straußes kein
Lächeln ins Gesicht?

Blumen als Wirtschafts- und Umweltfaktor

Blumengrüße zu verschicken, dafür wird jedes Jahr zu verschiedensten Anlässen und Feiertagen geworben. Bestimmt hat jeder schon einmal einen Blumenstrauß verschenkt oder im Sommer selbst gepflückt. Selbst ein einfacher Strauß aus dem Garten oder aus Wildblumen von einer Wiese, sein Duft, sein Gewicht, die vielen Blumenformen und -farben – ein Strauß voller Blumen ist etwas ganz Außergewöhnliches, das bestimmt jedem große Freude bereitet. Mindestens genauso aufregend sind die Kunstwerke, die von Floristen in stundenlanger Arbeit aus Blumen komponiert werden, auch wenn bei diesen Arrangements ganz andere Blumen eingesetzt werden und etwas Bestimmtes »durch die Blume« ausgedrückt wird. Die Floristik ist nicht umsonst ein Handwerk, in dem eine kreative Ader lebt und zu einem besonderen Ausdruck kommt. Doch wie auch immer, an ein paar Feiertagen im Jahr ist ein Blumenstrauß obligatorisch. Am Valentinstag dürfen Rosen als Symbol der Liebe und Zuneigung für den Partner nicht fehlen, am Muttertag ist ein schöner Blumenstrauß ebenfalls angebracht und auch an Allerheiligen haben die Floristen Arbeitsspitzen und der Lebensmitteleinzelhandel sowie Discounter verkaufen massenweise Gestecke und Schnittblumen. Dazwischen gibt es natürlich noch andere Gelegenheiten oder Anlässe, Blumen zu verschenken. Kein Wunder, dass sich aus diesen Bräuchen und Sitten ein internationaler Markt gebildet hat, der alleine in Deutschland 2018 rund 2,9 Milliarden Euro Umsatz erbrachte.

DIE BLUMEN-TOP-10

Zahlen zum Umsatz mit Blumen ermitteln die Agrarmarkt Informations-Gesellschaft mbH (AMI) und der Zentralverband Gartenbau (ZVG) regelmäßig. 2018 besaßen nach wie vor Rosen den mit Abstand größten Marktanteil. Sie waren mit 41 % die am häufigsten gekauften Schnittblumen. Gleichauf schlossen sich mit jeweils 12 % Tulpen und Chrysanthemen an. Mit großem Abstand, aber immer noch in den Top 10 der umsatzstärksten Schnittblumen, folgten Sonnenblumen (5 %), Gerbera (4 %), Lilien (3 %), Amaryllis (3 %), Orchideen und Pfingstrosen (je 2 %) und Freesien (1 %).

Die Spitzenposition der Rosen ist nicht verwunderlich, da Rosen zu fast allen Anlässen verschenkt werden (Heirat, Valentinstag, Geburtstag, Traueranlass). Sie besitzen zwar eine klare Symbolik, die aber sehr weit gefasst werden kann. Hinzu kommt, dass Importware aus Afrika oder Südamerika das ganze Jahr über angeboten wird. Erstaunlich ist eher der hohe Anteil von Tulpen am Gesamtmarkt für Schnittblumen. Sie werden zwar angetrieben, sind aber nach wie vor Frühjahrsblumen und damit nur Saisonware. Ihr hoher Anteil erklärt sich aus dem Valentinstag, an dem sie mit 42 % Anteil glänzen und zusammen mit Rosen die umsatzstärksten Schnittblumen sind. Außerdem läuten sie als erste Schnittblumen mit ihren bunten, kräftigen Farben das Ende des Winters und den Anfang des Frühlings ein. Die Rolle der Schnittchrysanthemen entsteht durch das ganzjährig verfügbare Angebot und ihre lange Haltbarkeit beim Verbraucher (shelf life). Halten die meisten Schnittblumen bei guter Pflege je nach Qualität maximal um die zwei Wochen in der Vase, können es bei Chrysanthemen leicht vier bis sechs Wochen werden. Der große Abstand zu Platz 4 (Sonnenblume) bis Platz 10 (Freesie) erklärt sich anhand der höheren Preise dieser Arten. Diese Blumen sind keine günstige Massenware, sondern vielmehr eine hochpreisige Veredelung eines Blumenstraußes.

DER PREIS FÜR DEN PREIS

Es muss jedem bewusst sein, dass billige Massenware im Discounter, die aus dem Ausland stammt, leider auch eine sehr unschöne ökonomische Seite hat. Zwar ist sie im ersten Moment günstig, doch indirekt hat sie einen hohen Preis: die Zerstörung der Natur und die Ausbeutung von Menschen. In vielen Ländern des südlichen Afrikas oder Südamerikas sind die klimatischen Anbaubedingungen z.B. für Rosen sehr günstig. Kann man in Deutschland vielleicht ein- oder zweimal im Jahr Schnittrosen ernten, sind es im Ausland fünf bis sechs Mal. Natürlich werden die Mutterpflanzen mit allen Vor- und Nachteilen als Monokulturen angebaut. Da eine Schnittrose jedoch nahezu makellos beim Verbraucher ankommen muss, geht das nur unter Einsatz von Pflanzenschutzmitteln im großen Stil. Die Arbeitsbedingungen, der hohe Verbrauch von Trinkwasser oder das Verwildern von Schnittblumen in die Natur, wo sie zu invasiven Neophyten werden, zeigen, wie wenig nachhaltig solche Massenware produziert wird. Versuchen Sie daher, Schnittblumen bewusst einzukaufen (siehe Seite 24).

OHNE BLÜTEN KEIN UMSATZ MIT GRÜN

» ... Nach Blumen drängt, an Blumen hängt doch alles! ...«, könnte ein aus Goethes Faust abgewandelter Spruch heißen, denn ohne Blumen verkauft man hierzulande kaum Pflanzen. Immergrüne Pflanzen sind als altbacken verschrien. Der Hobbygärtner will natürlich einen schönen bunten Garten oder Balkon haben, und seit Kurzem wird verstärkt mit Blütenpflanzen als Futtermittel für Bienen geworben, um auch der Umwelt etwas Gutes zu tun. Rund 1,8 Milliarden Euro werden in Deutschland im Jahr für Beet- und Balkonpflanzen ausgegeben. Die Blütenliebe spiegelt sich auch bei den Zimmerpflanzen wider, denn auch in diesem Pflanzensegment überwiegen die blühenden Topfpflanzen, für die rund 1,1 Milliarden Euro jährlich ausgegeben werden. Hier führen mit weitem Abstand die Topforchideen, meistens *Phalaenopsis*, die als exotisch und wertvoll wahrgenommen werden und die ausdauernd ohne große Pausen blühen können.

1
Blumenauswahl beim Floristen: ob für drinnen oder draußen, Hauptsache es blüht.

2
Phalaenopsis sind deshalb so begehrt, weil sie monatelang blühen können.

1
Der Stiel an diesem Apfel ist der ehemalige Blütenstiel, unten sieht man die Reste der Staubfäden.

2
Panzerbeeren wie dieser Kürbis können enorme Ausmaße annehmen.

DIE FRUCHT ALS ZUSTAND DER BLÜTE

Blüten umgeben uns überall und bringen auch unsere tägliche Nahrung hervor. Die Bedeutung der Blumen wird deutlicher, wenn man ihre botanische Definition heranzieht, nämlich dass eine Frucht die Blüte im Zustand der Samenreife ist (Fruktifikation). In anderen Worten ausgedrückt bedeutet diese Aussage, dass ein Botaniker nur eine bestimmte Anzahl von Grundorganen definiert, deren Entwicklungsstadien sich aber verändern. Eine Blüte entwickelt sich mit dem anschwellenden Fruchtknoten, der schließlich zur Frucht ausreift. Auf der anderen Seite bedeutet es auch, dass alle Strukturen, die man in einer Frucht findet, bereits in der Blüte angelegt waren - wenn auch nur wenig sichtbar - und sich während der Fruchtreife ausprägen. Zur Veranschaulichung nehme ich einen Apfel als Beispiel. Am Apfel kann man den Blütenstiel sehr gut erkennen und gegenüber, an der Fruchtunterseite, sieht man noch die vertrockneten Staubfäden. Der eigentliche Apfel ist ein stark verdickter, fleischig ausgeprägter Blütenboden, der das Kerngehäuse mit den Samen umschließt. Für die Pflanze ist die Samenbildung zur Sicherung von Nachkommen ein wahrer Kraftakt. Dieser Kraftakt ist erst abgeschlossen, wenn die Früchte reif sind und die Samen (Diasporen) verbreitet werden. Für die Verbreitung der Samen gibt es vielerlei Mechanismen. Früchte mit viel Fruchtfleisch werden z.B. gerne von Tieren gefressen, die wiederum die Samen an anderen Orten ausscheiden (Endozoochorie), wo diese keimen und zu einer neuen Pflanze heranwachsen können.

DIE HORMONE SIND SCHULD

Doch bis eine Frucht ausgereift ist, stellt sich viel in der Pflanze um. Wie beim Menschen auch, steuert und reguliert bei Pflanzen der Hormonhaushalt (Phytohormone) die Wachstumsabläufe. Bei den Phytohormonen gibt es zwei Kategorien, die fördernden und die hemmenden Substanzen. Besonders die hemmenden Phytohormone spielen eine wichtige Rolle bei Blattformen oder auch beim Aktivitätswechsel, z.B. der Winterruhe (Dormanz). Zu Beginn der Fruchtreife wird das fördernde Auxin in den jungen Früchten drastisch reduziert und das Reifehormon Äthylen nimmt zu, was zeitgleich eine Stoffwechseländerung einleitet.

Damit wird das restliche Blattgrün (Chlorophyll) in der Blüte abgebaut. Stattdessen werden Farbpigmente gebildet, z.B. Anthocyane (rote Farbstoffe) und Carotinoide (gelbe Farbstoffe), sekundäre Pflanzenstoffe, die man auch von der Herbstfärbung her kennt. Durch das Äthylen verändert sich die biochemische Aktivität in den Früchten und durch verstärkte Atmungsvorgänge wird Stärke zu Zucker abgebaut, der Säuregehalt nimmt zeitgleich ab. Das hat bestimmt schon jedes Kind ausprobiert: Unreife Äpfel schmecken sauer (noch viel Säure und wenig Zucker vorhanden), genussreife Äpfel haben ein recht ausgeglichenes Zucker-Säure-Verhältnis. Überlagerte Äpfel dagegen schmecken mehlig, da Zucker und Säure bei der Alterung wieder zu Stärke umgewandelt werden. Auch noch nach der Ernte scheiden reife Früchte, aber auch frische Blumen, z.B. Schnittblumen, viel Äthylen aus, was eine große Rolle bei der Fruchtlagerung (auch zu Hause!) spielt. Unter Einfluss von Äthylen reifen Früchte natürlich schneller. Wenn Sie also einen luftdichten Plastikbeutel mit Äpfeln kaufen, sollten Sie ihn bald öffnen, damit das Äthylen sich im Beutel nicht anreichert und die Äpfel nicht so schnell altern bzw. weiterreifen. Trennen Sie reife Früchte von unreifem Gemüse oder Pflanzenteilen, anstatt Obst und Gemüse nach dem Wochenendeinkauf zusammen in die gleiche Schublade im Kühlschrank zu legen. Äthylen ist ein natürliches Reifegas und für den Menschen nicht schädlich. Es wird auch in großer Menge von frischen Schnittblumen abgegeben. Steht also ein Blumenstrauß direkt neben einer Obstschale auf dem Esstisch, wird das Äthylen aus dem Obst den Blumenstrauß schneller welken lassen, das vom Blumenstrauß ausgestoßene Reifehormon wiederum lässt das Obst in der Schale schneller verderben. Beides hat jeweils auch einen großen Einfluss auf blühende Topfpflanzen, die in der Nähe stehen und deren Blüten schneller verwelken.

FRÜCHTE

Früchte gibt es, ähnlich ihrer Grundform, der Blüte, in unglaublich variantenreichen Formen und Farben. Von exotischen Gestalten wie der Drachenfrucht (*Hylocereus undatus*) oder der Sternfrucht (*Averrhoa carambola*) bis hin zu den größten Früchten der Welt, den Panzerbeeren der Kürbisgewächse (*Cucurbitaceae*). Besonders die Sorte ‘Atlantic Giant’ ist für die Größe ihrer Früchte bekannt. Jedes Jahr im Herbst finden auf Kürbisausstellungen auch Wettbewerbe statt, bei denen der jeweils schwerste Kürbis zum Sieger gekürt wird. In Deutschland liegt der Rekord bei 916,5 Kilogramm, der Weltrekord liegt sogar bei 1191,5 Kilogramm. Doch es muss nicht immer ganz so spektakulär zugehen, denn die Menschheit ernährt sich nicht von wenigen Riesenfrüchten, sondern von Abermillionen kleinen Früchten, nämlich von denen der Getreide, die unser aller Grundversorgung sicherstellen. Das Korn (die Karyopse) des Getreides ist vielleicht nicht so auffällig, doch jedes Jahr bilden die Erträge der Getreidefrüchte aus der Agrarwirtschaft das Rückgrat der Zivilisationen auf der ganzen Erde.

2

Blumen zum Selbstpflücken unterstützen regionale Anbauer, sind gut für die Umwelt und das Pflücken macht viel Spaß.

NACHHALTIG EINKAUFEN

Blumen und Früchte sind ein elementarer Versorgungsbaustein in unserem Leben. Sie stellen nicht nur die Nahrungsversorgung sicher, sondern steigern auch unser Wohlbefinden, indem Blumen unsere Stadtwohnungen aufwerten. Trotzdem hat die Agrarwirtschaft inklusive des Erwerbsgartenbaus in den letzten Jahren viel öffentliche Kritik an ihren Produktionsmethoden hinnehmen müssen. Zum einen wurde das Insektensterben von der Öffentlichkeit deutlich wahrgenommen, sodass private Gärten und Balkone nun auch mit Pflanzen als Futterquellen für Insekten bestückt und nicht nur zur Zierde bepflanzt werden. Vom Anbau beim Produzenten bis hin zur Verwendung beim Verbraucher wurde vieles auf Nachhaltigkeit oder reduzierten Ressourceneinsatz umgestellt. Torf wurde und wird weniger verwendet, der Einsatz von Pflanzenschutzmitteln wird reduziert und Plastiktöpfe sollen recycelbar werden.

Trotzdem ist das alles nur ein Teil der Verbesserungsmöglichkeiten. Solche Maßnahmen sind gut und wichtig, doch es geht noch besser. Viele Schnittblumen, z.B. Rosen, werden, wie bereits beschrieben, in Ländern außerhalb der EU produziert und unterliegen damit völlig anderen Produktionsabläufen als hier. Schnittblumen aus anderen Kontinenten verbrauchen das wenige dort verfügbare Trinkwasser, es werden massiv Pflanzenschutzmittel eingesetzt und die Arbeitsbedingungen sind hart. Die Blumen müssen noch dazu extra nach Europa geflogen werden, was der CO_2-Bilanz ebenfalls nicht zuträglich ist. Wer also den Menschen und der Natur in den südlichen Ländern Afrikas und Südamerikas, wo die größten Schnittblumenproduzenten die Blumen billig produzieren, helfen will, sollte sich überlegen, ob solche Blumen im Winter wirklich nötig sind, und wenn ja, nach Fairtrade-Labels fragen.

> ”Setzen Sie, der ganzen Welt zuliebe, auf saisonale und regionale Angebote.“

Ähnlich verhält es sich mit eigentlich heimischen Früchten außerhalb ihrer Saison. Himbeeren und Heidelbeeren werden im europäischen Winter in Peru und anderen Ländern produziert, damit sie bei uns im Dezember frisch angeboten werden können. Regionales Obst, wie Birnen oder Äpfel, kann dagegen gut vom Herbst bis zum Frühjahr gelagert werden und verbraucht weniger Ressourcen dabei.

Setzen Sie, der ganzen Welt zuliebe, stärker auf saisonale und regionale Angebote. Muss es immer ein Strauß Rosen sein, den man verschenkt? Vielerorts haben sich in den Sommermonaten Blumenfelder zur Selbstpflücke etabliert. Als man die ersten dieser Felder vor etwa zehn Jahren sah, waren viele skeptisch, ob das funktionieren würde. Inzwischen gibt der Erfolg und die wachsende Feldanzahl dem Modell recht.

Spaß macht es auch, sich einen Gladiolenstrauß selbst heranzuziehen. Kaufen Sie im Frühjahr Blumenzwiebeln und pflanzen Sie diese in einen Topf, den Sie ab Mitte März ins Freie stellen (siehe Seite 191 und Seite 199). Gladiolen wachsen dort genauso wie auf dem Feld und Sie können im Sommer Blütenstiele schneiden. Im Herbst holen Sie den Topf ins Haus, wo Sie ihn überwintern. So können Sie drei bis vier Jahre lang umweltschonend Schnittgladiolen ernten.

Fortpflanzung: Die größte Show im Pflanzenreich

Es gibt fast so viele Blumen wie Bücher über die Sexualität der Bedecktsamer. Der Titel »Die Blüte: Struktur, Funktion, Ökologie, Evolution« von Dieter Heß kann durchaus als eines der umfangreichsten Standardwerke dazu bezeichnet werden. Die kürzlich erschienene dritte Auflage unterstreicht die Bedeutung dieses Buches und zeigt den Stand der Wissenschaft bei der umfassenden Forschung zur Blüte und ihrer ökologischen Bedeutung. Doch was ist die Blüte überhaupt und warum hat sie so eine ökologische Bedeutung?

WIE DIE BLÜTEN ENTSTANDEN

Salopp gesagt ist die Blüte vermutlich die größte Bühnenshow im Pflanzenreich, ähnlich dem bunten Balzverhalten im Tierreich und dem Karneval in Rio. Es geht dabei aber nicht nur um Farben. Ob Gerüche, optische Täuschungen, Nahrungsgrundlage, Fallen oder Wegweiser - um Blüten dreht sich der gesamte Zyklus des Lebens, vom Entstehen bis hin zum Vergehen. Es ist ein Kraftakt der Pflanzen, sich so bunt und auffällig zu präsentieren, doch das Buhlen um Aufmerksamkeit ist eigentlich nur der Gipfel des Eisbergs. Darauf angesprochen und ohne viel nachzudenken sehen die meisten Menschen vermutlich die Blumen der Blüten- oder Samenpflanzen (Spermatophyten, auch Phanerogamen genannt) vor ihrem inneren Auge. Doch ist das eigentlich erst der allerletzte Teil der Fortpflanzungsgeschichte, denn solche Blüten sind das evolutiv jüngste Kapitel der Natur.

Um es vorweg zu nehmen: Es gibt nur Hypothesen, wie sich die Blüten der Bedecktsamer (Angiospermen) aus den Blüten der Nacktsamer (Gymnospermen) entwickelt haben könnten. Man kann nur festhalten, dass die Nacktsamer vor den Bedecktsamern da waren und sich beide vor etwa 300 Millionen Jahren auseinanderentwickelten. Zapfen oder zapfenähnliche Gebilde, wie wir sie auch heute noch von lebenden Fossilien, den Palmfarngewächsen (*Cycadatae*), her kennen, waren wohl die Vorgänger, aus denen sich die Blüten der Bedecktsamer entwickelten. Trotzdem ist die Evolution der Blüten nicht geklärt, da es zum einen kaum fossile Belege für Vorstufen gibt, zum anderen die genauen Evolutionsschritte völlig unbekannt sind. Zapfen sind eingeschlechtlich, ihre Achse ist gestreckt und spiralig angeordnet und eine Blütenhülle fehlt komplett. Im Gegensatz dazu sind die Blüten der Bedecktsamer ursprünglich zwittrig und schraubig angeordnet. Erst während der Evolution der Bedecktsamer entwickelten sich wieder eingeschlechtliche Blüten. Außerdem ist die Achse der Blüten stark gestaucht und die Anzahl der Geschlechtsorgane ist streng festgelegt. Evolutiv betrachtet musste sich zum einen die Blütenachse stauchen und die Eingeschlechtlichkeit überwunden werden und zum anderen mussten sich einfache oder doppelte Blütenhüllen bilden. Wie das genau vonstatten ging, ist, wie erwähnt, nicht durch fossile Funde oder lebende Fossilien eindeutig belegbar. Die ausgestorbenen Gruppen der *Bennettitales* und die *Caytoniales* werden häufig als mögliche Vorläufer der Blüten von Bedecktsamern gehandelt. Nach Dieter Heß bildete sich eine zweigeschlechtliche Blüte ohne Blütenhülle durch Aktivitätsänderung von Genen, die restlichen Schritte zur Blüte müssen rasch erfolgt sein. Ein fossiler Fund aus China scheint diese Hypothese zu stützen. Es handelt sich um eine Art der ausgestorbenen Gattung *Archaefructus*. Bislang konnten von *Archaefructus* drei Arten entdeckt werden, die alle vor 125 Millionen Jahren als Kräuter im Wasser lebten.

Bei dem Fund von *A. eoflora* erkannte man eine Achse mit Sexualorganen, die Staub- und Fruchtblattgruppen enthielt, aber auch gleichzeitig Gruppen aus Staub- und Fruchtblättern. Das bedeutet, dass das Gebilde nicht als verschiedene Blüten, sondern vielmehr als Blütenstand, der sich von unten nach oben aus männlichen, zwittrigen und weiblichen Blüten zusammensetzt, verstanden werden muss. *Archaefructus* stimmt somit mit der Hypothese der Blütenentwicklung überein, doch es gibt noch zu wenige eindeutige Belege. Es lässt sich festhalten, dass man bislang von einer explosionsartigen Ausbreitung und Evolution der Angiospermen ausgegangen ist, die mit der Trennung von den Gymnospermen vor 300 Millionen Jahren begann. *Archaefructus* wird auf 125 Millionen Jahre datiert, es folgten erste rezente Familien wie die *Amborellaceae*, *Nymphaeaceae* und *Magnoliaceae*. Vor 90 Millionen Jahren waren alle rezenten Linien vorhanden und die Angiospermen dominierten die Welt, was evolutiv eine wahre Explosion ist.

DIE GESCHLECHTLICHE FORTPFLANZUNG

Die Erde ist etwa 4,5 Milliarden Jahre alt, doch das erste Leben auf der Erde entstand bereits wenig später, nachgewiesenermaßen vor 4,1 Milliarden Jahren. Die ältesten Lebewesen auf diesem Planeten sind Prokaryoten, einzellige, zellkernlose Lebewesen wie Bakterien und Urbakterien (Archaeen). Ähnlich wie Pflanzen es heute noch können, vermehren sich diese Organismen durch Zellteilung, also auf einem rein asexuellen Weg, wodurch es sich genetisch betrachtet um Klone handelt, da alle Nachkommen die gleiche DNA besitzen. Erst mit dem Auftreten von Lebewesen mit einem echten Zellkern (Eukaryoten) vor 1,5 Milliarden Jahren entstand die Grundlage für die sexuelle Fortpflanzung. Diese wird in der Evolution als eine der treibenden Kräfte für den heutigen Artenreichtum (Biodiversität) betrachtet. Doch bevor sich ein Organismus sexuell fortpflanzen kann, müssen einige Probleme überwunden werden.

Die Welwitschie (*Welwitschia mirabilis*) ist die letzte lebende Vertreterin einer ansonsten ausgestorbenen, erdgeschichtlich sehr alten Pflanzenfamilie der Gymnospermen.

Zum einen müssen zwei Geschlechtszellen (Gameten oder Gametophyten) zueinanderfinden. Bei den Tieren ist das einfach gelöst, denn sie können sie persönlich zueinanderbringen, doch **Pflanzen brauchen dafür ein Transportmedium.**
Das ursprünglichste Transportmedium war und ist das **Wasser.** Gameten können einfach ins Wasser abgegeben werden und mit etwas Glück bringt das Wasser die Gameten schließlich zusammen und die Befruchtung kann erfolgen. Doch als die ersten Landpflanzen (Embryophyten) vor etwa 500 Millionen Jahren das Festland eroberten, fehlte das sie vormals umgebende Wasser und es musste ein neues Medium gefunden werden. Heute nimmt man an, dass die einfach gebauten Lebermoose (*Marchantiophyta*) zu den ersten Landpflanzen gehörten, und bis heute nutzen sie das Wasser, um ihre Sporen verteilen zu lassen. Aus der weiteren Besiedelung des Festlandes gingen komplexere Sporenpflanzen wie die Gefäßsporenpflanzen (*Pteridophyta*) und Moose (*Bryophyta*) hervor, ebenso die ersten echten Samenpflanzen, die Nacktsamer (Gymnospermen). Diese drei Gruppen fingen an, ihre Gameten nicht mehr nur über das Wasser zu verbreiten, sondern nutzten auch den **Wind.** Da sowohl das Wasser als auch der Wind unsichere Transportmedien sind, werden in der Regel sehr viele Gameten produziert, weil eben nur ein kleiner Teil tatsächlich am Ziel ankommt. Meist im späten Frühjahr werden wir uns dieser schieren Menge von z.B. Pollen bewusst, wenn plötzlich die Straßen, Autos und Fenster gelb von Pollenwolken von Eiben (*Taxus baccata*) und Fichten *(Picea abies)* überzogen sind. Bis zu diesem Punkt ist die Sexualität der Pflanzen optisch eher unauffällig, denn sowohl bei den Sporenpflanzen wie auch bei den Nadelgehölzen, die eine der größten Gruppen der Nacktsamer darstellen, fehlen die auffälligen Blumen, sodass die meisten erst einmal überlegen müssten, wie eine weibliche Blüte einer Konifere überhaupt aussieht.
Pflanzen besitzen keine Sexualität im Sinne eines Sexualverhaltens. Vielleicht war das auch ein Grund, warum sie noch im 19. Jahrhundert, beispielsweise durch Franz Josef Schelver (1778–1832) in seinen

1

2

1
Sporenbildung der Lebermoose

2
Eine weibliche Koniferenblüte der Lärche (*Larix decidua*)

1
Magnolienblüten waren die ersten durch Insekten bestäubten Blüten der Erde.

2
In diesem Fall darf man sich die Frage stellen, wer der Bestäuber und wer der Bestäubte ist.

Büchern zur »Kritik der Lehre von den Geschlechtern der Pflanze« angezweifelt wurde.
Der Grund, dass man die Sexualität der Pflanzen erst so spät belegen bzw. überhaupt erklären konnte, liegt wohl hauptsächlich darin, dass sie sehr versteckt abläuft und, wenn überhaupt, dann nur unter dem Mikroskop sichtbar wird. Eigentlich ist dieser Zweifel aber sehr ungewöhnlich, da man zu dieser Zeit mit vielen Pflanzen bereits Fruchtbarkeit und Sexualität für den Menschen symbolisierte und assoziierte. Schon 1735 ordnete der Gründer der binären Nomenklatur, Carl von Linné (1707–1778), in seinem Werk »Systema naturae« Pflanzen nach ihren Blüten, die der Fortpflanzung dienten, in einem System, das auf der Sexualität der Pflanzen basierte. Warum Schelver Pflanzen also eine eigene sexuelle Fortpflanzung fast 100 Jahre später wieder absprechen wollte, lässt sich wohl nur mit seiner romantischen naturphilosophischen Sichtweise erklären, die ihm neben viel Kritik auch wissenschaftliche Isolation einbrachte.

FREMDBESTÄUBUNG

Erst mit dem Auftreten der Bedecktsamer (Angiospermen) vor 100 Millionen Jahren fängt die Welt an, für unsere heutigen Augen vertrauter zu werden.
Denn mit den Bedecktsamern treten nicht nur große, bunte Blüten auf, sondern auch Tiere, die den Transport von Pollen übernehmen. Man kann also grob zusammenfassen, dass es rund 4 Milliarden Jahre dauerte vom ersten Leben auf der Erde bis zur ersten, durch ein Insekt bestäubten Blüte, welche übrigens eine Magnolie war. Die verbleibenden 100 Millionen Jahre, die es von den ersten blühenden Angiospermen bis hin zur heutigen Blütenvielfalt brauchte, sind wie ein exponentieller Anstieg der Evolutionsgeschichte zu verstehen.
Doch warum lief die Evolution nicht linear ab, sondern zeigte eine so rasante Beschleunigung in den letzten Jahrmillionen? Fremdbestäubung und Sexualität, beides wichtige Säulen der Evolution, hatten bis dahin weitestgehend gefehlt. Treffen zwei gegengeschlechtliche Gameten aufeinander, findet nicht nur die Fortpflanzung statt, sondern es passiert eine ganze Menge, was nicht mit dem bloßen Auge sichtbar ist. Denn nun gilt es für die Natur ein weiteres Problem zu lösen: Würde ein Gametophyt den kompletten Chromosomensatz der Elternpflanzen in sich tragen, würde sich der Chromosomensatz bei jeder Befruchtung verdoppeln. Damit

wäre bereits nach wenigen Generationen der Zellkern so groß, dass schlicht kein Platz mehr in der Zelle wäre. Außerdem passieren bei jeder Zellteilung Fehler beim Kopieren der DNA, und viel DNA bedeutet viele Fehler, die zu unvorteilhaften bis lebensbedrohlichen Defekten führen können. Deshalb reduzieren Pflanzen in den Gametophyten ihren zweifachen Chromosomensatz (diploid) auf einen einfachen (haploid), sodass nach der Verschmelzung ein neuer doppelter Chromosomensatz entstehen kann. Im Gegensatz zu den zellkernlosen Prokaryoten, die nur die asexuelle Zellteilung (Mitose) betreiben können, können die Eukaryoten mit der Kernteilung (Meiose) die Chromosomen halbieren, sodass zwei genetisch unterschiedliche Zellkerne entstehen. Wird die Eizelle im Fruchtknoten durch den Pollen erfolgreich befruchtet, findet also auf molekularer Ebene eine **Rekombination** statt, indem zwei Chromosomensätze miteinander neu kombiniert werden. Zwar passieren bei der asexuellen Fortpflanzung weniger Fehler, dennoch hat die sexuelle Fortpflanzung einen großen dynamischen Vorteil: Durch Fehler bei der Rekombination treten positive wie negative Veränderungen (Mutationen) auf. Positive Mutationen helfen einer Population, sich schneller anzupassen, z.B. eine ökologische Nische zu besiedeln, während negative Mutationen auch schnell wieder verschwinden. Auch wenn Rudolf Jacob Camerarius (1665–1721) die molekulare Ebene der sexuellen Fortpflanzung bei Pflanzen noch nicht kannte, so wird ihm zugeschrieben, dass er als erster den Nachweis einer Sexualität bei Pflanzen erbrachte, indem er zweihäusige (diözische) Samenpflanzen in Versuchen gezielt bestäubte. Erst mit der Beschreibung der DNA als Doppelhelix von James Watson und Francis Crick im Jahr 1953 erkannte man auch die Rolle der genetischen Rekombination und verstand, warum es erst mit der sexuellen Fortpflanzung zu solch einem rapiden Anstieg der Artenzahl innerhalb der letzten 100 Millionen Jahre kommen konnte. Trotzdem ist auch das immer noch nicht die ganze Erklärung für die rasche Entwicklung der Angiospermen, die schon Charles Darwin (1809–1882), den Begründer der Evolutionstheorie, in Erklärungsnot versetzte. Ein weiterer wichtiger Aspekt ist die Co-Evolution der Insekten, die die wichtigste Gruppe der Bestäuber sind. Mit der starken Ausbreitung der Angiospermen nehmen nämlich auch diese zu.

DIE CO-EVOLUTION VON BESTÄUBERN UND BLÜTEN

Das Prinzip der Co-Evolution muss man sich ungefähr so vorstellen: Es gibt den arithmetischen Mittelwert, auch Durchschnitt genannt. Er ist die Summe der gemessenen Werte, die durch die Anzahl der Werte geteilt wird. Daraus lässt sich eine Erwartung ableiten, wie künftige Werte sein werden. Das mag an dieser Stelle verwirrend wirken, doch hat es großen Einfluss auf die Co-Evolution. Ein Beispiel: Der einfachste Gestaltungstyp einer Blüte ist die Schalenblume, welche vielleicht von einem Insekt mit kurzer Zunge bestäubt wird. Sowohl die Zunge des Insekts als auch die Kron-

2

Das Horn Veilchen (*Viola cornuta*) ist ein typisches Beispiel für eine monosymmetrische Blüte, d. h., sie besitzt nur eine Spiegelachse.

röhre der Blüte unterliegen den bereits angesprochenen Schwankungen des Mittelwertes. Es gibt also Insekten mit einer unterdurchschnittlich kurzen Zunge und Kronröhren, die überdurchschnittlich lang sind. Das Insekt wird in dieser Konstellation nicht an den Nektar gelangen und demnach verhungern und/oder die Blüte wird nicht bestäubt. Der Faktor Selektion übt hier Druck auf die beteiligten Populationen aus. Es gibt auch Blumen, deren Nektar in tieferen Röhren besser vor der Sonne geschützt ist und so hochwertiger bleibt, dafür aber nur von Insekten mit sehr langer Zunge erreicht werden kann. Dies führt dazu, dass sich immer längere Kronröhren und Zungen entwickeln und sich die Blütengestalt dadurch stark verändert. Trotzdem sterben die ursprünglichen Blüten und Insekten nicht gleich aus. Es bilden sich neue Arten und die Vielfalt nimmt zu. Allerdings ist die Co-Evolution auch ein Prozess, der zu einer wechselseitigen Anpassung führt, die auf gegenseitigem Nutzen (Mutualismus) beruht. Es hat zwar große ökologische Vorteile, wenn Blüten nur von einem Bestäuber besucht werden, da die Konkurrenz zu anderen Arten dadurch gering ist, eine zu große Spezialisierung kann aber fatal sein. Spezialisierungen fördern die Fremdbestäubung. Als Konsequenz kann sich eine Art aber nicht so schnell anpassen, wenn eine andere Art ausstirbt, auf die sie spezialisiert ist – und die spezialisierte Art stirbt ebenfalls aus. Trotzdem lässt sich anhand der Entwicklung der Gestalttypen (siehe Seite 41) erkennen, dass sich die Angiospermenblüten der Co-Evolution stark ausgesetzt haben. Die ursprünglichen polysymmetrischen Scheibenblumen entwickelten sich über mehrere Schritte von Stieltellerblumen hin zu monosymmetrischen zygomorphen Blütenhüllen, die durch Verwachsung zustande kommen. Solche komplexen Blütenhüllen schützen nicht nur Nektar und Pollen, sondern lassen nur ganz bestimmte Bestäuber zu. Phylogenetische Untersuchungen haben gezeigt, dass die Monosymmetrie so erfolgreich war, dass sie sich im Laufe der Evolution vielfach entwickelte.

Blüten aus botanischer Sicht

Pflanzen können sehr vielgestaltig sein, trotzdem besitzen sie alle einen gewissen Aufbau, der aus den gleichen Grundorganen besteht. Die Grundorgane sind die Wurzel in der Erde und der überirdische Spross, der sich aus dem Stängel (Sprossachse) und den Laubblättern zusammensetzt. Durch Metamorphosen können die Grundorgane sehr verändert sein, sodass man sehr genau hinsehen muss, um sie erkennen zu können. Die Blüte, die aus dem Spross entspringt, hat sich entwicklungsgeschichtlich aus den Blättern oder der Sprossachse gebildet und stellt daher kein Grundorgan dar. Die Blüte ist botanisch betrachtet gleichfalls ein Spross, dessen Achse stark gestaucht ist und den Blütenboden darstellt. Aus den Blättern entwickelten sich die Fortpflanzungsorgane, die der generativen Vermehrung dienen. **Die Blüte stellt somit eine Sprossmetamorphose für die geschlechtliche Vermehrung dar.** Wie im vorhergehenden Kapitel beschrieben, war die geschlechtliche Vermehrung der Eukaryoten die Grundvoraussetzung für die schnelle Entwicklung (Evolution) neuer Arten, die sich besser an sich ändernde Umweltbedingungen anpassen konnten. Dass es sich bei der Blüte wirklich um eine Sprossmetamorphose handelt, kann man heutzutage genetisch beweisen, doch bereits Johann Wolfgang von Goethe (1749–1823) beschrieb 1790 in seinem Buch »Versuch die Metamorphose der Pflanzen zu erklären«, dass er durchgewachsene Rosen und Nelken beobachtet habe, er fügte sogar Zeichnungen dazu bei. Bei durchgewachsenen Blumen liegt ein Defekt vor, der die Metamorphose hemmt bzw. teilweise wieder aufhebt. Zwar bilden sich immer noch Organe wie Staub- oder Blütenblätter, jedoch wächst die Sprossachse weiter. Am Ende sieht es so aus, als ob aus der Mitte der Blüte eine Sprossachse entspringe und die Pflanze durch die Blüte hindurch weiterwachse. J. W. v. Goethe hatte zu dieser Zeit bereits erkannt, dass es sich bei der Blüte um eine Metamorphose handeln muss. Erst mit der modernen Genetik ließ sich das aber auch experimentell beweisen. Inzwischen weiß man, dass die Blütenorgane nicht von einzelnen Genen, sondern durch überlappend arbeitende Genklassen gebildet werden. Anders ausgedrückt bringt nicht nur ein bestimmtes aktiviertes Gen ein Blütenorgan hervor, z.B. die Staubfäden, es handelt sich vielmehr um das Zusammenspiel von Genklassen. Eine weithin wissenschaftlich akzeptierte Definition der Blüte hielt 1956 Friedrich Oehlkers (1890–1971) fest: »Die Blüte ist das natürliche Ende eines gestauchten Sprosses, dessen Blattorgane direkt oder indirekt im Dienst der sexuellen Fortpflanzung stehen.«

DIE TEILE EINER BLÜTE

Der Aufbau einer bedecktsamigen Blüte erfolgt nach einer Art Baukastenprinzip. Man kann die einzelnen Blütenorgane klar erkennen und quasi auseinandernehmen, was zuweilen recht mühsam sein kann, da die Blüten, wie etwa bei den Wasserlinsen (*Lemna*-Arten, *Araceae*), so klein sein können, dass man sie nur unter dem Binokular erkennen kann.

Am Anfang bzw. am Boden der Blüte stehen die Kelchblätter (Sepalen). Sie sind die äußersten Blätter einer Blüte und schützen sie im Knospenstadium. Meistens sind sie recht klein und enthalten Blattgrün (Chlorophyll), weshalb sie grün erscheinen.

Die Blütenblätter (Petalen) dagegen sind aufgrund ihrer Lockfunktion oft sehr auffällig gefärbt und bilden den Teil der Blume, der im Volksmund als Blüte bezeichnet wird.

1
Durch ihren speziellen Blütenbau selektieren die Parfümorchideen (*Stanhopea*) Blütenbesucher auf hochspezialisierte effektive Bestäuber.

2
Bei dieser Chrysantheme sind die Röhrenblüten aus der Mitte des Blütenstandes in Strahlenblüten umgewandelt.

Die Gesamtheit aller Blütenblätter wird auch als Blütenkrone (Corolla) bezeichnet. Je nach Pflanzenfamilie sind die Blütenblätter mehr oder weniger stark miteinander verwachsen. Bei einigen Pflanzenfamilien sind sie gar nicht verbunden (Rose), doch bei anderen sind sie zu einem Kelch (vgl. Glockenblumengewächse, *Campanulaceae*) verwachsen oder nehmen wie bei den Parfümorchideen (*Stanhopea*) eine ganz eigene Form an. Nimmt man die Blüten- und Kelchblätter zusammen, werden sie als die Blütenhülle (Perianth) bezeichnet. Allerdings kommt es vor, dass sich die Kelch- in Blütenblätter umwandeln, sodass man sie nicht mehr auseinanderhalten kann, wie bei der Tulpe, deren Kelchblätter anfangs noch grasgrün sind, doch mit dem Aufblühen färben auch sie sich lebhaft. In einem solchen Fall wird die Blütenhülle nicht mehr als Perianth sondern als Perigon bezeichnet, die Sepalen und Petalen bezeichnet man dann als Tepalen.
Im Inneren der Blüte sieht man **die Staubblätter** oder -gefäße, rein weibliche Blüten ausgenommen. Sie **sind der männliche Teil der Blüte,** sie enthalten den Pollen und geben ihn frei. Das Staubblatt wird in einen unteren Teil, den Staubfaden (Filament), und den darauf sitzenden Staubbeutel (Anthere) unterteilt. Der Staubbeutel wird aus Pollensäcken (zwei Pollensäcke sind eine Theke) gebildet, die den Blütenstaub oder Pollen produzieren. Bei einigen Pflanzenarten übernehmen die Staubblätter die Lockfunktion der Blütenblätter und sind farbig. Sehr viele Staubblätter zu zeigen, ist besonders für die Myrtengewächse (*Myrtaceae*) charakteristisch, und wie beim Zylinderputzer (*Callistemon*) sind die eigentlichen Blütenblätter unauffällig, die Staubblätter dafür lebhaft rot gefärbt. Darauf bezieht sich auch sein botanischer Name, da »calli« aus dem Griechischen mit schön und »stemon« mit Faden übersetzt werden kann.
Der weibliche Teil der Blüte, der rein männlichen Blüten fehlt, **wird als Fruchtblatt oder Stempel bezeichnet.** Das Fruchtblatt wird von oben nach unten in die Narbe, den Griffel und den Fruchtknoten unterteilt. Im Fruchtknoten befinden sich die Samenanlagen, die auch die Eizellen enthalten. Hier entwickeln sich nach erfolgreicher Bestäubung die Samen, die bei den Bedecktsamern (Angiospermen) durch die sie umgebende Frucht bzw. das Fruchtfleisch, geschützt werden. Der Fruchtknoten kann unterschiedlich gestellt sein, d.h.

ober-, mittel- oder unterständig. Mit diesen Bezeichnungen ist letztlich gemeint, wie der Fruchtknoten im Verhältnis zu den Kelchblättern positioniert ist. Befindet er sich über den Kelchblättern, ist er oberständig, sind Kelchblätter und Fruchtknoten auf einer Ebene, wird er als mittelständig bezeichnet, und ist die Lage der Kelchblätter oberhalb des Fruchtknotens, wird dieser als unterständig bezeichnet. Die Stellung des Fruchtknotens ist insofern wichtig, als sie ein Bestimmungsmerkmal ist, welches in der Systematik und Phylogenie (genetische Abstammungsgeschichte) große Bedeutung hat.

Häufig sind am Blütenboden die Honigdrüsen (Nektarien) positioniert. Die Nektarien sondern, wie der Name schon vermuten lässt, den Nektar ab, enthalten jedoch auch Drüsen, die Duftstoffe ausscheiden und zusätzlich Bestäuber anlocken. Der Nektar dient vielen Bestäubern als Nahrungsquelle und ist im Grunde eine Mischung aus Wasser und Zucker, die sie neben dem Pollen sammeln und aufnehmen.

GESCHLECHTSVERHÄLTNISSE BEI BLÜTEN

Wie bereits angedeutet, gibt es auch bei Blüten verschiedene Geschlechtsverhältnisse. Der überwiegende Anteil der Blütenpflanzen ist tatsächlich **zweigeschlechtlich (zwittrig)** veranlagt. Das bedeutet, die Blüten besitzen sowohl männliche Staubblätter als auch weibliche Fruchtblätter und damit beide Geschlechtsorgane innerhalb einer Blüte. Doch es gibt auch eingeschlechtliche Blüten, die rein männlich oder weiblich sind. Dabei spielt es eine Rolle, ob sie auf der gleichen Pflanze oder auf unterschiedlichen Pflanzen vorkommen. Bringt eine Pflanze nur Blüten eines Geschlechts hervor, wird sie als **zweihäusig (diözisch)** bezeichnet. Es gibt also rein weibliche und rein männliche Pflanzen. Das ist z.B. beim Sanddorn (*Hippophae rhamnoides*) oder der Kiwi (*Actinidia* spec.) der Fall. Doch es gibt auch Pflanzen, die gleichzeitig rein männliche und rein weibliche Blüten ausbilden. Solche Pflanzen werden als **einhäusig (monözisch)** bezeichnet. Bekannte Beispiele für einhäusige Pflanzen sind Haselnuss (*Corylus avellana*), Kiefer (*Pinus*), Mais (*Zea mays*) oder Kürbis (*Cucurbita*). Doch es gibt auch Pflanzen, auf denen sich zwittrige und eingeschlechtliche Blüten zugleich befinden wie bei der Papaya (*Carica papaya*) oder der Rosskastanie (*Aesculus hippocastanum*), die man deshalb **polygam** nennt. Sowohl in der Natur als auch durch Züchtung können gefüllte Blüten entstehen. Das kann durch verschiedene Metamorphosen geschehen. Bei Fuchsien (*Fuchsia*) entstand die Füllung durch eine Vervielfachung von Blütenblättern, bei Nelken (*Dianthus*) durch Spaltung und bei Seerosen (*Nymphaea*) durch Umwandlung von Staub- und Fruchtblättern. Bei den Korbblütlern (*Asteraceae*) wurden Röhrenblüten aus dem Zentrum des Blütenstands in Strahlenblüten umgewandelt. Die Züchtung geht dabei so weit, dass solche »Kunstblumen« so stark gefüllt sind, dass es keine fertilen Staub- oder Fruchtblätter mehr gibt. Dadurch sind die Blüten steril, es werden keine Samen mehr gebildet und die Blüte kann ihre natürliche Aufgabe nicht mehr erfüllen.

2

1
Zygomorphe Salbeiblüte

2
Polysymmetrische Sonnenblumenblüte

3
Ein umgewandeltes Hochblatt übernimmt bei der Blüte der Zimmercalla (*Zantedeschia aethiopica*) die Lockfunktion.

4
Viele kleine Einzelblüten wirken bei Doldenblütlern wie eine einzige große Blüte.

BLÜTEN BESTIMMEN UND EINORDNEN

Nach wie vor sind Blüten notwendig, um eine Pflanze wissenschaftlich bestimmen zu können. Das erste Modell einer Klassifikation von Carl von Linné, das er 1735 in seinem Werk »Systema naturae« veröffentlichte, basierte rein auf Blüten. Heute gibt es zwar weitere Methoden, wie das DNA-Barcoding, das man für die Bestimmung von Pflanzen heranzieht, doch die Blüte ist nach wie vor ein wichtiges Merkmal. Die meisten Blüten sind strahlig aufgebaut (radiär) und haben somit mehrere Spiegelachsen oder Symmetrieebenen. Schaut man sich eine Sonnenblume (*Helianthus*) an, so kann man durch ihre Blüte viele Spiegelachsen legen, sie wird deshalb auch als polysymmetrisch bezeichnet. Im Gegensatz zur Sonnenblume besitzen Blüten des Tränenden Herzens (*Lamprocapnos*) zwei Spiegelachsen - einmal quer und einmal längs. Seine Blüten sind damit zwar auch radiär, jedoch disymmetrisch. Besitzt eine Blüte nur eine einzige Spiegelachse wie beim Salbei (*Salvia*), wird sie als zygomorph und monosymmetrisch bezeichnet. Zum besseren Verständnis kann man die Anordnung der Blütenteile und der Symmetrieverhältnisse schematisch in einem Blütendiagramm darstellen. Noch einfacher wird es, wenn man die Blüte mit einer Blütenformel beschreibt. Mit fest definierten und vorgegebenen Symbolen, wie dem K für Kelchblätter, dem C für Corolla etc., lässt sich zwar eine einzelne Blüte schnell und vollständig beschreiben, jedoch fehlen bei dieser Methode wichtige Informationen zur Blütenform oder ob es sich um einen Blütenstand handelt.

Von einem Blütenstand (Infloreszenz) spricht man, wenn sich viele Einzelblüten am gleichen Stängel gruppieren, wie bei der Sonnenblume. Häufig findet sich bei Infloreszenzen auch eine Formwandlung. So übernehmen die Zungenblüten am Rand der Sonnenblume die Lockfunktion und sind steril, während die Röhrenblüten im Zentrum keine Lockfunktion besitzen, dafür aber fertil sind und Samen ansetzen. Wie bei den Korbblütlern (*Asteraceae*) sind auch bei den Doldenblütlern (*Apiaceae*) die vielen Einzelblüten sehr klein, sie täuschen in ihrer Gesamtheit eine einzelne, aber große Blüte vor. Bei den Aronstabgewächsen (*Araceae*) sind die einzelnen eher unauffälligen Blüten eng miteinander zu einem Kolben verwachsen und besitzen überhaupt keine Blütenblätter mehr. Die Lockfunktion der Blütenblätter hat das umgewandelte Hochblatt, das den Kolben umschließt, übernommen. Auch Blütenstände folgen einem individuellen Bauplan, doch bei näherer Betrachtung lässt sich eine gemeinsame Architektur feststellen. Daher werden auch Formen von Blütenständen definiert und gruppiert. Den Kolben, die Dolde und das Körbchen habe ich schon angesprochen, doch gibt es noch weitere Blütenstände wie die Sichel bei der Kröten-Binse (*Juncus bufonius*) oder die Doldentraube beim Spitz-Ahorn (*Acer platanoides*) und viele mehr. Insgesamt betrachtet hat eine Infloreszenz den großen Vorteil, dass ein Bestäuber meist nicht nur eine einzelne Blüte bei seinem Besuch bestäubt, sondern gleich eine große Zahl.

WISSENSWERT

Während der Botaniker sehr zwischen Blüte und Blütenstand differenziert, werden die Begriffe Blüte und Blume umgangssprachlich synonym verwendet. Eigentlich wäre es sinnvoller und sinngemäßer, wenn man eine Blüte in der Alltagssprache weiterhin als »Blüte« bezeichnen, einen Blütenstand dafür »Blume« nennen würde.

DER VORGANG DES BLÜHENS

Pflanzen blühen rein für die geschlechtliche Fortpflanzung. Der Vorgang des Blühens wird als Anthese bezeichnet und gliedert sich in die Abläufe Blütenöffnung, Bestäubung, Befruchtung und Samenreife sowie Seneszenz. Der Hormonhaushalt der Pflanze bringt oder hält sie in verschiedenen Phasen oder Zuständen. Die meiste Zeit befindet sich eine Pflanze in der vegetativen Phase und wächst. Das klingt sehr

Der Weihnachtsstern (*Euphorbia pulcherrima*) kommt nur zur Blüte, wenn er mindestens 30 Tage in Folge nicht mehr als zwölf Stunden pro Tag dem Licht ausgesetzt ist.

banal, doch ist die vegetative Phase wichtig, da auch eine Pflanze die Stadien der Juvenilität, der Adoleszenz und der Seneszenz durchläuft oder nur zu günstigen Jahreszeiten Samen abwirft. Ein Keimling muss also erst zu einer konkurrenzstarken Pflanze heranwachsen, bevor er blühfähig wird. Der Wechsel in die generative Phase erfolgt durch innere (endogene) oder äußere (exogene) Einflüsse. Er kann nicht mehr rückgängig gemacht werden, sobald die Blütenbildung (Induktion) ausgelöst wurde, da bei der Induktion viele Gene beteiligt sind. Äußere Reize sind abiotischer Natur, z.B. die Tageslänge oder die Temperatur. Die Tageslänge wird von den Blättern durch Photorezeptoren, die die Dunkelzeit messen, wahrgenommen. Die Pflanzen lassen sich nach ihrer Empfindlichkeit auf die Tageslänge in Kurztag- oder Langtag-Pflanzen sowie tagneutrale Pflanzen unterscheiden. Noch immer ist die genaue Umwandlung der äußeren Signale in die endogenen Vorgänge, die dann die generative Phase und Blüteninduktion einleiten, nicht bekannt. Ein Blühhormon, das Florigen, konnte bislang nicht nachgewiesen werden, auch wenn bekannt ist, dass das Pflanzenhormon Gibberellin die Induktion stimulieren kann. Mit der Expression der an der Blüte beteiligten Gene ist der Prozess der Induktion quasi abgeschlossen und die Blütenbildung beginnt. Sie läuft nach dem sogenannten ABC-Modell ab, wonach bestimmte Gene zwar bestimmte Blütenorgane definieren, diese Gene jedoch überlappend arbeiten. Mit der Anlage der Blütenknospen beginnt der Blühvorgang.

WIE SICH BLÜTEN BEWEGEN

Dass sich Pflanzen bewegen, ist nichts Neues. Man kann ihre Bewegungen, auch wenn sie nur sehr langsam sind, jeden Tag beobachten: wie sich ihre Sprosse und Blätter dem Licht zuwenden, wie sich die Blätter in der Mittagshitze oder bei Frost zusammenrollen oder wie sich die Blüten öffnen und schließen. Die Bewegungen der Blüte werden meist durch abiotische externe Faktoren beeinflusst. Viele Bewegungsabläufe der Pflanzen werden vom Wasser bestimmt, durch das sich der Druck des Pflanzensafts auf die Zellwand verändert. Mit diesem sogenannten **Turgordruck** kann die Pflanze am einfachsten auf Umweltbedingungen reagieren. Die Pflanze reguliert beispielsweise ihre Verdunstung, indem sie mit seiner Hilfe die Spaltöffnungen (Stomata) bei Hitze schließen und bei niedrigen Temperaturen wieder öffnen und so Photosynthese ermöglichen kann. Gäbe es den Turgordruck nicht, könnten Pflanzen entweder gar keine Photosynthese betreiben oder würden ständig transpirieren, was schnell zum Vertrocknen führen würde.

Mit dem Turgordruck kann eine Pflanze auch die Blüte öffnen und schließen. Dazu wird die Zuckerkonzentration in den Blütenblättern erhöht, die Zellwände schwellen ungleichmäßig an und dadurch öffnet sich die Blüte. Ähnlich reagiert die Pflanze auf temporären Wassermangel. Bei einigen nachtblühenden Pflanzen kommt es tagsüber zu Wassermangel, die Blütenblätter rollen sich zusammen. Nachts wird das Wasserdefizit ausgeglichen und die Blütenblätter entfalten sich wieder. Bei der Tulpe öffnet und schließt sich die Blüte, da die Innenseite der Blütenblätter ein um 10 °C niedrigeres Temperaturoptimum als die Außenseite hat. Wie bei einem Bimetallstab, der sich bei Hitzeeinwirkung aufgrund der unterschiedlichen Wärmeausdehnungskoeffizienten und damit verschiedenen Verlängerung der miteinander verbundenen Metalle verbiegt, führt das unterschiedliche Verhalten der Außen- und Innenseite der Blütenblätter zum Öffnen oder Schließen der Blüten. Am Löwenzahn (*Taraxacum* sect. *Ruderalia*) sieht man, dass dieser auf Licht reagiert, weil sich die Blüten abends schließen und morgens bei den ersten Sonnenstrahlen wieder öffnen.

1
Aufgeblühte Tulpenblüte

2
Löwenzahn am frühen Morgen

Die Königin der Nacht (*Selenicereus grandiflorus*) öffnet ihre Blüten hörbar.

Bei Nachtblühern wird das Öffnen der Blüte durch die höhere Luftfeuchtigkeit am Abend ausgelöst. Besonders spektakulär verläuft der Vorgang bei der Königin der Nacht (*Selenicereus grandiflorus*). Ihre kelchförmige Blüte schwillt ab dem Abend immer weiter an, bis sie sich in den frühen Morgenstunden, gegen 2 Uhr oder 3 Uhr morgens, mit einem hörbaren Ploppen öffnet. Bereits wenige Stunden später, etwa um 9 Uhr vormittags, verwelkt die Blüte schon wieder. Das Geräusch bei der Blütenöffnung rührt von einem Druck in der Blüte her, durch den die verwachsenen Blütenblätter an vorgegebenen Sollbruchstellen aufbrechen und sich nach hinten biegen, was die Öffnung nach sich zieht. Bei vielen Frühjahrsblühern führen steigende Temperaturen zum Öffnen der Blüten. Insgesamt betrachtet sind die Mechanismen der Blütenbewegung leider immer noch nur rudimentär bekannt.

DAS ZIEL DER BLÜTE

Einige Blüten besitzen die Fähigkeit, sich zu öffnen und zu schließen, andere wiederum nicht (z.B. *Phalaenopsis*). Die Fähigkeit der Blütenbewegung ist also nicht bei allen Pflanzen vorhanden und stellt somit eine Anpassung an die Umwelt dar. Doch warum bewegen sich einige Blüten überhaupt? Der Hauptgrund ist eine Anpassung an die Gewohnheiten der Bestäuber und die Gewährleistung einer fortwährenden Attraktivität bis zur Befruchtung, also z.B. ein Schutz vor Regen oder anderen Umwelteinflüssen. Selbstbestäubung ist für Pflanzen eine absolute Notlösung, da nur die Fremdbefruchtung genetische Variabilität als Grundlage für die Evolution bringt. Im Botanischen Garten München, wie auch in vielen anderen botanischen Sammlungen, wird jedes Jahr die Blüte der Riesenseerose (*Victoria amazonica*) im Sommer gezeigt. Dazu wird sie im zeitigen Frühjahr ausgesät. Das Saatgut stammt von der Mutterpflanze, die im Vorjahr mit sich selbst befruchtet wurde, da der Platz für die gleichzeitige Kultivierung mehrerer Riesenseerosen fehlt. Mit der Zeit nimmt die Keimfähigkeit dieses inzestuös gewonnenen Vermehrungsmaterials rapide ab, das Saatgut keimt nach nur fünf bis sechs Jahren kaum noch. Daher haben viele Pflanzen Vorkehrungen gegen eine Selbstbefruchtung oder -bestäubung getroffen.

Die folgenden fünf Möglichkeiten, um Selbstbestäubung zu verhindern, sind im Pflanzenreich weitverbreitet und somit kein Zufall, was letztlich die Evolutionstheorie zusätzlich stützt:

- Die Zweihäusigkeit (Diözie) ist die einfachste und effektivste Methode, da es nur rein weibliche und rein männliche Blüten auf verschiedenen Pflanzen gibt. Selbst die Windbestäubung kann hier keine Selbstbestäubung bewirken, weshalb die Zweihäusigkeit auch häufig bei Gräsern zu finden ist.
- Ein anderer Mechanismus ist die ungleiche Reife der Sexualorgane (Dichogamie). Die männlichen Pollen und das weibliche Fruchtblatt einer Pflanze werden hierbei zu unterschiedlichen Zeiten reif. Reifen zuerst die Staubblätter, spricht man von einer Vormännlichkeit (Proterandrie), reift das Fruchtblatt zuerst, nennt man das Vorweiblichkeit (Proterogynie). Die Vormännlichkeit kommt allerdings öfter vor, da das Fruchtblatt in der Blütenanlage zuletzt gebildet wird. Die Dichogamie kann nur bei zwittrigen Blüten auftreten.
- Eine dritte Möglichkeit ist die räumliche Trennung von Staubfäden und Griffeln (Herkogamie). Die Herkogamie ist bei vielen Pflanzen verbreitet, z.B. unter den Kakteen. Schaut man in die reifende Blüte hinein, kann man deutlich erkennen, wie sich die Staubfäden anfangs eng um den Griffel legen, sich der Griffel mit der Narbe in voller Blüte dann aber weit über die Staubfäden erhebt.
- Schließlich verhindert auch die Verschiedengriffeligkeit (Heterostylie) die Selbstbestäubung. Becher-Primeln (*Primula obconica*) sind das prominenteste Beispiel dafür. Dabei bezieht sich der Begriff auf die Länge des Griffels, obwohl auch die Staubfäden unterschiedlich lang sind. Wie bei der Herkogamie sind hier Narbe und Staubblätter räumlich voneinander getrennt, jedoch kommen verschiedene Formen davon auf einer Pflanze (dimorph) vor.
- Eine letzte Methode ist die Selbststerilität. Bei der Henne-mit-Küken (*Tolmiea menziesii*) stirbt der Pollen auf der eigenen Narbe ab oder spätestens, wenn sich dort ein Pollenschlauch bildet.

Die Längen der Griffel und der Staubfäden sind bei diesen beiden *Primula-obconica*-Blüten deutlich verschieden.

Die verschiedenen Blüten-Gestalttypen

Das Motto der Blütenökologie könnte man salopp mit dem Spruch »Jedem Töpfchen sein Deckelchen« beschreiben. Durch die Evolution der Blütenpflanzen (Angiospermen) vor etwa 90 Millionen Jahren hat sich inzwischen eine unglaubliche Vielfalt an Farben, Formen und Gerüchen gebildet. Will man in dieser Vielfalt den Überblick behalten, muss man sich Bauplan und Gestalt der Blüte genau anschauen, um erkennen zu können, welcher Bestäuber welche Blüten besucht. Bei vielen Blüten finden sich ähnliche Baupläne, wodurch sich die Blüten sehr ähneln, doch beruhen manch ähnliche Formen auf völlig verschiedenen Bauplänen. Das bedeutet, dass sich in unabhängigen Pflanzenfamilien gleiche Gestalttypen gebildet haben. So was kommt in der Natur eigentlich nur dann vor, wenn etwas sehr gut funktioniert und der eigenen Art zum Vorteil gereicht, sie also in ihrer ökologischen Nische konkurrenzfähiger wird. Die unterschiedlichen Gestalttypen belegen somit eine große Anpassung der Blüten auf ihre Bestäuber. Anders ausgedrückt: **Pflanzen konkurrieren mit ihren Blumen um die Gunst von Bestäubern, obwohl diese nur nach Nahrung suchen und die Blüte dabei passiv oder »unabsichtlich« bestäuben.** Da die Anzahl der potenziellen Bestäuber in einem Ökosystem begrenzt ist, stehen auch die Blumen in Konkurrenz zueinander. Der Botaniker Hans Kugler (1903–1985) entwickelte dafür eine Übersicht der verschiedenen insektenbestäubten Gestalttypen, die weitestgehend bis heute aktuell geblieben ist und nur um weitere Spezialisten wie Fledermaus- und Vogelblumen ergänzt werden müsste.

SCHEIBEN- UND SCHALENBLUMEN

Diese Blumen (z.B. *Passiflora*) sind, wie der Name schon vermuten lässt, flach wie ein Teller. Das macht fliegenden Insekten den Anflug, das Landen, Suchen und Abheben einfach, da sie von allen Seiten gleich gute Bedingungen vorfinden und nicht erst einen Start- und Landeweg suchen müssen. Bienen, Käfer und Fliegen finden sich an diesen Blumen deshalb häufig als Bestäuber wieder. Da bei Scheiben- und Schalenblumen die Staub- und Fruchtblätter meistens eng zusammenliegen, ist bei ihnen Dichogamie verbreitet, um Selbstbestäubung auszuschließen. Eine besondere Form der Scheibenblumen sind die Körbchenblumen vieler Korbblütler (*Asteraceae*). Wie bereits beschrieben, besitzen sie einen verwachsenen Blütenstand, der den großen Vorteil bietet, dass bei einem Bestäuberbesuch gleich mehrere Blüten bestäubt werden können. Trotzdem muss die Einheit Blütenstand insofern funktionieren, dass Selbstbestäubung ausgeschlossen wird oder sich die eigenen Blüten nicht gegenseitig Konkurrenz machen. Dazu finden sich bei Körbchenblumen zwei maßgebende Mechanismen: die **sekundäre Pollenpräsentation und das koordinierte Aufblühen.**

Bei der sekundären Pollenpräsentation wird zuerst der Pollen freigegeben und bleibt am Griffel hängen, die Narbe ist zu diesem Zeitpunkt fest verschlossen. Während der Griffel langsam aus der Antherenröhre herauswächst, wird der Pollen am Griffel (sekundär) präsentiert. Schließlich öffnet sich die Narbe, die Blüte ist nun weiblich und kann bestäubt werden. Bei fehlender Bestäubung rollt sich die Narbe wie eine Lakritzschnecke zusammen, sodass sie am Ende den Griffel, auf dem noch etwas eigener Pollen klebt, berührt und als letztes Mittel die Selbstbestäubung durchgeführt wird. Außerdem blüht das Körbchen von außen nach innen auf, die äußeren Blüten sind also bereits weiter entwickelt als die inneren.

DIE VERSCHIEDENEN BLÜTEN-GESTALTTYPEN

SCHEIBENBLUME

SCHALENBLUME

KÖRBCHENBLUME

GLOCKENBLUME

BÜRSTENBLUME

FAHNENBLUME

LIPPENBLUME

ORCHIDEENBLUME

RACHENBLUME

STIELTELLERBLUME

1
Der Karminrote Zylinderputzer (*Callistemon citrinus*) ist unübersehbar eine Bürstenblume.

2
Aristolochia arborea bildet Kesselfallenblumen. Erst lockt sie ihren Bestäuber, die Pilzmücke, mit der Imitation eines Pilzes an und dann in eine Kesselfalle.

GLOCKEN- UND TRICHTERBLUMEN

Dieser Blumentyp weist eine becherförmige Grundstruktur auf und ist gleichfalls weit verbreitet. In der heimischen Flora kann man solche Blüten bei den Glockenblumengewächsen (*Campanulaceae*), bei Enzianen (*Gentiana*), Schneeglöckchen (*Galanthus*) und den Heidekrautgewächsen (*Ericaceae*) sehen, in der tropischen Flora bei Nachtschattengewächsen (*Solanaceae*). Die Anthese der Glockenblumengewächse erinnert sehr stark an die der Korbblütler, da auch sie ihren Pollen nach einem ganz ähnlichen Ablauf sekundär präsentieren. Auch bei ihnen haftet der Pollen am Griffel an und wird mit der Streckung des Griffels dort präsentiert. Die Blüte ist also auch hier zuerst männlich und wird später weiblich, was die Selbstbestäubung erschwert.

PINSEL- UND BÜRSTENBLUMEN

Viele spektakuläre Blüten finden sich bei den tropischen Pinsel- und Bürstenblumen. Wie der Name bereits vermuten lässt, handelt es sich bei ihnen um Blüten, die in ihrer Form an einen klassischen Rasierpinsel mit vielen Haaren erinnern. Die meisten Pinsel- und Bürstenblumen finden sich bei den Myrtengewächsen (*Myrtaceae*), bei Kaperngewächsen (*Capparaceae*) und Mimosengewächsen (*Mimosoideae*), einer Unterfamilie der Hülsenfrüchtler (*Fabaceae*). Ihnen allen ist gemein, dass die Blütenblätter stark verkleinert bis nicht mehr zu finden sind, die sehr zahlreichen Staubblätter dagegen langgestreckt und meistens lebhaft gefärbt den Pollen präsentieren. Nur wenige Bürstenblumen werden von Insekten bestäubt. Bei den meisten sorgen Vögel für die Bestäubung. Sie kommen mit ihren langen Schnäbeln bis an den Blütenboden, wo der Nektar zu finden ist. Beim Tauchen nach dem Nektar stäuben sie sich am Schnabel oder dem Gefieder am Kopf mit Pollen ein, den sie auf diese Weise zur nächsten Blüte transportieren.

RACHENBLUMEN

Eine stark zygomorphe Gestalt mit röhrenförmig verwachsenen Blütenhüllen haben die Rachenblumen der Braunwurzgewächse (*Scrophulariaceae*), die eng verwandten Lippenblütler (*Lamiaceae*) und Maskenblumen wie das Löwenmäulchen (*Antirrhinum*).

Ihnen allen ist ein weiter Rachen gemein, in den sich das Insekt hineinzwängen muss, um an den Nektar am Grund zu gelangen. Dabei bekommt es den Pollen auf den Rücken oder die Oberseite des Kopfes platziert. Rachenblumen werden von Bienen, Hummeln und Vögeln besucht. Oft weisen sie sogenannte Saftmale auf, auffällige Flecken und Punkte, die dem Bestäuber den Weg in die Blüte zeigen sollen.

VIELGESTALTIGE ORCHIDEENBLÜTEN

Bei den Orchideen (*Orchidaceae*) gibt es vermutlich die unterschiedlichsten Blütentypen innerhalb einer Familie. Sie sind stark an ihre Bestäuber angepasst, sodass sie viele Gestalten annehmen. Am interessantesten sind wohl die **Täuscherblumen** unter ihnen. Die Blüten der Ragwurzen (*Ophrys*) beispielsweise imitieren in Aussehen und Geruch ein weibliches Insekt, sodass männliche Insekten bei der »Kopulation« die Blüte bestäuben.

FAHNENBLUMEN

Vornehmlich Schmetterlingsblütler (*Faboideae*) bilden Fahnenblüten. Ihr hervorstechendes Merkmal ist die aufwärts gerichtete Fahne, die der Anlockung dient. Das Schiffchen verbirgt dabei die Staubblätter, die durch einen Hebelmechanismus herausgedrückt werden und dem Bestäuber Pollen an die Bauchunterseite oder das Abdomen heften. Häufig kommt es dabei zu einer sekundären Pollenpräsentation, wenn nach dem Bestäuberbesuch die Staubblätter wieder ins Schiffchen gezogen werden und dabei am äußeren Bereich der Blume Pollen abstreifen.

RÖHRENBLUMEN

Dieser Blumentyp ähnelt den Glocken- und Trichterblumen, nur dass die Blütenkrone so eng ist, dass der Bestäuber nicht hineinpasst. Das Tier muss also über einen langen, dünnen Rüssel wie ein Schmetterling oder einen schmalen Schnabel wie ein Kolibri verfügen. Röhrenblumen finden sich häufig in der besonderen Form einer **Stieltellerblume**, bei der die Röhre aus den Kronblättern gebildet wird und deren Ende wie ein Teller darüber steht. Sie stellt eine große Anpassung an ihre Bestäuber dar und es gibt sie in vielen Pflanzenfamilien. Beispiele sind das heimische Nickende Leimkraut (*Silene nutans*) oder die Bougainville (siehe Seite 124) aus den Tropen, deren Röhrenblumen von farbigen Hochblättern umrahmt sind.

KESSELFALLENBLUMEN

Diese Blumengestalt kommt in vielen Pflanzenfamilien vor, unter anderem bei den *Orchidaceae*, *Araceae* oder *Aristolochiaceae*. Kesselfallenblumen haben zum Teil sehr ausgeklügelte Mechanismen wie bei *Aristolochia arborea* oder sind eher einfach angelegt wie beim Frauenschuh (*Cypripedium*). Im Gegensatz zu den Insektivoren verdauen sie keine Blütenbesucher, sondern halten sie nur temporär fest und lassen sie dann wieder frei. Meist besitzen Kesselfallenblumen aber ausgeklügelte Methoden der Anlockung, z. B. die Erwärmung auf bis zu 40 °C (Thermogenese) in den Blütenständen der Aronstabgewächse (*Araceae*).

2

MISCHFORMEN

Viele dieser Gestalttypen kommen auch in Mischformen vor. Besonders in den Subtropen und Tropen gibt es etliche Blumen, die sich auf die **Bestäubung durch Fledermäuse und Vögel** spezialisiert haben. Fledermäuse sind vergleichsweise schwere Tiere, die sich mit ihren Krallen an Blüten oder Blütenständen festhalten müssen. Die Blume muss also entsprechend kräftig gebaut sein, wie z.B. die der Banane (*Musa*). Mit ihren langen Zungen sind Fledermäuse in der Lage, an tief im Inneren gelegenen Nektar oder Pollen zu gelangen, den diese Blüten reichlich zur Verfügung stellen. Interessanterweise sind der Geruch nach Käsefüßen oder verderbendem Kohl für Fledermäuse attraktive Schlüsselreize. Dieter Heß beschreibt, dass die Fledermäuse selbst meist genauso wie die von ihnen besuchten Blüten riechen. **Vögel** reagieren statt auf Geruch eher auf Farben, weshalb Vogelblumen meist gelb, rot oder orange gefärbt sind, doch auch Kombinationen von Kontrastfarben (blau und gelb, rot und grün) kommen vor. Viele tropische Vogelblumen werden im Flug bestäubt, ihre Blüten müssen also so frei zugänglich sein, dass der Vogel anfliegen kann. Daher sind unter den Vogelblumen sehr viele verschiedene Gestalttypen wie Scheiben- oder Schalenblumen, Glockenblumen, Bürstenblumen, Rachenblumen, Röhrenblumen, Fahnenblumen und Köpfchenblumen zu finden. Alle Vogelblumen bieten reichlich, aber niedrig konzentrierten Nektar an, ihre Sexualorgane liegen weit getrennt voneinander. Eine der wohl spektakulärsten Vogelblumen ist die südafrikanische Paradiesvogelblume (*Strelitzia reginae*) aus der Familie der Strelitziengewächse (*Strelitziaceae*), die der Vogel im Sitzen bestäubt. Während der Nektarvogel seinen Schnabel tief in den Blütengrund schiebt, biegen sich die blauen Blütenblätter auseinander und der Pollen wird auf den Füßen des Vogels angebracht. Beim nächsten Blütenbesuch streift der Vogel etwas Pollen auf die klebrige Narbe, die über den blauen Blütenblättern steht.

1
Während der Vogel nach Nektar taucht, bleibt Pollen von *Strelitzia reginae* an seinen Füßen kleben.

2
Kokosnüsse werden über weite Strecken vom Meerwasser transportiert.

FRUCHT- UND SAMENAUSBREITUNG

Nach der erfolgreichen Befruchtung geht die Blüte in die Samen- und Fruchtbildung über. Wie bei den Blüten gibt es unterschiedliche Fruchttypen: Sammelfrüchte (Himbeere, Erdbeere), Streufrüchte (Mohn, Erbse), Steinfrüchte (Kirsche, Kokosnuss), Beerenfrüchte (Zitrone, Tomate), Nussfrüchte (Haselnuss, Walnuss), Spaltfrüchte (Ahorn) oder Fruchtstände (Ananas, Feige). Ähnlich wie Pollen und Nektar als Lockmittel für die Bestäubung muss die Blüte für die **Samenausbreitung durch Tiere (Zoochorie)** Anziehendes in Form von Fruchtfleisch präsentieren. Wird die Frucht von Tieren gefressen (Endozoochorie), wird zum Beispiel bei Säugetieren nur ein Teil der Samen durch Kauen zerstört, die restlichen Samen werden ausgeschieden. Doch auch hier wird von Pflanzen selektiert, das zeigt das Beispiel der Chili-Pflanzen (*Capsicum*). Die Chili-Frucht ist mit ihrer Farbe bereits ein Lockmittel für Vögel. Der Schärfestoff Capsaicin ist nur in den Samen und Scheidewänden hochkonzentriert und wird beim Kauen freigesetzt, sodass Säugetiere die Chili als ungenießbar empfinden, wohingegen Vögel, die keine mahlenden Zähne besitzen, die Chilis unbedenklich schlucken können. Neben der Endochorie existiert auch die äußere Verbreitung (Exochorie) von Samen, indem diese durch Anhaftmechanismen an Fell, Federn etc. hängen bleiben und an anderer Stelle wieder abgestreift werden.

Eine Samenausbreitungsmethode, die auf leichte Samen und trockene Früchte angewiesen ist, ist die **Windverbreitung (Anemochorie).** Sie war bereits unter den ersten Landpflanzen zu finden und stellt somit eine sehr ursprüngliche Art der Verbreitung dar. Sie erfolgt mit Bodenrollern, wie bei der Pappel (*Populus*), oder mit fliegenden Schirmchen, wie beim Löwenzahn (*Taraxacum*). Eine Zwischenstufe stellt die Streuung des Mohns (*Papaver*) dar, dessen Samen sowohl durch Windbewegung als auch durch vorbeilaufende Tiere aus der Kapsel »geschüttelt« werden.

Bei der **Wasserverbreitung (Hydrochorie)** werden die Samen weggeschwemmt. Viele dieser Samen besitzen Schwimmvorrichtungen wie Luftsäckchen, wodurch sie Auftrieb erlangen. Sehr spektakuläre Beispiele sind die Kokosnuss (*Cocos nucifera*) oder die Seychellennuss (*Lodoicea maldivica*), die über viele Tausende Kilometer im Salzwasser des Meeres treiben.

Bei der **Selbstverbreitung (Autochorie)** wird der Samen durch Schleudern oder Rollen mithilfe der Schwerkraft verbreitet.

Bei allen diesen Formen sind Pflanzen häufig auf ein Verbreitungsgebiet beschränkt, da es natürliche Barrieren gibt. Die Einteilung der Flora in Florenreiche stützt sich daher auf die Verbreitung.

Die Florenreiche

Man kann die Welt auf verschiedene Art und Weise aufteilen, die alltäglichste sind politische Landesgrenzen. Doch ein Botaniker und Ökologe sieht die Welt nicht nach politischen Aspekten, sondern nach der Pflanzenverbreitung und Biogeografie. Die Besiedelung der Welt mit den heutigen Pflanzen ist nicht willkürlich, sondern eine Zusammenspiel aus Evolution, Geografie, Kontinentaldrift und Ökologie. Bei der biogeografischen Besiedlung des Landes durch Pflanzen entstehen durch natürliche Barrieren – aber auch durch Standortpassung – Regionen, die sich durch eine eigenständige Flora auszeichnen. So eine Region wird auch Florenreich genannt, da sich die dort vorkommende Flora stark aus angepassten Endemiten oder spezifischen Pflanzenfamilien zusammensetzt. Je mehr man an den geografischen Rand eines Florenreiches kommt, umso weniger kann man das eigentliche Florenreich erkennen, da sich die Flora mit dem des angrenzenden Florenreiches vermengt. Diese Schnittmenge bzw. der Übergang wird Florenkontrast genannt. Im Florenkontrast ändert sich die Vegetation auf kurzer Distanz sehr stark. Stößt ein Florenreich an eine natürliche Grenze (ein Gebirge, einen Ozean oder eine Wüste), können Pflanzen neue Bereiche nicht besiedeln. Was bleibt, ist eine flächenmäßig begrenzte Region, in der die dort vorkommenden Pflanzensippen neue ökologische Nischen besiedeln, indem sie sich im Laufe der Evolution stärker dem Standort anpassen. Große Spezialisten (Endemiten) finden sich besonders ausgeprägt auf Inseln, ein berühmtes Beispiel ist Hawaii. Per Zufall kamen Pflanzen, -teile oder -samen als Treibgut, über Vögel und andere Tiere oder den Wind aus Ozeanien über den Pazifik und besiedelten Hawaii. Durch die isolierte Lage Hawaiis passten sich die Pflanzen an den neuen Standort an, sodass sich auf Hawaii und anderen Inseln Ozeaniens besonders viele Endemiten entwickelten. Insgesamt wird die Landmasse der Erde in sechs bis sieben Florenreiche unterteilt, wobei das ozeanische Florenreich von einigen Autoren auch zur Paläotropis gestellt wird. Das größte Florenreich ist die Holarktis, die grob gesagt die nördliche Hemisphäre ab dem 30. Breitengrad umfasst. Von Mexiko an und den gesamten südamerikanischen Kontinent einschließend erstreckt sich die Neotropis. Die Capensis umfasst die Kap-Region und damit hauptsächlich Südafrika. Die Australis besteht vor allem aus dem australischen Kontinent. Das zweitgrößte Florenreich ist die Paläotropis, die die Tropenzone von Afrika bis Asien umfasst. Die Antarktis setzt sich aus den subantarktischen Inseln, aber auch der Südspitze Südamerikas und dem Südwesten Neuseelands zusammen. Spezifische Pflanzenfamilien bilden jedes der Florenreiche, die zum Teil in kleinere Einheiten wie Florenregionen unterteilt werden.

DIE ROLLE DES MENSCHEN

Von jeher hat der Mensch Brauchbares und Nützliches verbreitet. So basiert auch der Ackerbau auf der gezielten Verbreitung von bestimmten Pflanzen, die ihm dienen, etwa als Nahrung. Der Autor Yuval Noah Harari wirft in seinem Buch »Eine kurze Geschichte der Menschheit« die Frage auf, ob sich wirklich der Mensch die Agrarpflanzen zunutze macht oder ob sich nicht vielmehr die Agrarpflanzen des Menschen bedienen, um stärker verbreitet zu werden.

Wie auch immer man sich gegenüber dieser fast philosophischen Frage positioniert, der Mensch verbreitet seit der Steinzeit bewusst Pflanzen, indem er Gebiete besiedelt, in die diese Pflanzen auf anderem Weg nicht gelangt wären.

Was bei Agrarpflanzen noch durchweg akzeptiert wird, nämlich die Einführung ortsfremder Pflanzen in andere Ökosysteme, ist bei anderen Pflanzen problematisch. Gebietsfremde Pflanzen können die biologische Vielfalt eines Lebensraums sowohl erweitern als auch verringern. Im letzteren Fall sind sie konkurrenzstärker als die heimische Flora und verdrängen diese invasiv, was ganze Habitate gefährdet. Inzwischen existieren in allen Ländern Listen invasiver Pflanzenarten, die heimische Ökosysteme bedrohen.

DER EINFLUSS VON LÄNGEN- UND BREITENGRAD

Pflanzen, die auf denselben Breitengraden wachsen, sind viel leichter in anderen Ländern oder Kontinenten anzusiedeln als jene, die von denselben Längengraden stammen. Konkret bedeutet dies, dass es einfacher ist, Pflanzen aus China und Nordamerika in Europa anzubauen oder umgekehrt, als Pflanzen aus Afrika in Europa erfolgreich zu kultivieren. Vom Anpflanzen fremder Pflanzen macht man besonders häufig und gerne bei der Gartengestaltung Gebrauch. Natürlich bereichern viele dieser Pflanzen unsere Gärten und auch die Umwelt, nur gibt es auch sogenannte Stinsenpflanzen wie die Blasenspiere (*Physocarpus opulifolius*) unter ihnen, die der heimischen Flora schweren Schaden zufügen. Noch in den 1930er-Jahren wurde die Herkulesstaude (*Heracleum mantegazzianum*) in Gartenzeitschriften angepriesen, heute versucht man sie mit Herbiziden, Freischneidern und schwerem Gerät auszurotten. Durch den Menschen gelangen Pflanzen über natürliche Barrieren wie Ozeane, Gebirge oder Wüsten und durch die Globalisierung wird es den Pflanzen immer leichter gemacht, Florengrenzen zu überwinden.

DIE AUFTEILUNG IN DIESEM BUCH

Einige Florenreiche sind sehr groß. Da dieses Buch auf meinen Reisen aufbaut und ich nicht alle Florenreiche gleich intensiv bereist habe, sind sie hier nicht im verhältnismäßigen Umfang beschrieben. Die Antarktis ist sehr klein und speziell, weshalb ihr leider kein Kapitel gewidmet worden ist. Ein letzter Punkt bei der Auswahl der vorgestellten Länder war: Dieses Buch ist auf Zimmer-, nicht auf Freilandpflanzen ausgerichtet, weshalb die Holarktis nur einen kleineren Teil ausmacht.

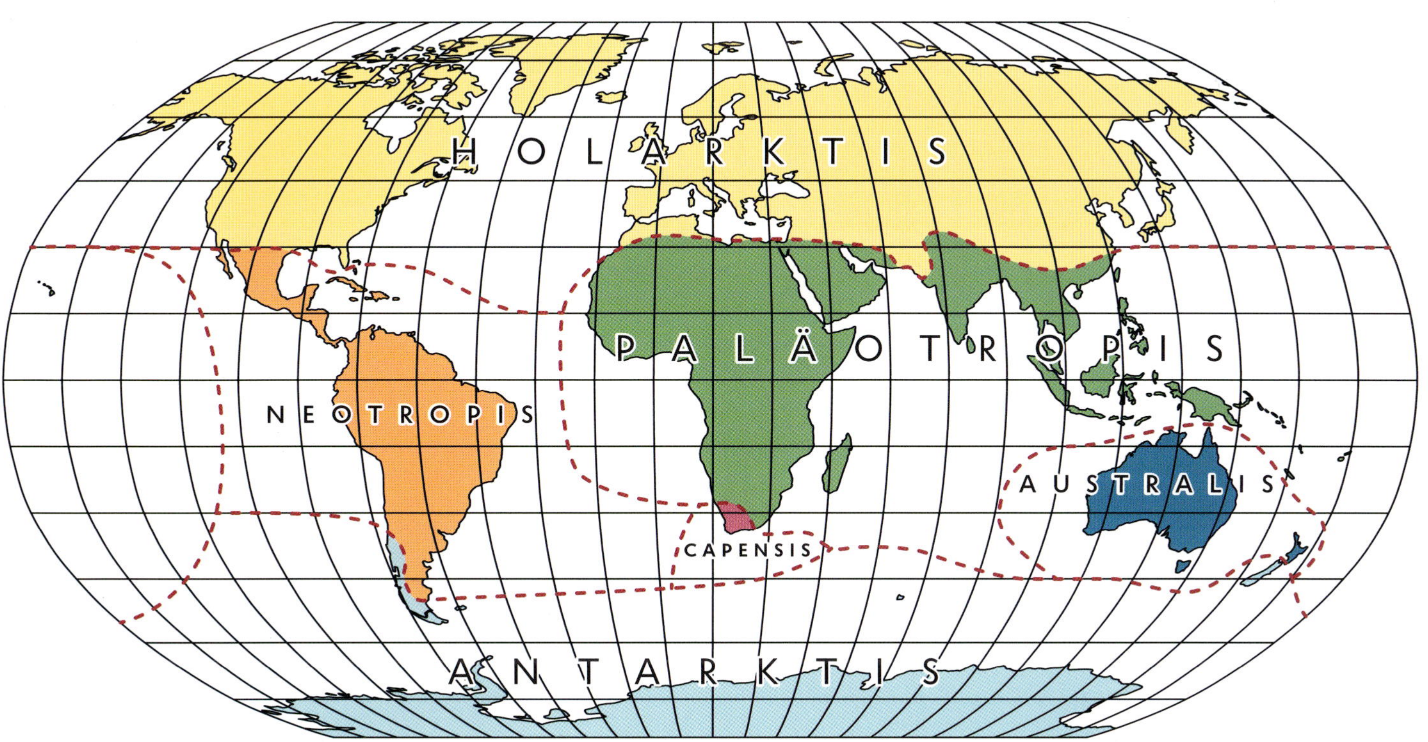

Holarktis

Die Holarktis umfasst den Großteil der nördlichen Hemisphäre der Erde und ist das größte der biogeografischen Florenreiche. Sie wird in die arktische, boreale, atlantische, südeurosibirische, mediterrane und irano-turanische Florenregion unterteilt.

Die Holarktis ist flächenmäßig das größte Florenreich der Erde. Sie erstreckt sich quasi über den gesamten Ost-West-Gürtel der nördlichen Hemisphäre. Eigentlich wird sie im Norden nur vom Arktischen Ozean begrenzt. Im Süden verläuft die Grenze auf dem amerikanischen Kontinent entlang der Wüsten des südlichen Mexikos, in Afrika durch die Sahara und in Asien folgt sie dem Himalaya. Die Verbreitung der Flora ist nicht vom Atlantik behindert, was auf die Nähe zwischen Sibirien und Alaska zurückzuführen ist. Hier fand eine Verbreitung von Asien nach Amerika statt. Dieses Florenreich entspricht im Großen und Ganzen der astronomischen Klimazone der Mittelbreite und umfasst das Gebiet zwischen etwa dem 30. und dem 60. Breitengrad.

> »Das Klima der Holarktis, zu der auch unsere Florenregion gehört, ist durch vier Jahreszeiten geprägt.«

DAS KLIMA DER HOLARKTIS

Das Klima der Holarktis ist durch vier Jahreszeiten geprägt und zeichnet sich durch große Temperaturgefälle im Sommer und Winter aus. Die Pflanzen aus diesem Florenreich haben sich daher an Trockenheit im Winter angepasst, indem sie sie z.B. durch Laubfall im Herbst und eine Winterruhe (Dormanz) überdauern. Dazu haben die Fähigkeit entwickelt, mit ihren unterirdischen (bei den Kryptophyten), in der Laubdecke (bei den Hemikryptophyten) oder im Schnee (bei den Chamaephyten) versteckten oder schutzlosen (bei den Phanerophyten) Erneuerungsknospen zu überdauern. Durch das stark kontinental geprägte Klima haben die Pflanzen der Holarktis nur eine kurze Vegetationsperiode. Vom Frühjahr bis zum Herbst stehen ihnen nur wenige Monaten für ihr Wachstum und die Samenausbreitung zur Verfügung.

DIE FLORENREGIONEN DER HOLARKTIS

Die Holarktis wird in acht bis zwölf kleinere Florenregionen entsprechend den Klimazonen unterteilt. Grob zusammengefasst (nach Franz Fukarek et al. in »Pflanzenwelt der Erde«) können die Florenregionen in die Tundrazone, die borealen Nadelwälder, die sommergrünen Mischwälder, die Hartlaubvegetation, die Steppenregion, die Halbwüsten und den Wüstengürtel unterschieden werden. Es dominieren die Ahorngewächse, Doldenblütler, Kreuzblütler, Nelkengewächse, Birken- und Buchengewächse, Rosen-, Primel- und Hahnenfußgewächse und die artenreiche Segge (*Carex*).

DIE AUSWAHL DER PFLANZEN IM KAPITEL HOLARKTIS

Da auch unsere europäische Florenregion zur Holarktis gehört, hätte man eine große Auswahl an Pflanzen aus anderen Ländern in diesem Kapitel vorstellen können. Nur sind die meisten dieser Pflanzen für das Freiland und weniger für das Zimmer geeignet, ein Thema, das viele andere Bücher bereits aufnehmen. In letzter Zeit werden etwa trockenheitsverträgliche Steppenpflanzen aus Nordamerika immer wichtiger für die Gartengestaltung. In meinem Buch »Selten schön« (erschienen 2019 im BLV Verlag) habe ich viele Pflanzen aus anderen Ländern der Holarktis zusammengetragen, die ich für selten und schön halte, die also einen hohen Zierwert für den Garten haben, hierzulande aber leider noch wenig bekannt sind. Da ich mich in diesem Buch aber auf Pflanzen für »drinnen« konzentrieren möchte, greife ich im Folgenden nur einige Länder der Holarktis heraus. Besonders die USA sind einen vertieften Blick wert, da sich dort eine Florengrenze befindet, in der sich die Flora auf kurzer Distanz stark verändert. Sie finden in diesem Kapitel also ausgesuchte Pflanzen, deren Heimat die USA, China, Südkorea oder Japan ist, und die zum Teil schon lange bei uns in Europa als Zierpflanzen verwendet werden.

Der Westen der USA

Die Pazifikküste in der Nähe der Kleinstadt Carmel-by-the-sea, Kalifornien.

Wer in den Westen der USA fliegen will, hat von Europa aus einen äußerst langen Flug vor sich und muss sich entsprechend in Geduld üben. Reist man von Frankfurt am Main nach Los Angeles, müssen rund 13.800 km über den Atlantik zurückgelegt werden, diese Strecke entspricht auch ungefähr einem Flug von Frankfurt nach Tokio/Japan oder wiederum einem Flug von Tokio nach Los Angeles über den Pazifik. Man sollte sich also vor Reiseantritt gut überlegen, warum man eigentlich nach Kalifornien fliegen möchte.

AN DEN STRAND ODER IN DIE WÜSTE?

Wenn Europäer Kalifornien hören, erscheint vor dem geistigen Auge der meisten vermutlich ein Bild von Sonne, Strand und Meer, dazu Menschen, die sich am Strand mit Volleyballspielen oder Sonnenbaden einen schönen Tag machen, lässige Skater an der Strandpromenade von Venice Beach, braungebrannte Surfer in Malibu etc. Das trifft natürlich auch alles zu. Der Himmel kann in Kalifornien das schönste und klarste Blau annehmen und das Strandleben ist legendär. An der Pazifikküste Kaliforniens hat man noch dazu immer eine spektakuläre Aussicht, wenn man beispielsweise den Pacific Coast Highway entlangfährt, den Highway Nr. 1, der zu den schönsten Panoramastraßen der Welt zählt. Doch das ist nur ein kleiner Teil Kaliforniens. Die Fläche des Bundesstaats übersteigt jene von ganz Deutschland um etwa 66.000 km², das entspricht 18 %, bei gleichzeitig nur ungefähr halb so vielen Einwohnern. Kalifornien ist also groß und bei Weitem nicht so dicht besiedelt wie Deutschland, was dazu führt, dass ohne fahrbaren Untersatz nicht viel des täglichen Lebens oder im Tourismus möglich ist, da die Strecken einfach ganz andere Dimensionen annehmen. Hinzu kommt, dass besonders der mittlere und südliche Teil Kaliforniens eigentlich nur aus Wüsten besteht, was sich deutlich im Klima und der Vegetation widerspiegelt. Auch ein großer Teil des Death Valley, eines der am tiefsten gelegenen, heißesten und trockensten Gebiete der Erde, befindet sich in Kalifornien. Es liegt in der Mojave-Wüste, südöstlich der Sierra Nevada. Nach winterlichen Regenfällen verwandelt sich die karge Landschaft der Wüstenregionen jedoch in ein Blütenmeer und Besucher stürmen die zahlreichen Wüstenparks, z.B. den Anza-Borrego-Desert-State-Park. Neben Dünen, Canyons, Kratern und dem unergründlichen Death Valley hat Kalifornien an landschaftlicher Abwechslung aber noch weit mehr zu bieten.

> ›› Von der Wüste in die Berge kommt man in Kalifornien schneller, als man denkt. ‹‹

VON DER WÜSTE IN DIE BERGE

Mit über 4.421 m Höhe ist der Mount Whitney der höchste Berg der USA außerhalb Alaskas. Zwar muss man sich nicht gleich an den höchsten Gipfeln versuchen, doch kann es schnell passieren, dass man auf dem Weg in den Joshua-Tree-Nationalpark auf halber Strecke einen Zwischenstopp einlegen möchte. Vielleicht entscheidet man sich dafür, in einer kleinen Ortschaft wie Idyllwild zu übernachten. Also verlässt man den Highway, der sich durch die Mojave-Wüste zieht, verabschiedet sich von dem kargen Anblick der Felsen, zwischen denen Xerophyten und Kakteen wachsen, und biegt auf eine kleine Straße ab, die sich eine Anhöhe hochschlängelt. Binnen kurzer Zeit und Strecke verändert sich die Vegetation auf kurzer Strecke grundsätzlich. Die Wüstenpflanzen weichen laubabwerfenden Sträuchern und Nadelbäumen. Nach nur einer Stunde Fahrt ist man auf 1.600 Höhenmetern angelangt und findet sich in einer Umgebung von Mischwäldern aus Laub- und Nadelgehölzen wieder, wie sie in Garmisch-Partenkirchen nicht viel anders zu erleben ist, inklusive des Bergpanoramas. Steile bewaldete Hänge werden von Bergkuppen aus Granit unterbrochen. Sie bilden die eindrucksvolle Umgebung kiefernbeschatteter Bergdörfer wie Idyllwild. Schöne Wanderwege laden zu einem Ausflug in die Natur rund um die San-Jacinto-Berge ein. Auf dieser Strecke erlebt man bildlich, dass sich Evolution nicht nur in der Horizontalen, sondern auch in der Vertikalen abspielt, von der Wüste in die Berge.

Gelber Sand, blauer Himmel und die sich gabelnden Äste in den Kronen der Joshua Trees, einer *Yucca*-Art, bestimmen das Bild des Joshua-Tree-Nationalparks.

DER JOSHUA-TREE-NATIONALPARK

Was passiert, wenn zwei Wüsten aufeinandertreffen? Statt sich vollständig zu vermischen, bleiben es zwei Wüsten, die aber an einer Stelle eine Schnittmenge mit unterschiedlichen Ökosystemen bilden. So passiert im südkalifornischen Joshua-Tree-Nationalpark, wo sich die Mojave-Wüste und die Colorado-Wüste überlappen. Im östlichen Bereich des Nationalparks befindet sich die Colorado-Wüste mit Buschland, Kakteen und Fächerpalmen, im Nordwesten die Mojave-Wüste, die durch eine Gebirgsformation im Regenschatten liegt, sodass sie sehr trocken ist, weil es sich nur auf der Pazifikseite abregnet. Das »Markenzeichen« der Mojave-Wüste ist wohl der Joshua Tree (*Yucca brevifolia*), der zu den Agavengewächsen gezählt wird. Bis zu 15 m wird diese *Yucca*-Art groß und verzweigt sich überwiegend dichotom (Y-förmig). Nur an den Triebspitzen befinden sich die kurzen und festen Blätter, während abgestorbene Blätter einen darunterliegenden Kranz bilden, der mehrere Jahre anhaftet, bevor die ältesten Blätter abfallen und den Stamm dem Klima ungeschützt aussetzen. Der Erzählung nach bekam diese *Yucca*-Art ihren Trivialnamen von durchziehenden Mormonen, die die aufrechten Verzweigungen mit den ausgestreckten Armen Josuas verglichen.

Der Joshua Tree ist eine sehr alte Pflanzenart. In den Exkrementen des amerikanischen Riesenfaultiers, das vor etwa 13.000 Jahren ausgestorben ist, hat man Überreste von Blättern und Samen des Joshua Trees gefunden, die gefressen worden waren und vermutlich mit dem Dung verbreitet wurden (Zoochorie). Einzelne Exemplare des Joshua Trees können bis zu 1.000 Jahre alt werden. Er ist zwar auch mit Bäumen vergesellschaftet, doch im Joshua-Tree-Nationalpark überwiegen Gesellschaften mit Sträuchern und den Gräsern *Hilaria rigida* (big galleta) und *Bromus tectorum* (cheatgrass). Durch die fortschreitende Klimaerwärmung fürchten Wissenschaftler, dass der Joshua Tree in den kommenden Jahrzehnten vom Aussterben bedroht sein wird, da er ein großer Spezialist ist. Beim Joshua-Tree-Nationalpark handelt es sich um eine typische Wüste, deren Temperaturen je nach Jahreszeit schwanken. Während sie im Sommer selten unter 35 °C fallen, können sie im Winter bis auf den Gefrierpunkt sinken.

1
Teddy Bear Cholla heißt diese Cylindropuntie. Sie ist aber keineswegs so plüschig, wie sie aussieht.

2
Die Blüten der Teddy Bear Cholla sind papierzart.

Die angenehmste Zeit, um den Nationalpark zu besuchen, ist daher während der Frühjahrs- oder Herbstmonate. Ein Besuch des Nationalparks ist einfach, man ist nur zwingend auf ein eigenes Auto angewiesen, mit dem man einen der Eingänge passieren kann, nachdem zahlreiche Schilder wiederholt darauf hingewiesen haben, ausreichend Trinkwasser mitzunehmen. Asphaltierte Straßen und eine Übersichtskarte helfen, sich in dem 3.200 km^2 großen Areal zu orientieren und durch den an sich wenig erschlossenen Park hindurchzufahren, um bei passenden Motiven an die Seite zu fahren und schöne Naturfotos zu machen. Neben den imposanten Joshua Trees bieten die Felsformationen bizarr schöne An- und Ausblicke. Auf kleinen, ausgewiesenen Pfaden kann man an bestimmten Stellen kürzere Wanderungen machen und so z.B. einen kleinen Canyon besuchen (über den Rattlesnake Canyon Trail). In diesem begegnet man zum Glück eher selten einer Klapperschlange, vielmehr muss man aufpassen, nicht aus Versehen auf eine Tarantel zu treten.
Einen anderen beeindruckenden Spaziergang kann man im **Cholla Cactus Garden** machen, der weiter südlich im Park liegt. Wie in einem großen Weizenfeld stehen hier die Teddy Bear Chollas (*Cylindropuntia bigelovii*) dicht an dicht als natürliche Monokultur. Ihr Bestand wird von Kreosotbüschen (*Larrea tridentata*) eingerahmt. Auch wenn die Cholla-Triebe puschelig aussehen, ein Anfassen oder unabsichtliches Berühren bereut man lange, da die Triebe leicht brechen und die Dornen mit Widerhaken (Glochiden) sich nur schwer und schmerzhaft aus der Haut entfernen lassen.
Die Pflanzenarten sind an die trockenen Bedingungen angepasst und bilden nur für wenige Monate im Frühjahr Blätter aus. *Ambrosi salsola*, *Bebbia juncea*, *Senna armata*, *Scutellaria mexicana*, *Menodora spinescens*, *Eriogonum inflatum* und *Thamnosma montana* verlieren ihre Blätter nach dem Frühjahr, um sich gegen die Sommerdürre zu schützen. Um trotzdem Fotosynthese betreiben und wachsen zu können, haben diese Pflanzen das Blattgrün (Chlorophyll) in den Stamm verlagert. Diese Anpassung hilft ihnen, den Wasserverbrauch zu reduzieren, sodass sie im Vergleich mit anderen Pflanzen gleichwertig oder konkurrenzstärker sind.

Warzenkakteen

Mammillaria-Arten
Kakteengewächse (*Cactaceae*)

Herkunft Das Verbreitungsgebiet der Warzenkakteen erstreckt sich von den südwestlichen USA bis in die Karibik, nach Guatemala und Venezuela. Die meisten Arten gibt es in Mexiko.
Entdeckung Carl von Linné beschrieb die Pflanze erstmalig 1753 als *Cactus mammillaris*, seit 1812 wird sie als eigenständige Gattung geführt.
Naturstandort Warzenkakteen wachsen als Unterwuchs oder in Steinspalten an wüsten- und savannenähnlichen Standorten.
Standort in der Wohnung Sie brauchen einen möglichst hellen Standort nahe am Fenster. Den Winter überdauern sie am besten an einem kühlen (ca. 8 °C) und hellen Platz.
Substrat Für alle Kakteenarten empfehle ich ein rein mineralisches Substrat, entweder selbst gemischt oder aus einer Kakteengärtnerei. Bei Warzenkakteen kann man dem Substrat 10 % Kompost beimengen.
Wasserbedarf Reduzieren Sie im Winter das Gießen stark, an kühlem Standort auf etwa einmal im Monat.
Bestimmende Eigenschaft Warzenkakteen sind außergewöhnlich blühfreudig.
Blütezeit Sie können ganzjährig zur Blüte kommen, Hauptblütezeit ist aber im Sommer.

GEEIGNETE ZIMMERPFLANZEN

Viele Warzenkakteenarten sind robuste und pflegeleichte Zimmergenossen. Bei passender Pflege können sie leicht mehrere Jahrzehnte alt werden, ohne für das Zimmer zu groß zu werden oder ihre Blühfreudigkeit zu verlieren. *Mammillaria zeilmanniana*, auch Muttertagskaktus genannt, ist vermutlich am häufigsten im Sortiment von großen Gartencentern vertreten. Eine Suche bei spezialisierten Kakteen-Gärtnereien lohnt sich aber sehr, denn hier findet man viele weitere schöne Arten wie *Mammillaria bombycina* oder *Mammillaria pectinifera*. Der botanische Name *Mamillaria* leitet sich von *mamilla*, dem lateinischen Wort für Brustwarze, ab, als Hinweis auf die mit Warzen versehenen Triebe.

Feigenkakteen

Opuntia- und *Cylindropuntia*-Arten
Kakteengewächse (*Cactaceae*)

Herkunft Viele Feigenkakteen sind von Mexiko bis zur südlichen Grenze Kanadas verbreitet.
Entdeckung Die Gattung *Opuntia* wurde 1754 durch Philip Miller aufgestellt, *Cylindropuntia* wurde erstmals von George Engelmann 1856 unterteilt.
Naturstandort Man findet sie in den Wüsten der USA und Mexikos bis hoch nach Kanada, wo einige Arten in einer Höhe von 2.500 Metern wachsen.
Standort in der Wohnung Feigenkakteen sind sehr lichthungrige Pflanzen, die direkt am hellen Südfenster stehen sollten.
Substrat Am besten mischen Sie sich selbst ein Substrat aus mineralischem Sand, Bims, Lava und Granitbruch, welches Sie mit etwas Blumenerde oder Kompost anreichern können. Alternativ kaufen Sie ein Substrat aus einer Kakteengärtnerei, aber vermeiden Sie unbedingt Kakteensubstrate, die auf Torf basieren.
Wasserbedarf Ist das Substrat sehr durchlässig, wird man kaum zu viel gießen können. Glücklicherweise verzeihen viele Feigenkakteen Gießfehler.
Bestimmende Eigenschaft Eigentlich sind die breitgedrückten Scheinblätter (Platykladien), die an Hasenohren erinnern, schon nett anzuschauen, doch wenn die relativ großen Blüten dicht an dicht auftreten, gehören Feigenkakteen zu den tollsten Blütenpflanzen.
Blütezeit Feigenkakteen blühen eher unregelmäßig, häufig aber im Frühsommer.

Die Früchte dieses Feigenkaktus (*Opuntia ficus-indica*) schmecken süß, ihr Schale ist aber außen von kleinen Dornen übersät.

LECKER ODER LÄSTIG?

Feigenkakteen sind kulturhistorisch betrachtet sehr verrückte Pflanzenarten, da sie Segen und Fluch zugleich sind. Auf der einen Seite sind sie ein sehr schmackhaftes Gemüse, Nopal genannt, und können als solches, meist eingelegt in Gläsern, in Supermärkten gekauft werden, die mexikanische Spezialitäten führen. Wer sich einmal an einem Kaktusgericht versuchen will, dem sei das tolle Kaktuskochbuch von Ulrich Manch und Ulrich Haage empfohlen. Nicht nur die Sprosse der Feigenkakteen sind essbar, ebenso die Früchte vieler Arten, z.B. von *Opuntia ficus-indica*, werden gegessen. Auch in unseren Supermärkten werden immer wieder mal Opuntienfrüchte angeboten. Fassen Sie sie immer mit Handschuhen oder einem Küchenpapier an, da Ihre Hände sonst voll mit den kleinen Dornen sind, die man erst nach Tagen wieder loswird. Auf der anderen Seite sind Feigenkakteen ein fürchterliches Unkraut, das bereits in vielen Ländern, unter anderem in der Schweiz (!), ausgewildert ist und als invasiv eingeschätzt und behandelt wird. In Australien ging man sogar so weit, verwilderte Opuntien mit Bulldozern und Napalm zu bekämpfen. Erst die Larven der Kaktusmotte (*Cactoblastis cactorum*) konnten den Feigenkakteen-Bestand um fast 90 % dezimieren.

DIE PFLEGE

Feigenkakteen haben kleine Widerhaken (Glochiden), eine für den Gärtner sehr unschöne Eigenschaft, denn diese dringen in die Haut ein und lassen sich kaum entfernen. In der Natur brechen die Sprosse leicht ab und werden meist durch Tiere verbreitet, an deren Fell sie hängen bleiben. Wegen dieser Dornen mit den Glochiden und ihren brüchigen Trieben halte ich Feigenkakteen für nur eingeschränkt geeignete Zimmerpflanzen. Eine kleine Opuntien-Art für das Zimmer ist *O. microdasys*. Am besten beraten sind Sie meines Erachtens mit den winterharten Arten und Hybriden. Dafür sollten Sie die Gartenerde mit Sand, Bims und Lava verbessern und die Pflanze vor winterlicher Nässe – in Form von Schnee und Regen – unter einem Vordach oder mit einem überdachten Gestell schützen. Natürlich können Sie auch einen Balkonkasten mit Feigenkakteen anlegen. Im Anhang des Buches finden Sie die Adressen einiger Firmen, die eine sehr schöne Auswahl winterharter Kakteen anbieten. Die Pflege der Feigenkakteen ist sehr einfach, solange man sie in eine gut drainierte Erde pflanzt und im Winter das Gießen reduziert. Während der Sommermonate kann man sie mit einem niedrig dosierten Kakteendünger nach Anleitung düngen. Triebe, die in einen Topf gesteckt werden, bewurzeln nach wenigen Wochen.

WISSENSWERT

Für die spanischen Eroberer der »neuen Welt« hatte der rote Farbstoff Karmin große Bedeutung. Er musste von den Azteken als Tributzahlung entrichtet werden. Sie hatten in einigen Jahrhunderten für diesen ein Gewinnungsverfahren entwickelt, indem sie den Karmin-Farbstoff von Cochenilleschildläusen ernteten, die sie auf *Opuntia cochenillifera* ansiedelten.

LEBEN IN DER COLORADO-WÜSTE

Auch wenn man im Joshua-Tree-Nationalpark viel Zeit verbringen kann, sollte man unbedingt noch nach Palm Springs fahren. Hier lohnt es sich, die Indian Canyons, die zur Cahuilla Indian Reservation gehören, und auch den Palm Canyon, wo die alten »Fan Palms« (*Washingtonia filifera*) zu bewundern sind, zu besuchen. Als Europäer gerät man ständig ins Staunen, denn immer wieder schwirren Kolibris auf der Suche nach Blüten durch die Wüste. Ihr Körper ist kaum so lang wie ein Zeigefinger, sodass man zuerst glaubt, sich verguckt und ein größeres Insekt gesehen zu haben. Wer sich bei 42 °C in der kargen Wüste aufhält, merkt allerdings schnell, was für ein unwirtlicher Ort das ist – schwer vorstellbar, dass dort bereits lange vor der Ankunft der Europäer im Jahr 1774 Ureinwohner lebten.

Eine solche Gruppe von Ureinwohnern sind die **Cahuilla-Indianer**, die die Region westlich des Salton-Sees besiedelten. Dieses Gebiet liegt zwischen der flächenmäßig kleineren Mojave-Wüste im Norden und der großen Sonora-Wüste im Süden, die sich nach Arizona und Mexiko erstreckt. Die Cahuilla waren ein sesshaftes Volk, das in Hütten aus Schilf lebte. Im Palm Canyon wachsen die mächtigen Fan Palms (*Washingtonia filifera*) entlang von Bachläufen, wo sie ausreichend Wasser bekommen. An solchen Wasserläufen befanden sich für gewöhnlich auch die weitgezogenen Siedlungen der Cahuilla. Die umliegende steinige Wüste ist nur dünn mit Vegetation bewachsen, größere Schatten spendende Bäume fehlen fast vollständig. Trotzdem konnten die Cahuilla hier von dem leben, was die Natur hervorbrachte, ohne sie auszubeuten.

» Die Cahuilla konnten hier von dem leben, was die Natur hervorbrachte, ohne sie auszubeuten. «

Die Geschichte der Cahuilla ist sehr wechselhaft, da die Wüste anfänglich von den Europäern als wertlos eingestuft wurde und die Gegend erst im 19. Jahrhundert durch Siedler immer weiter und intensiver erschlossen wurde. Im Laufe des 19. und 20. Jahrhunderts wurden schließlich auch den Cahuilla Reservate um die Gegend von Palm Springs zugewiesen. Heute zählen sich rund 3.000 Menschen zu den Cahuilla.
Da die Cahuilla ein ziemlich lokales Leben führten, kann die Sonora-Wüste nicht ganz so unwirtlich sein, wie es im ersten Moment erscheint. Es war immerhin möglich, mit den Ressourcen eine ganze Population dauerhaft zu ernähren. Was genau sind also diese **Ressourcen, die das Leben ermöglichen?** Der folgende Abschnitt basiert auf dem Buch von Robert J. Hepburn (2012) »Plants of the Cahuilla Indians«. Der Autor hat nach eigenen Angaben selbst eine lange Zeit in der Sonora-Wüste gelebt und sich von ihr ernährt. Die Bachläufe und anderes Frischwasser, das es dort gibt, sind ein äußerst wichtiger Faktor. Die Cahuilla ernährten sich unter anderem durch die Jagd, aber es gibt auch Belege, dass kleine Fischteiche angelegt wurden – beides wichtige Quellen für hochwertiges Protein. Dazu nutzten die Cahuilla Wildpflanzen aus der Wüste.

NAHRUNGSPFLANZEN IN DER SONORA-WÜSTE

Die Sonora-Wüste besitzt zwei Jahreszeiten, Sommer und Winter, wobei es nur während der Wintermonate regnet. Im Sommer liegt die Temperatur bei bis zu 42 °C, bei durchschnittlich zehn Sonnenstunden am Tag. Die Pflanzen haben sich an diese Bedingungen physiologisch und morphologisch (Xerophyten) sowie mit einem stark periodisch abhängigen Vegetationszyklus angepasst. Anders ausgedrückt nutzen die Pflanzen den Winterregen, um aus der Ruhephase (Exodormanz) zu kommen und Blüten anzusetzen (generative Phase), die über den Sommer ausreifen, um die Samen vor dem Winterregen, bei günstigen Wachstumsbedingungen zu verbreiten. Die Tabelle rechts zeigt einen Erntekalender mit Beispielen. Agaven, Buckwheat und Arrowweed liefern ganzjährig nahrhaftes Gemüse, saisonal reifen Beeren und Blüten als Nahrung heran. Bei einigen Pflanzen kann ich mir sehr gut vorstellen, sie zu essen, da wir auch verwandte Arten in unserer Küche nutzen. Die Rosengewächse (*Rosaceae*) etwa, zu denen die Wüstenaprikose gehört, die die Cahuilla zu Marmelade einkochen, sind eine große Familie, die auch bei uns viele Nutzpflanzen hervorbringt. Sicherlich ist sie ähnlich wie wilde Erdbeeren oder Wüstenkirschen herber im Geschmack als unsere Kulturpflanzen, doch bestimmt genießbar. Blüten und Knospen enthalten immer viel Zucker und sind damit ein recht schmackhafter Snack. Die mit der Kalifornischen Chia (*Salvia columbariae*) verwandte Mexikanische Chia (*Salvia hispanica*) ist in den letzten Jahren bei uns ein Superfood geworden. Andere Samen wie die Bladderpod Beans (*Peritoma arborea*) warten vielleicht noch auf ihre Entdeckung für die europäische Küche.

PFLANZEN FÜR DEN TÄGLICHEN BEDARF

Nahrungspflanzen sind natürlich nur ein Teil des Lebens in der Wüste. Medizinalpflanzen sind die zweitwichtigste und -größte Gruppe, ihre Kenntnis und Anwendung helfen bei Verletzungen oder Krankheiten (vgl. Heinz J. Stammel (1986) »Die Apotheke Manitous: das medizinische Wissen der Indianer und ihre Heilpflanzen«). Darüber hinaus werden Hygienemittel, aromatisierte Getränke, Feuerholz, Kleidung etc. dringend benötigt. Auch dafür finden sich Pflanzen in der Sonora-Wüste. Als Seife können *Atriplex californica* oder *Yucca schidigera* verwendet werden, als Shampoo, Deodorant und zum Haarefärben nimmt man *Salvia apiana* und als Gesichtscreme und Sonnenschutz kann *Pinus monophylla* dienen. Nimmt man das alles zusammen, kommen in der lebensfeindlich scheinenden Umgebung Möglichkeiten und Dinge für ein Leben zusammen, das für die streng limitierten Ressourcen erstaunlich vielfältig sein kann.

Nahrungspflanzen der Cahuilla-Indianer im Jahreszeitenverlauf, erstellt nach R. J. Hepburn

Verfügbarkeit	Verwendung	Trivialname	Botanischer Name	Familie
Winter (ganzjährig)	Blätter	Agave	*Agave*-Arten wie *A. desertii*	*Asparagaceae*
	Wurzeln	Arrowweed	*Pluchea sericea*	*Asteraceae*
	Triebe und Samen	California Buckwheat	*Eriogonum fasciculatum*	*Polygonaceae*
Frühjahr	Früchte	Desert Mistletoe	*Phoradendron californicum*	*Santalaceae*
	Früchte (Samen)	Bladderpod Beans	*Peritoma arborea*	*Cleomaceae*
	Blütenknospen	Gander Cholla	*Cylindropuntia ganderi*	*Cactaceae*
	Sprosse, Knospen, Früchte und Samen	Beavertail Cactus	*Opuntia basilaris*	*Cactaceae*
	Blüten	Ocotillo	*Fouquieria*-Arten	*Fouquieriaceae*
Sommer	Früchte	Desert Apricot	*Prunus fremontii*	*Rosaceae*
	Blüten	Joshua Tree	*Yucca brevifolia*	*Asparagaceae*
	Blüten	Cholla	*Cylindropuntia*-Arten	*Cactaceae*
	Stängel und Blumen	Agave	*Agave*-Arten wie *A. desertii*	*Asparagaceae*
	Früchte	Wild Strawberry	*Fragaria*-Arten	*Rosaceae*
Herbst	Früchte (Samen)	Mesquite	*Prosopsis*-Arten	*Fabaceae*
	Früchte	Wild grapes	*Vitis*-Arten	*Vitaceae*
	Samen	Chia	*Salvia columbariae*	*Lamiaceae*
	Früchte	Chockecherry	*Prunus virginiana*	*Rosaceae*
	Früchte	California Fan Palm	*Washingtonia filifera*	*Arecaceae*
	Früchte	Elderberry	*Sambucus*-Arten	*Adoxaceae*

Echinocereen

Echinocereus-Arten
Kakteengewächse (*Cactaceae*)

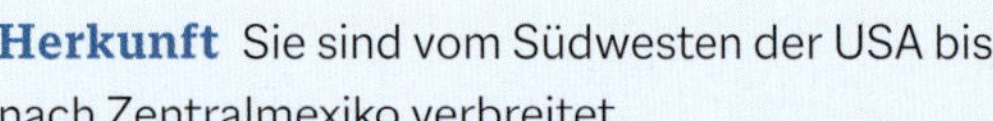

Herkunft Sie sind vom Südwesten der USA bis nach Zentralmexiko verbreitet.
Entdeckung Ihren heutigen Namen bekam die Gattung *Echinocereus* 1848.
Naturstandort Echinocereen wachsen vornehmlich in Felsspalten auf Bergrücken, Hügeln sowie in Schluchten und Wäldern von 150 bis 2400 m Meereshöhe.
Standort in der Wohnung Die meisten Echinocereen gedeihen in jedem hellen Zimmer in der Wohnung.
Substrat Im Unterschied zu den meisten anderen Kakteen mögen Echinocereen ein etwas nahrhafteres Substrat, sodass man dem mineralischen Grundsubstrat etwas Blumenerde oder gedämpften Kompost zufügen kann.
Wasserbedarf In den Sommermonaten kann das durchlässige Substrat reichlich gegossen werden, im Winter sollte man das Gießen stark reduzieren.
Bestimmende Eigenschaft Viele Echinocereen haben eine attraktive Bedornung, ihre Blüten sind relativ groß und halten länger als bei anderen Kakteen.
Blütezeit Echinocereen blühen unregelmäßig, jedoch häufig im Frühsommer.

SCHWIERIGE BESTIMMUNG

In seinem Buch »The genus Echinocereus« beschreibt Nigel P. Taylor die Geschichte der Entdeckung der Echinoceeren. Sie ist in vieler Hinsicht exemplarisch, da meist interessierte Laien eine Entdeckung machten und sich die Diversität einer Gattung dann erst bei gezielten Expeditionen herausstellte. Die ersten Echinoceeren wurden zwischen 1827 und 1828 in Mexiko von zwei Europäern entdeckt, die eigentlich auf der Suche nach Bodenschätzen waren. Ein paar Pflanzen kamen in die Schweiz zum Botaniker Augustin-Pyrame de Candolle, eine andere nach München zum Direktor des Botanischen Gartens, Carl Friedrich Philipp von Martius. De Candolle ordnete seine Exemplare der Gattung *Cereus* zu, von Martius seines den *Echinocacti.* Zwei weitere Echinoceeren wurden bis 1848 gesammelt und benannt, bevor Engelmann in diesem Jahr die Gattung *Echinocereus* aufstellte. Ein Problem bei der Bestimmung sei am Beispiel von *E. fasciculatus* erläutert: Diese Art, die nur in der Sonora-Wüste und Arizona vorkommt, variiert ihre Dornen ebenso wie die Blütenfarbe stark, was beides zu schlechten Bestimmungsmerkmalen macht. Am besten kann man sie an ihrem langen, dunkelbraunen Dorn im Zentrum der Areolen erkennen.

In Felsspalten, in denen sich etwas Erde gesammelt hat, wächst hier *Echinocereus pectinatus*.

DIE PFLEGE

Durch die vielen Dornen fordern Echinoceeren sehr viel direkte Sonne, aber auch eine gewisse Luftbewegung, damit die Pflanze gesund bleibt. Auch im Winter können viele Arten wie *E. rigidissimus* im beheizten Zimmer stehen, doch eigentlich mögen sie es kühl (um die 10 °C) lieber. Die dichte Bedornung ist ein wahrer Staubfänger, vor allem, wenn die Pflanze auf dem Fensterbrett über der Heizung steht, wo aufsteigende Wärme viel Staub transportiert. Waschen Sie sie deshalb mindestens einmal jährlich gründlich ab. Durch ihre Neigung zur Polsterbildung sind Schalen als Kulturgefäße für diese Pflanzen besser als Töpfe, dafür muss man sie nur alle drei bis fünf Jahre umtopfen.

GROSSE BANDBREITE

Die schlanken Triebe von *E. pensilis* können bis zu 4 m lang werden, der Regenbogenkaktus (*E. rigidissimus* subsp. *rubispinus*), der in der Natur fast nicht mehr zu finden ist, hat mit seinen roten Dornen einen großen Zierwert. Einige Echinoceeren sind bedingt winterhart und können Frostgrade im Freien überstehen.

WISSENSWERT

Die meisten Echinoceeren gehören zu den eher pflegeleichten Kakteen. Sie sind jedoch äußerst unangenehm bewehrt, sodass Sie sich am besten schützendes Zubehör, wie eine Kakteenzange oder -schlaufe, bei einer Kakteengärtnerei kaufen, um sich nicht zu verletzen, wenn Sie sie umtopfen oder waschen wollen.

Kalifornische Washingtonpalme

Washingtonia filifera
Palmengewächse (*Arecaceae*)

Herkunft Sie stammt aus Kalifornien, eine besonders alte Population gibt es in Palm Springs.
Entdeckung Der Palmenexperte Hermann Wendland von den Herrenhäuser Gärten in Hannover gab ihr 1880 den heutigen Namen.
Naturstandort Kolonien der Art kommen in den Canyons Kaliforniens und Arizonas vor.
Standort in der Wohnung Sie ist eine äußerst lichthungrige Pflanze, die schon als kleine Pflanze volle Sonne verträgt.
Substrat Von einigen Gärtnereien werden spezielle Palmensubstrate angeboten, die vorteilhafter als reine Blumenerde sind.
Wasserbedarf Besonders ältere Exemplare sind sehr trockenheitsverträglich, jüngere Pflanzen benötigen auch nur mäßige Wassergaben.
Bestimmende Eigenschaft Sie besitzt fächerförmigen Blätter mit baumwollähnlichen, weißen Fäden. In ihrer Jugendphase hat die Palme zudem einen hellen, flaschenbauchigen Stamm, der mit dem Alter immer schlanker wird.
Blütezeit Die Palme zeigt keine nennenswerte Blüte.

BESSER DRINNEN KULTIVIEREN

Neben der Kalifornischen Washingtonpalme wird auch die in Mexiko heimische *W. robusta* als beliebte Zimmerpflanze angeboten. Zwar findet man im Internet Angaben einiger Quellen, sie wäre winterhart, und daher auch Empfehlungen für Hybriden aus beiden Arten, doch ist diese Information eher fragwürdig. Im Winter fühlt sich die Washingtonpalme in geheizten Wohnräumen nicht besonders wohl, sie überwintert in dieser Zeit besser kühl, bei etwa 5 °C, und möglichst hell. Sie spricht besonders gut auf Düngergaben an. Die Washingtonpalme ist aber alles andere als eine schnellwüchsige Pflanze. 10 bis 20 Jahre alte Exemplare sind meistens kaum größer als 1,60 m.

WEITERE PFLANZENHIGHLIGHTS IM WESTEN DER USA

Der naturinteressierte Westküstenreisende wird auch den **Yosemite Nationalpark** mit den Mammutbäumen (*Sequoiadendron giganteum*) besuchen, z.B. den 2700 Jahre alten Riesenmammutbaum »Grizzly Giant« im Mariposa Grove. Biegt man bereits vorher ins Landesinnere ab, kommt man ins **Death Valley.** Auch dort gibt es hohe ökologische Anpassungen zu sehen, wie beispielsweise die Salzpflanzen (Halophyten) auf dem Salt Creek Trail. Hin und wieder begegnet man Kojoten und Steppenrollern. Spätestens ab hier ist das Westernfeeling, wie man es aus Cowboyfilmen kennt, perfekt.

In **Nevada** mit seinen vielen Canyons, inklusive dem berühmten Grand Canyon, besteht die Vegetation wieder zunehmend aus Xerophyten. Im wundervollen Desert Botanical Garden in Phoenix, bereits in **Arizona**, kann man Vögel beim Brüten in den großen Saguaro-Kakteen (*Carnegiea gigantea*) beobachten. Ihre kleinen Bruthöhlen, die sich die Vögel in den Spross bauen, werden durch die Dornen des Saguaros gut geschützt. Der ganze Garten ist wundervoll angelegt und gepflegt. Würde ich in Phoenix leben, wäre ich Dauerbesucher.

In **Los Angeles** haben mir jene Privatgärten am besten gefallen, die sehr naturnah gestaltet waren. Eine solche Gestaltung ist nicht nur für die heimische Fauna nützlich und wichtig, da die Pflanzen wichtige Nahrungsquellen sind, sondern es lassen sich mit dem vorhandenen Florenpotenzial auch ganz tolle Gärten anlegen, die wenig Wasser verbrauchen und damit dem Klimawandel gewachsen sind. Dazu sei hier das Buch »The Drought-Defying California Garden« von Greg Rubin empfohlen.

Alles in allem ist die Florengrenze zwischen Neotropis und Holarktis eines der aufregendsten Gebiete der Welt, die man als Pflanzenfan besuchen kann.

Die gigantischen Mammutbäume *(Sequoiadendron giganteum)* im Yosemite Nationalpark sind die Hochhäuser des Waldes.

China, Südkorea und Japan

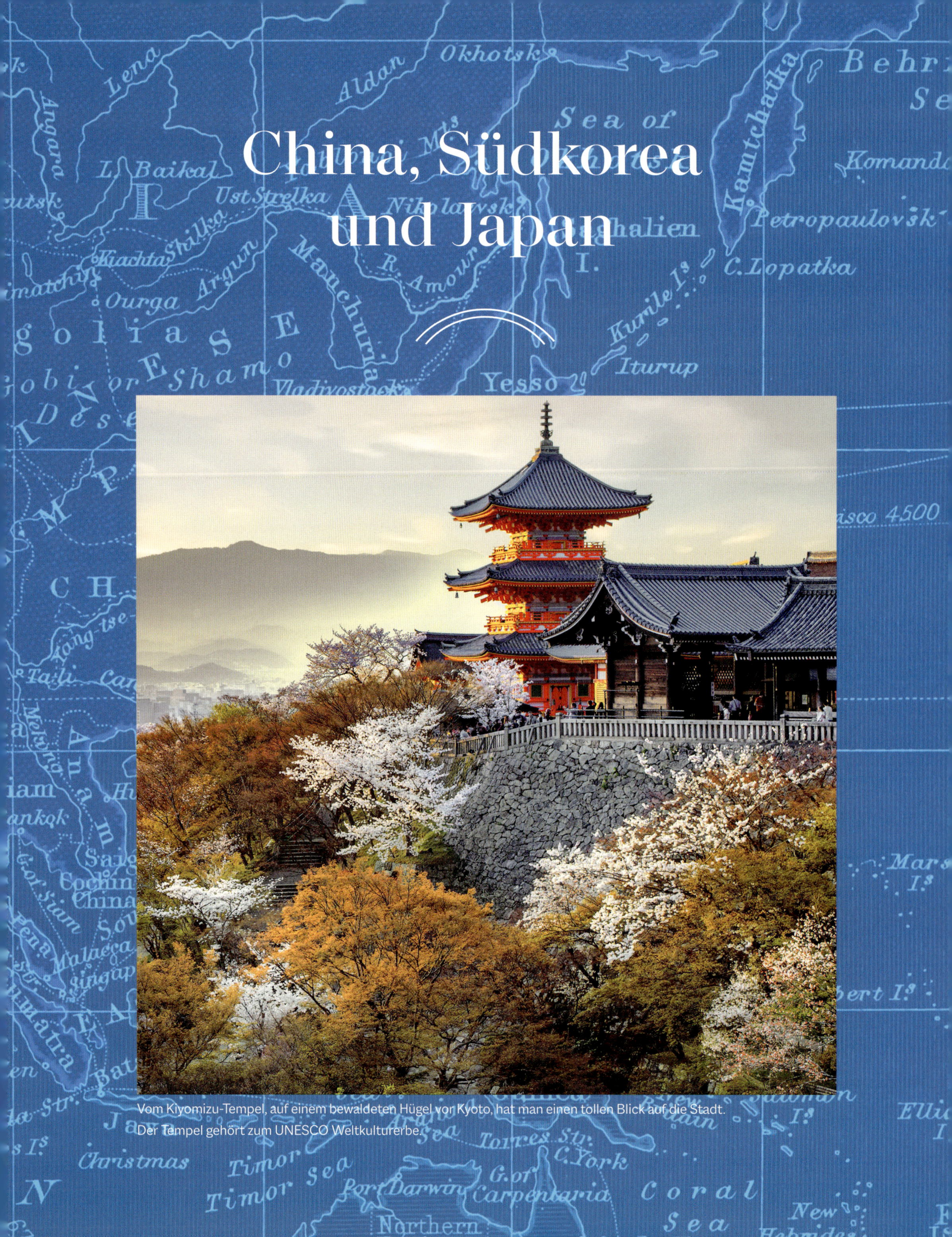

Vom Kiyomizu-Tempel, auf einem bewaldeten Hügel vor Kyoto, hat man einen tollen Blick auf die Stadt. Der Tempel gehört zum UNESCO Weltkulturerbe.

Das Bereisen von Südkorea und Japan ist im Grunde sehr einfach, denn man bekommt bei der Einreise ein »visa on arrival«. In Südkorea erhält man lediglich einen Ausdruck, der an einen Kassenbeleg erinnert. Je nachdem, mit welcher Airline man reist, kann man auf dem Flug schon einen Vorgeschmack auf die fantastische Küche Koreas genießen. Gibt es eine Auswahl, sollten Sie unbedingt das koreanische Gericht wählen. Meistens ist es Bibimbap, eine Schüssel mit Reis, Gemüse und einem Spiegelei, das man mit einer scharfen Chilipaste vermengt. Während in vielen anderen asiatischen Ländern mit der Hand oder dem Löffel gegessen wird, isst man in China, Korea und Japan obligatorisch mit Stäbchen. Nach ein wenig Übung ging das Stäbchenessen bei mir so gut, dass es von vielen Koreanern gelobt wurde. Ich erwähne das, weil man mit solchen Kleinigkeiten wirklich schnell Anschluss an Land und Leute bekommen kann. Es hilft schon viel, wenn man in der Landessprache grüßen und sich bedanken kann. Manchmal freut es Koreaner so sehr, dass man im Supermarkt in ein Gespräch auf Koreanisch verwickelt wird, das man zum größten Teil gar nicht versteht, aber es macht beiden Seiten trotzdem Spaß.

In Korea wie auch in Japan ist es erst durch den westlichen Einfluss üblich geworden, in einem Bett zu schlafen. Traditionell schläft man auf einer Matte auf dem Boden, der geheizt wird. Daher gibt es in Hotels meist zwei Zimmerarten: mit Bett und ohne. Ich selbst schlafe hin und wieder sehr gerne auf dem Boden, sehr zur Verwunderung des Personals an der Rezeption, dem es selten passiert, dass jemand aus dem Westen nach einem traditionellen Zimmer fragt.

DIE BEGRÜSSUNG

In Südkorea und Japan habe ich die Etikette als sehr dominant empfunden, denn selbst als Tourist kann man in tiefe Fettnäpfchen tappen, die einem im schlimmsten Fall lange nachhängen. So ist es beispielsweise wichtig, wie man sein Gegenüber begrüßt. Dazu sollte man den sozialen Status dieser Person kennen. Da Letzterer auch Koreanern nicht auf die Stirn geschrieben steht, tauscht man Visitenkarten aus. Dabei reicht man dem Gegenüber seine Karte mit einer leichten Verbeugung und mindestens mit der rechten Hand, besser mit beiden Händen. Anschließend studiert man die erhaltene Karte kurz, steckt sie ein – und begrüßt sich mit einer angemessen tiefen Verbeugung.

> »Es hilft schon viel, wenn man in der Landessprache grüßen und sich bedanken kann.«

WOHIN REISEN UND WIE

Das Reisen in Korea und Japan ist sehr einfach, es gibt quasi die gleiche oder eine noch bessere Infrastruktur wie in Europa. Allerdings sollte man in großen Städten wie Tokio oder Seoul so gut es geht auf das Auto verzichten, denn obwohl die städtischen Autobahnen sechsspurig sind, herrscht eigentlich immer Stau und man braucht für wenige hundert Meter bis zu einer Stunde. Doch auch die U-Bahnen sind zur Rushhour so überfüllt, dass es keine Höflichkeit mehr gibt: Wer kann, zwängt sich in die nächste U-Bahn, notfalls mit Schubsen und Drängeln. Besonders in Japan ist die Arbeitswelt sehr hart, 70 Wochenstunden sind hier keine Seltenheit. In Südkorea dagegen werden regelmäßig 72-stündige Katastrophenübungen für den Fall einer nordkoreanischen Invasion geübt, sodass in den U-Bahnen im Stehen oder Sitzen geschlafen wird. Trotzdem hält das besonders die Koreaner nicht davon ab, an den Wochenenden ins umliegende Grün zu fahren. Kein Wunder, ist die Wohnung eines Durchschnittsverdieners in den großen Städten doch nur wenige Quadratmeter groß – mehr ein Ort zum Schlafen als zum Verweilen.

Seoul verfügt über einen schönen botanischen Garten, doch besuche ich bei jedem Aufenthalt die alten Paläste Gyeongbokgung und Changdeokgung mit ihren herrlichen Gartenanlagen. Besonders im Herbst sind sie ein Spektakel in Rot, wenn nämlich der Fächer-Ahorn (*Acer palmatum*) in Herbstfarbe steht. Eine wunderschöne Bergtour kann man in **Sokcho** machen, man sieht dort unter anderem viele terrestrische Orchideen wie *Calanthe striata*.

1
Japan ist berühmt für seine Kirschblüte, die jedes Jahr Millionen von Besuchern anzieht.

2
Bei einer traditionellen Teezeremonie wird eine Lotosblüte in einer Schale wiederholt mit heißem Wasser übergossen.

Im **Dadohaehaesang Nationalpark** kann man neben einer kleinen Bergtour auch durch einen Kamelienwald laufen, was während der Blütezeit besonders aufregend ist. Eine weitere schöne Tour bietet sich auf dem **Hallasan auf Jeju-Do** an, einer der Halbinsel vorgelagerten Insel mit subtropischem Klima, wo auch Orangen in Plantagen gezogen werden.

Die japanische Gartenkunst ist hierzulande seit den 1990er-Jahren sehr bekannt geworden und fand in großem Stil Einzug in die deutschen Hausgärten. Neben Kare-san-sui und Zen-Gärten – das sind reine Steingärten – existieren viele weitere Gartenformen, die in ihrer Gestaltung ein Ausdruck der japanischen Philosophie und Geschichte sind. Besonders viele wunderschöne Gartenanlagen finden sich in der Stadt **Kyōto,** die angeblich wegen ihrer Gärten und dem Kinkaku-ji (Goldener-Pavillon-Tempel) von der Bombardierung im Zweiten Weltkrieg verschont worden sein soll. Doch auch in **Tokio** gibt es sehr viele wundervolle Garten- und Parkanlagen, hierzu informiert man sich am besten vorab im Internet (www.tokyoessentials.com), doch ich persönlich mag den landschaftlich gestalteten Rikugien Garten sehr. Ein Muss ist natürlich auch der feine botanische Garten Koishikawa in Tokio, mit dem spitz zulaufenden Gewächshaus. Als weiterführende Literatur seien hier die Bücher »Japanese Garden Design« von Marc-Peter Keane und Haruzo Ohashi und »Korean Gardens: Tradition, Symbolism and Resilience« von Jill Matthews wärmstens empfohlen.

MUAN HOESAN: DER WEISSE-LOTOS-TEICH UND DIE TEEZEREMONIE

Wer sich in Asien aufhält, wird sich schnell an das Teetrinken gewöhnen, sei es in Indien der Masala-Chai, der Grüntee in China oder als Besonderheit ein Lotostee in Südkorea. Lotostee bekommt man nicht überall frisch, wenn, dann meist aus getrocknetem Kraut. Der Lotos (*Nelumbo nucifera*) kann in allen Teilen verzehrt werden, vom Samen bis zum Rhizom, und ist somit eigentlich eine Nutzpflanze, obwohl er nicht kommerziell angebaut wird. Während man tiefgekühlte Lotosrhizome hierzulande in gut sortierten Asia-Supermärkten bekommt, ist es völlig unbekannt, den Lotos als Tee zu genießen. So verwunderlich ist das nicht, denn Lotosblüten halten nur einen einzigen Tag und als lebende Pflanze ist der Lotos - wenn überhaupt - nur in botanischen Gärten zu finden.

In Südkoreas Hauptstadt Seoul gibt es zwar verschiedene Restaurants, in denen man Lotostee zeremoniell genießen kann, doch die beste Teezeremonie erlebt man zwischen Juli und September am **Muan Hoesan White Lotos Pond in Jeollanam-do,** etwa drei Fahrstunden südlich von Seoul gelegen. Der 33 ha große und damit größte Lotos-See ganz Asiens wurde ursprünglich während des Zweiten Weltkriegs und der japanischen Besetzung als Wasserreservoir für die Bewässerung angelegt, doch bald für eine Alternative aufgegeben. Einer Erzählung nach soll Jeong Su-dong, nachdem er von zwölf weißen Kranichen geträumt hatte, zwölf Rhizome des weißblühenden Lotos am Ufer angepflanzt haben. Inzwischen ist der gesamte See von Lotos-Pflanzen zugewachsen, man kann ihn auf einer Holzbrücke überqueren.

Zu dieser Jahreszeit ist es sehr schwül in Korea, davon kann man sich im nahegelegenen Restaurant bei einer Teezeremonie (koreanisch: yeonhwa-cha) erholen: In die Mitte einer Schale, die wie eine Lotosblüte geformt ist, wird dabei eine einzelne Blüte gesetzt. Die frische Blüte wird mit separatem heißem Wasser serviert. Die Kellnerinnen tragen selbstverständlich den Hanbok, die traditionelle koreanische Bekleidung. Mit einer Kalebassen-Kelle wird die Blüte dann am Tisch wiederholt mit dem heißen Wasser so lange übergossen, bis ein Tee mit Trinktemperatur entstanden ist. Anschließend bekommt man den Tee in Tassen, aus denen man im Sitzen trinkt. Der Tee schmeckt auch ohne Zucker angenehm süß, ist aber sehr leicht. Wie bereits beschrieben, symbolisiert die Lotosblüte buddhistische Erleuchtung, die Teezeremonie ist also eine alte Tradition, da Südkorea inzwischen überwiegend christlich ist. Man kennt die Zeremonie aber ebenso in China und Vietnam. In Südkorea kann man auch aus allen anderen getrockneten Teilen des Lotos Tee bekommen, aus Blättern, Früchten, Samen und Rhizomen. In China und Vietnam werden auch die Keimlinge als eigener Tee genossen.

Leider eignet sich der Lotos nicht als Zimmerpflanze für zu Hause. Der asiatische Teil der Holarktis hat aber noch viele weitere schöne Blütenpflanzen zu bieten.

2

Zimmerprimeln

Primula malacoides, P. obconica
Primelgewächse (*Primulaceae*)

Herkunft Beide Arten überschneiden sich in Yunnan/China in ihrem Verbreitungsgebiet.
Entdeckung Beide Arten wurden Ende des 19. Jahrhunderts in China entdeckt und schon bald nach Europa eingeführt.
Naturstandort Sie wachsen in Wiesen und Reisfeldern und sind bis in Höhen von 3.000 m zu finden.
Standort in der Wohnung Zimmerprimeln mögen ein kühles, helles Zimmer und sollten besser in unbeheizten Räumen als im warmen Wohnzimmer stehen.
Substrat Primeln reagieren sehr empfindlich auf stark gedüngte Substrate. Pflanzen Sie sie daher lieber in eine wenig gedüngte Vermehrungserde.
Wasserbedarf Trockenstress vertragen sie gar nicht gut, den Wurzelballen sollte man deshalb immer etwas feucht halten.
Bestimmende Eigenschaft Die Blütenstände, die so üppig werden können, dass man keine Blätter mehr sieht, sind ihr großes Plus.
Blütezeit Zimmerprimeln besitzen keine spezifische Blütezeit, sie können das ganze Jahr über zur Blüte kommen.

LEBENSVERLÄNGERNDE MASSNAHMEN

Zimmerprimeln wollen immer wie aus dem Ei gepellt aussehen, weshalb vergilbte Blätter und abgeblühte Blütenstiele regelmäßig ausgebrochen werden müssen. Die Primeln gehören von Haus aus nicht zu den langlebigsten Zimmerpflanzen, doch eine ständige Pflege verlängert ihre Lebensdauer deutlich. Besonders die Becher-Primel (*P. obconica*) enthält jedoch viel Primin, das Hautentzündungen (Allergien) auslöst. Durch intensive Züchtungsarbeit ist es in den 1950er-Jahren gelungen, priminfreie Sorten zu züchten, jedoch ergaben sich keine guten Zimmerpflanzen daraus. Vor wenigen Jahren wurden erneut priminfreie Sorten hybridisiert, dieses Mal erfolgreich. Durch diese Sorten erleben die Zimmerprimeln gerade ein Comeback.

Die Flieder-Primel (*Primula malacoides*) ist eine grazile Schönheit für unsere Wohnzimmer, in ihrer Heimat wächst sie wild in abgeernteten Reisfeldern.

DAS KOREANISCHE NATIONALARBORETUM

Das Koreanische Nationalarboretum liegt nordöstlich der Hauptstadt Seoul, fast eine Stunde mit dem Auto entfernt. Man erreicht es über eine Landstraße, die sich durch ein hügeliges Waldgebiet entlang eines kleinen Flusses schlängelt. Das ganze Waldgebiet wird auch »**Gwangneung Forest**« genannt, weshalb das Koreanische Nationalarboretum auch unter dem Namen »Gwangneung-Arboretum« bekannt ist. Die Geschichte des Waldes reicht über 550 Jahre bis 1468 in die Joseon-Dynastie zurück. In einem Teil des Waldes legten der 7. König Sejo und seine Königin Jeonghui ein Grabmal an, das bis heute existiert, daher wurde Gwangneung streng geschützt. Dieser Schutzstatus führte dazu, dass der Wald fast 550 Jahre von jeder wirtschaftlichen Nutzung verschont blieb, sogar unter der japanischen Besetzung im Zweiten Weltkrieg. Seit 2010 wird das Arboretum auf der Liste der UNESCO Biosphärenreservate geführt. Dieses intakte Ökosystem ist nicht nur eine natürliche Heimat für über 900 Pflanzenarten, sondern auch ein Rückzugsgebiet für Pilze, Moose, Insekten und Vögel. Lange Zeit glaubte man, dass es hier auch noch den extrem seltenen Korea-Weißbauch-Schwarzspecht (*Dryocopus javensis richardsi*) geben würde, den man zuletzt 1981 in Gwangneung sichtete, doch wurde leider 2017 sein Aussterben in Südkorea bekanntgegeben. Man geht von nur noch etwa 20 lebenden Tieren in Nordkorea aus.

Das Koreanische Nationalarboretum ist insgesamt 1.018 ha groß, wovon lediglich 100 ha für die Öffentlichkeit erschlossen sind, der Rest ist Wald. Es wurde in den 1980er-Jahren angelegt und 1987 feierlich eröffnet. 2003 errichtete man zusätzlich ein Herbarium, das inzwischen 1,15 Millionen Pflanzenbelege sowie Insekten- und Tierpräparate beherbergt. 2008 kamen eine Samenbank und andere Gebäude für die Forschung hinzu. Neben einem Naturmuseum, das über 11.000 Exponate zeigt, gibt es Ausstellungsräume, eine Bibliothek, verschiedene Themengärten und einen Zoo. Neben den rund 900 Wildpflanzen des Gwangneung finden sich fast 3.500 Arten auf den landschaftlich gestalteten Flächen, hinzu kommen etwa 2.700 tropische Pflanzen in den Gewächshäusern. Naturkundeunterricht ist in Südkorea sehr wichtig und fest im Schullehrplan verankert. Es erstaunt daher nicht, dass das Arboretum wochentags als grünes Klassenzimmer fungiert und viele Schulklassen das Museum sowie das Freiland schulisch nutzen. Koreaner lieben die Natur und verbringen ihre Zeit gern im Freien, daher ist das Arboretum an den Wochenenden und in der Ferienzeit nahezu immer voll. Um die Natur im Gwangneung zu schonen, wurde eine Beschränkung auf 5.000 Besucher täglich eingeführt.

BAYERISCH-KOREANISCHE ZUSAMMENARBEIT

Meine persönliche Verbindung nach Südkorea begann 2003 mit einer Führung im Botanischen Garten München für eine Gruppe aus Korea, die sich für unsere

1
Der Waldlehrpfad durch das Arboretum wurde, gesponsert von einem koreanischen Elektronikhersteller, in Rekordtempo erbaut.

2
Ein Teich liegt im Zentrum des Nationalarboretums, ich durfte dort schon zu Abend essen.

Gewächshäuser interessierte – von der Konstruktion über den Unterhalt bis hin zur Technik. Wie so häufig wollte man nach der Führung in Kontakt bleiben und tatsächlich kam ein paar Monate später die Anfrage nach einer erneuten Führung für eine zweite Gruppe. Grund dafür war, dass man im Koreanischen Nationalarboretum einen Gewächshauskomplex errichten wollte. Nach der zweiten Führung wurde ich gefragt, ob ich mir vorstellen könnte, einmal nach Korea zu kommen. Ich konnte, und so flog ich ein Jahr später das erste Mal nach Südkorea. Im Koreanischen Nationalarboretum existierte bereits ein Gewächshaus in Form einer vierseitigen Pyramide für Pflanzen mit temperierten Kulturansprüchen. Geplant war ein neuer, hufeisenförmiger Bau, der zwei weitere Temperaturbereiche für tropische (für Hygrophyten) und kalte Kulturführungen (für mediterrane Pflanzen, Kakteen) abdecken sollte. Die runde Form der Gewächshäuser erinnerte sehr stark an einen umgedrehten Schiffsrumpf, wie man sie auch in Royal Kew Gardens/London findet. Zwei 40 m hohe Türme bilden die verbindenden Zentralelemente. Es war wundervoll, ansehen und mitwirken zu dürfen, wie dieser Komplex in nur zweijähriger Bauzeit entstand. Nachdem etwa 2.000 neue Pflanzenarten aus anderen botanischen Gärten gepflanzt worden waren, halfen wir in München und Mitarbeiter des Botanischen Gartens Berlin im Rahmen eines »Memorandum of Understanding« der Gewächshausleitung in Südkorea, das Know-how der Pflanzenpflege und der Betreuung einer solchen Sammlung an die Hand zu geben.

Bis heute stehe ich in engem Kontakt zum Koreanischen Nationalarboretum. Es ist eine Institution, die mir persönlich sehr am Herzen liegt und mich auf Lebenszeit mit Korea und vielen dortigen Freunden verbindet.

Kamelie

Camellia japonica
Teestrauchgewächse (*Theaceae*)

Herkunft Die Kamelie ist in den Wäldern Japans, Koreas und Chinas beheimatet.

Entdeckung Zwar beschrieb sie Engelbert Kaempfer erstmalig im 17. Jahrhundert, doch ihren heutigen Namen erhielt sie von Carl von Linné 1753.

Naturstandort Die Kamelie kommt an offenen Abhängen und in lichten Wäldern mit gutem Wasserabzug vor.

Standort in der Wohnung Die Kamelie ist eine typische Kübelpflanze, die zwar im Sommer im Freien stehen kann, aber sehr empfindlich auf Standortveränderungen reagiert.

Substrat Am besten wächst sie in Rohhumussubstraten, wie sie in Belgien für ihre Kultur verwendet werden. Alternativ verwendet man eine vorgemischte Rhododendronerde.

Wasserbedarf Kamelien mögen unregelmäßige Wassergaben gar nicht, deshalb sollten Sie sie immer gleichmäßig mit Wasser versorgen.

Bestimmende Eigenschaft Kamelien bringen Blüten in allen Nuancen von Weiß, Rosa und Rot in vielen verschiedenen Varianten hervor.

Blütezeit Je nach Sorte wird in früh-, mittel- und spätblühende Kamelien unterschieden. Die Frühen beginnen im Herbst mit der Blüte, die Mittleren im Januar und die Späten im März.

ZIERPFLANZE MIT TRADITION

Bereits im antiken China, Korea und Japan waren Kamelien als wertvolle Gartenpflanzen begehrt, lange bevor sich in Europa Interesse für sie regte. Mit der Entwicklung der Handelsbeziehungen der Ostindien-Kompanien ab dem 17. Jahrhundert, in Kombination mit prestigeträchtigen Pflanzensammlungen in Europa, brachten nicht nur Pflanzenjäger, sondern auch andere beruflich Reisende (Missionare, Ärzte, Kapitäne, Kaufleute) ständig neue Pflanzen nach Europa. Zu Beginn des 18. Jahrhunderts wurden die ersten blühenden Kamelien-Exemplare nach England gebracht. Von dort aus kamen sie auf das europäische Festland und schließlich nach Amerika. Deutschlands populärste Kamelie ist die seit 1801 im Park des Schlosses Pillnitz bei Dresden im Freien wachsende Pillnitzer Kamelie. Man hat ihr ein eigenes, verschiebbares Gewächshaus gebaut, das sie im Winter schützt. Mittlerweile ist die Kamelie knapp 9 m hoch und hat einen Kronendurchmesser von rund 12 m. Im frühen 19. Jahrhundert avancierte die Kamelie zur Modeblume und die Sortenzüchtung wurde intensiviert. Am häufigsten ist bis heute *C. japonica*, doch gibt es viele weitere Arten bei Liebhabern und jede Menge Sorten.

In Gegenden mit sehr mildem Klima kann man die Sorte 'General Colletti' auch in den Garten pflanzen.

DIE PFLEGE

Kamelien mögen keine Veränderung. Wechselnde Umgebung bestrafen sie deshalb mit Knospenfall. Im Frühjahr treiben die Blattknospen aus und die neuen Triebe entwickeln sich bis zum Sommer. In dieser Zeit ist ihr Wasser- und Nährstoffbedarf am größten. Ab dem Hochsommer beginnt bereits die Blüten- und Knospenbildung. Bis zum Herbst benötigen Kamelien somit eine konstante Wasserversorgung, damit die Knospen nicht abgeworfen werden oder vertrocknen. Im Sommer können Sie die Kamelien ins Freie stellen, wo sie am besten gedeihen, wenn sie durch andere Bäume oder Sträucher leicht geschützt und wenig exponiert sind. Stehen sie zu sonnig, verbrennen ihre Blätter, stehen sie zu schattig, bilden sich wenig Blüten. Kamelien werden, wenn überhaupt, direkt nach der Blüte in Form geschnitten. In der Wachstumsphase geben Sie der Pflanze wöchentlich einmal einen Volldünger, ab dem Sommer hilft eine kaliumbetonte Düngung bei der Knospen- und Blütenbildung. Häufig treten Eisenmangelsymptome auf, denen man mit Eisendünger vorbeugen kann.

WISSENSWERT

Die Wildarten besitzen meist ungefüllte schalenförmige Blüten. Durch intensive Züchtungsarbeit entstanden viele Hybriden mit unterschiedlichen Blütenformen, die man in sechs Gruppen einteilen kann: Ungefüllte Blüten, halbgefüllte Blüten, anemonenförmige Blüten, pfingstrosenförmige Blüten, rosenförmige Blüten und dichtgefüllte Blüten, bei denen durch ihren hohen Füllungsgrad die Staubfäden nicht mehr sichtbar sind.

Topfazalee

Rhododendron simsii
Heidekrautgewächse (*Ericaceae*)

Herkunft Ihre Heimat ist das subtropische China, Taiwan und Japan.
Entdeckung Ihren heute gültigen Namen bekam sie 1853 von Jules E. Planchon.
Naturstandort Diese Art ist eine Gebirgspflanze, die in Höhen von bis zu 3.000 m vorkommt. Sie wächst in Tälern, an Gebirgsbächen oder an Berghängen.
Standort in der Wohnung Die Topfazalee braucht einen möglichst kühlen, aber hellen Platz in der Wohnung.
Substrat Wie es der botanische Name bereits anzeigt, pflanzt man sie am besten in saure Rhododendronerde, die man in vielen Gartencentern bekommen kann.
Wasserbedarf Topfazaleen reagieren recht empfindlich sowohl auf Staunässe als auch auf Trockenheit, weshalb Sie den Wurzelballen immer etwas feucht halten sollten.
Bestimmende Eigenschaft Die massenhaft auftretenden Blüten in Weiß bis Rot mit vielen Mischfarben, die das Laub und die gesamte Pflanze vollständig überdecken, machen die Pflanze so beliebt.
Blütezeit Es gibt zwar sortenabhängige Unterschiede, doch die Hauptblütezeit von Topfazaleen in der Wohnung reicht vom späten Herbst bis ins erste Quartal des nächsten Jahres.

Die Topfazalee ist eine klassische Zimmerpflanze aus dem 17. Jahrhundert und heute wieder modern.

ART ODER SORTE?

Die Nomenklatur ist bei den Topfazaleen ein Wirrwarr, dem zum Teil noch immer eine klare Lösung fehlt. Das liegt zum einen daran, dass die Topfazaleen bereits als züchterisch bearbeitete Gartenpflanzen nach Europa kamen, und zum anderen, dass bei ihnen, wie übrigens auch bei Kamelien, spontane Mutationen (Sportbildung) auftreten, sodass oft ohne viel züchterisches Zutun eine neue Sorte entsteht. Viele systematische Einteilungsversuche basierten auf morphologischen Merkmalen, wodurch die Gattung *Rhododendron* immer wieder umstrukturiert wurde. Zuletzt wurde 2020 eine neue systematische Bewertung vorgenommen, jedoch scheint auch diese nicht vollständig zu sein, da für viele Arten molekulargenetische Daten fehlen. Das subtropische Asien ist das größte Verbreitungs- und Diversifikationsgebiet für Rhododendren, es werden weltweit bis zu 1.000 Arten anerkannt, von denen über 500 alleine in China vorkommen. Die ersten Pflanzen sollen 1680 nach Holland gebracht worden sein und seitdem kamen immer weitere Pflanzen nach Europa. Auf dem europäischen Festland wurde zudem schon früh viel hybridisiert: Die belgische Gärtnerei van Houtte führte im Jahr 1839 bereits über 93 Sorten. Während die Topfazaleen-Züchtung im 19. Jahrhundert ihren Höhepunkt erreichte, gerieten die Pflanzen im 20. Jahrhundert völlig aus der Mode. Erst in den letzten Jahren erleben die Topfazaleen ein Comeback als Zimmerpflanzen.

DIE PFLEGE

Topfazaleen bekommt man in der Weihnachtszeit im Handel zu kaufen. Es handelt sich dabei um angetriebene Pflanzen, die vorher 15–20 Monate in einer Gärtnerei herangezogen wurden. Zwar bevorzugen sie kühle Räume, doch mit einer ausreichenden Wasserversorgung bleiben sie auch in geheizten Räumen lange frisch. Bei Wassermangel hängen die Blätter sofort schlaff herab und Blätter und Blüten fallen bald ab. Die beste langfristige Pflege kann man ihnen in einem kühlen Wintergarten geben, in der Wohnung kommt man schnell an seine Grenzen und im Freien erfrieren die kältetoleranten, aber nicht winterharten Pflanzen bald. Im Botanischen Garten München haben wir über 100 Jahre alte Exemplare, die bis zu 1 m groß und breit sind. Leider sind Topfazaleen sehr anfällig für viele Pilzinfektionen und tierische Schädlinge und bekommen schnell einen Nährstoffmangel, sodass man ehrlich gestehen muss, dass es für die meisten Menschen besser ist, sie wie einen Blumenstrauß zu behandeln und nur regelmäßig zu gießen.

WISSENSWERT

Topfazaleen werden auch Indische Azaleen genannt, was hier irritieren mag, aber daran liegt, dass sie lange unter dem botanischen Namen *Azalea indica* geführt wurden, den ihnen Carl von Linné gegeben hatte. Nach heutigem Wissen gehen die Topfazaleen aber nicht auf *R. indicum* zurück, sondern auf *R. simsii*, wobei eine zuverlässige Rekonstruktion des Ursprungs nicht mehr möglich ist, da die nach Europa eingeführten Pflanzen bereits züchterisch bearbeitete Gartenformen waren.

Gardenie

Gardenia jasminoides
Krappgewächse (*Rubiaceae*)

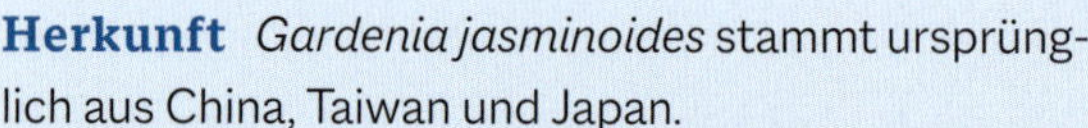

Herkunft *Gardenia jasminoides* stammt ursprünglich aus China, Taiwan und Japan.
Entdeckung Bereits 1761 wurde sie von John Ellis zu Ehren von Alexander Garden, einem Arzt, benannt.
Naturstandort Gardenien kommen entlang von Flussläufen, am Rand lichter Wälder oder an Berghängen in bis zu 1.500 m Höhe vor.
Standort in der Wohnung Gardenien bevorzugen einen sonnigen Platz bei kühleren Temperaturen um die 16 °C.
Substrat Sie können sie in jede handelsübliche Blumenerde pflanzen, eventuell werten Sie diese vorher noch mit Langzeitdünger und lockernden mineralischen Zuschlagstoffen auf.
Wasserbedarf Im Sommer verlangen Gardenien viel Wärme und Feuchtigkeit, im Winter sollte man die Wassergaben etwas reduzieren.
Bestimmende Eigenschaft Sobald die intensiv, aber sehr angenehm duftenden Blüten auftreten, wissen Sie, warum Sie eine Gardenie wollten.
Blütezeit Gardenien induzieren die Blüte im Winter, ab Mai erscheinen dann ihre weißen, cremefarbenen oder gelben Blüten.

Optisch erinnern die Blüten der Gardenie an Rosen, doch ihr Duft ähnelt dem von Jasmin.

DER DUFT DER GARDENIEN

Die Blüten der Gardenien verströmen einen schweren, aber angenehmen Duft, der etwas an Jasmin erinnert. Aus ihren Blüten wird durch Wasserdampfdestillation Aroma-Öl gewonnen und vielseitig eingesetzt, z.B. in der Parfümherstellung oder zum Aromatisieren von Speisen. In der Duft- und Aromatherapie wird das Gardenienöl auch mit Ölen aus Ylang Ylang (*Cananga odorata*), Jasmin (*Jasminum sambac*), Neroli (*Citrus aurantiacum*), Rose und Zitrone kombiniert. Das Gardenienöl wird in der Therapie zur Beruhigung verwendet, eine Wirkung, die bereits in der Traditionellen Chinesischen Medizin (TCM) bekannt war und auch wissenschaftlich durch H. Hatt an der Ruhr-Universität Bochum bestätigt wurde. In der TCM kommen ebenso die Früchte der Gardenie zur Anwendung. Nicht nur ihre Bedeutung in der TCM machte die Gardenie in China zu einer wertvollen Pflanze, sie hatte auch einen hohen kulturellen Stellenwert. So ist überliefert, dass sie bereits in der Song-Dynastie (960–1279 n. Chr.) als Gartenpflanze gezogen wurde.

DIE PFLEGE

Wenn eine Gardenie nach vielen Jahrzehnten zu einem kompakten Busch von etwa 1,50 m Höhe herangewachsen ist, zeigt sie ihre ganze Schönheit, wenn sie mit glänzenden Blättern in voller Blüte steht. Gardenien wollen regelmäßig umgetopft werden, d. h. junge Pflanzen jährlich und ältere Pflanzen etwa alle drei Jahre. Zwar reicht ihnen eine gute Blumenerde, doch reagieren sie empfindlich auf Kalk (z.B. bei hartem Gießwasser), weshalb man den Tipp findet, sie in Rhododendronerde zu pflanzen. Im Sommer brauchen sie viel Wärme und Feuchtigkeit, aber keine volle Sonne wie im Winter. Bei wechselhafter Pflege oder falschem Standort sind sie für Rote Spinne und Wollläuse anfällig, die bei ihrem dichten Laub und kompakten Wuchs nur sehr schwer zu bekämpfen sind. Eine Gardenie muss eigentlich nicht geschnitten werden, es sei denn man besitzt eine Sonderform, z.B. einen Hochstamm, oder möchte die Wuchsform korrigieren. Während der Hauptwachstumszeit, die vom Frühjahr bis in den Herbst reicht, kann bei Bedarf mit Flüssigdünger nachgedüngt werden. Wöchentliche Gaben eines Mehrnährstoffdüngers mit 0,1–0,2 % haben sich bewährt, doch ist das bereits die Obergrenze für die salzempfindlichen Pflanzen. Im Winter verlängern Sie das Düngeintervall auf einen Monat.

WISSENSWERT

Zwar umfasst die Gattung *Gardenia* über 200 Arten, von denen viele in tropischen Ländern als Gartenpflanzen verwendet werden, doch sind diese eher etwas für botanische Gärten. Als Zimmerpflanze kommt nur die gefüllt blühende *G. jasminoides* 'Plena' infrage. Daneben hat noch die Sorte 'Belmont', deren Blüten von Weiß nach Gelb umschlagen, eine größere Bedeutung. Die Auswahl an im Handel erhältlichen Gardeniensorten ist aber sowieso nicht groß.

Dieses Bild von Kawahara Keiga zeigt den etwa 30-jährigen Philipp F. von Siebold. Es hängt heute im Siebold-Museum in Nagasaki.

PHILIPP FRANZ VON SIEBOLD IN JAPAN

Die Familie Siebold war eine Gelehrtenfamilie des 18. und 19. Jahrhunderts aus dem Raum Würzburg, mit besonderem Interesse an der Medizin. Schon Carl C. Siebold, der Großvater von Philipp F. von Siebold (1796–1866) war ein berühmter Arzt und führender Chirurg. Auch Philipp F. von Siebolds Vater war Arzt, und so war es vorbestimmt, dass er selbst gleichfalls Arzt werden sollte. Bereits während des Medizinstudiums in Würzburg interessierte er sich für Ethnologie und für Botanik, damals ein Grundfach für Mediziner. Nach Beendigung des Studiums praktizierte er, bis er 1822 das Angebot der niederländischen Militärführung bekam, in Ostindien als Arzt zu arbeiten, was er als Gelegenheit verstand, zu reisen und als Naturforscher tätig zu sein. Zuerst kam er im heutigen Jakarta in Indonesien an und bekam gleich die Möglichkeit, nach Nagasaki in Japan versetzt zu werden, um Land und Leute zu untersuchen. Zu dieser Zeit zeigte Japan wiederum großes Interesse am Wissen der westlichen Welt, sodass es einem Mediziner möglich war, als behandelnder Arzt mit der Elite Japans in Kontakt zu kommen. Man hatte bereits gute Erfahrungen gemacht, denn Engelbert Kaempfer (1651–1716) sowie Carl P. Thunberg (1743–1828) hatten auf diese Weise grundlegende naturwissenschaftliche und landeskundliche Arbeiten verfasst. So bestritt von Siebold seinen ersten Aufenthalt in Japan von 1823 bis 1830, bei dem er an Forschungsmaterial sowie landeskundliches Wissen kam, ohne selbst reisen zu müssen, damit, dass er sich im Gegenzug für seine Behandlung naturwissenschaftliches Material schenken und Dissertationen zu landeskundlichen Themen abfassen ließ. Zu dieser Zeit war das Arbeiten von Europäern in Japan allerdings streng restringiert, von Siebolds landeskundliche und naturkundliche Erwerbungen somit illegal. Trotzdem verschiffte er seine Exponate 1828 auf demselben Schiff, mit dem er seine Heimreise nach Europa antrat. Als das Schiff Schiffbruch erlitt und an der japanischen Küste strandete, entdeckte man den Schmuggel. Sowohl er selbst als auch viele seiner japanischen Unterstützer bekamen strenge Konsequenzen von Haft bis zur Verbannung zu spüren. So wurde Philipp F. von Siebold auf Lebzeiten aus Japan verbannt und 1830 nach Hause geschickt, interessanterweise zusammen mit all seinen Exponaten, bei denen es sich um 5.000 Tiere, 800 lebende Pflanzen, 12.000 Herbarbelege und vieles mehr handelte. Genauso wohlwollend gab man ihm nach seiner Rückkehr unbegrenzten Urlaub, um seine Sammlung aufzuarbeiten. Zusammen mit dem Münchner Botaniker Joseph G. Zuccarini veröffentlichte er eine Flora über Japan. Indirekt konnte von Siebold große Verdienste für die Öffnung Japans gegenüber dem Westen verbuchen. Schließlich wurde es ihm erlaubt, von 1859 bis 1862 erneut japanischen Boden zu betreten. Philipp F. von Siebold ging als einer der größten Japanforscher in die Geschichte ein, seine Söhne führten sein Erbe fort. Bis heute ehren ihn viele Pflanzennamen.

» Ich freue mich immer, wenn ich im Botanischen Garten am *Acer sieboldianum* vorbeikomme. «

Süße Duftblüte

Osmanthus fragrans
Ölbaumgewächse (*Oleaceae*)

Herkunft Die Süße Duftblüte ist von Japan über China bis in den Himalaya verbreitet.
Entdeckung Sie wurde bereits 1784 durch Carl P. Thunberg unter *Olea* beschrieben und bekam schon 1790 ihren bis heute gültigen Namen *Osmanthus*.
Naturstandort Die Süße Duftblüte wächst in Wäldern zwischen 1.200 und 3.000 m Höhe.
Standort in der Wohnung Die Pflanze ist bei uns als typische Kübelpflanze zu pflegen, die im Sommer ins Freie darf, aber frostfrei und hell überwintert wird.
Substrat Am besten funktioniert eine strukturstabile Kübelpflanzenerde, die z.B. mit mineralischen Zuschlagstoffen wie Lava aufgelockert ist.
Wasserbedarf Die Süße Duftblüte ist eine robuste Pflanze, die erst bei extremer Trockenheit Schwierigkeiten bekommt.
Bestimmende Eigenschaft Der süße Duft der Blüten wird mit reifen Pfirsichen und Aprikosen verglichen.
Blütezeit Diese Art blüht im Frühling und Sommer.

DIE KÜBELPFLANZE MIT DEM GEWISSEN ETWAS

Die Süße Duftblüte ist eine robuste Kübelpflanze mit festem, dunkelgrün glänzendem, immergrünem Laub. Sie kann auch in Form geschnitten werden. Doch ihr größter Wert besteht in den duftenden Blüten, die Sie zum Aromatisieren von Tee, Gebäck oder Ähnlichem verwenden können. In den Blattachseln erscheinen zwischen den Winter- und Sommermonaten Gruppen von stark duftenden, weißen bis cremefarbenen Blüten. Ihre Winterhärte wird bis auf -7 °C beschrieben.

Die Süße Duftblüte ist immer attraktiv: Wenn sie nicht blüht, ist sie eine Kübelpflanze mit dekorativem Laub, wenn sie blüht, eine einnehmende Duftpflanze und wenn man in einer milden Gegend lebt, ein toller Exot für den Garten.

Aukube

Aucuba japonica
Garryagewächse (*Garryaceae*)

Herkunft Ihr natürliches Verbreitungsgebiet reicht von Japan über Korea bis nach Taiwan.
Entdeckung Carl P. Thunberg, der Japan von 1775–1776 bereiste, beschrieb sie 1783 als eine weit verbreitete Gartenpflanze Japans.
Naturstandort Aukuben sind typische Pflanzen der Strauchschicht von immergrünen Wäldern.
Standort in der Wohnung Sie ist eher eine Kübel- als eine Zimmerpflanze; in klimatisch günstigen Regionen (Rhein-Main-Gebiet, Bodenseegebiet) kann man sie in den Garten auspflanzen.
Substrat Meist wird sie in Torferde verkauft, doch man sollte sie sofort in eine strukturstabile Kübelpflanzenerde, die z.B. mit mineralischen Zuschlagstoffen wie Lava aufgelockert ist, umtopfen.
Wasserbedarf Die Aukube verträgt zwar auch kurzzeitigen Trockenstress, doch besonders kleine Pflanzen trocknen schnell aus.
Bestimmende Eigenschaft Eigentlich pflegt man eine Aukube wegen ihrer gelb gesprenkelten Blätter, doch auch die braune Blüte ist ungewöhnlich und mutet exotisch an.
Blütezeit Im Frühling erscheinen die braunen Blütenstände dieser zweihäusigen Pflanze. Erst wenn beide Geschlechter zusammenkommen, können sich daraus die roten, beerenähnlichen Steinfrüchte bilden.

Braune Blüten sind selten. Häufig werden sie bei der Aukube dennoch übersehen, weil man nur auf deren bunte Blätter achtet.

PROMINENTES BLATT, UNSCHEINBARE BLÜTE

Erst um 1800 kamen die ersten Aukuben nach Europa. So brachte z.B. auch Philipp F. von Siebold (siehe Seite 78) Aukuben von seinem Aufenthalt in Japan mit. Meistens handelte es sich dabei bereits um panaschierte Pflanzen aus japanischen Gärten. Die Sorte 'Picturata' von von Siebold zeigte bereits einen großen, gelben Mittelstreifen auf dem Blatt. Dieser und auch die anderen Panaschierungen rühren von einem Virus her. Der Zierwert der Aukube liegt vornehmlich in diesen gelb gesprenkelten Blättern, virusfreie Pflanzen haben glänzende, sattgrüne Blätter.

Die braunen Blüten der Pflanze können dagegen leicht übersehen werden, dabei ist diese ungewöhnliche Blütenfarbe eine botanische Besonderheit. An ihrem Naturstandort im Unterholz fallen die dunklen Blüten nicht auf, durch die Zweihäusigkeit ist Selbstbestäubung ausgeschlossen und als Bestäuber wurden nur nichtspezialisierte Insekten beobachtet. Wie schafft es also die Aukube, effektiv bestäubt zu werden? T. Abe aus Japan fand heraus, dass eine weibliche Blüte, sobald sie von einem Insekt besucht worden ist, welkt, während nicht besuchte Blüten an der gleichen Pflanze noch lange frisch und fruchtbar bleiben. Zusätzlich zeigte sich, dass beide Geschlechter der Pflanze in der Lage sind, ihren Blührhythmus aufeinander abzustimmen.

DIE PFLEGE

Die Aukube ist wie die Hortensie (*Hydrangea macrophylla*) ein Grenzgänger, da sie ursprünglich als Zimmerpflanze geführt wurde, inzwischen aber immer häufiger als Baumschulware für das Freiland angeboten wird. Nur im milden Weinbauklima überdauert sie tatsächlich im Freien und wächst langsam zu einem dichten, immergrünen Busch heran. In anderen Gegenden sollte man sie lieber als Kübelpflanze mit attraktivem Laub pflegen. Der große Vorteil von Aukuben ist, dass sie von sonnig bis schattig jeden Standort vertragen. Aukuben sprechen besonders gut auf eine reichliche Nährstoffversorgung an. Deshalb topft man Jungpflanzen jährlich und größere Exemplare spätestens alle zwei bis drei Jahre in eine gute Kübelpflanzenerde, der man einen umhüllten Langzeitdünger beimischt. Während ihrer Vegetationsphase, die im Frühjahr beginnt, kann man dem Gießwasser wöchentlich 0,1 % eines stickstoffbetonten Mehrnährstoffdüngers zugeben. Ab dem späten Herbst holt man die Aukube ins Haus, wo sie an einem nicht zu dunklen, aber kühlen Ort überwintern kann.

WISSENSWERT

Die Zweihäusigkeit ist bei Aukuben auch ein Sortenkriterium. So werden Sortennamen rein für männliche und rein für weibliche Pflanzen vergeben. Damit kann man sich leicht beide Geschlechter besorgen, um fruchtende Pflanzen zu bekommen.

Garten-Chrysanthemen

Chrysanthemum-Hybriden
Korbblütler (*Asteraceae*)

Herkunft Die Garten-Chrysantheme ist im gesamten ostasiatischen Raum verbreitet, mit Schwerpunkten in China und Japan.
Entdeckung Carl von Linné stellte 1753 die Gattung *Chrysanthemum* auf.
Naturstandort Der genaue Ursprung ist unbekannt, verwandte Arten besiedeln offene Freiflächen.
Standort in der Wohnung Chrysanthemen können in jedem beliebigen Raum in der Wohnung stehen.
Substrat Chrysanthemen werden zur Verwendung als Zimmerpflanzen meist als blühende Kleinpflanzen im Topf verkauft, ein Umtopfen ist in diesem Fall nicht nötig.
Wasserbedarf Sie bevorzugen einen immer etwas feuchten Wurzelballen und sollten daher reichlich gegossen werden.
Bestimmende Eigenschaft Ihre wunderbaren Blüten brachten ihnen weltweit große kulturelle wie auch wirtschaftliche Bedeutung ein.
Blütezeit Blühende Chrysanthemen und Schnittchrysanthemen werden zu allen Jahreszeiten angeboten, Topfpflanzen bei uns vor allem im Herbst. In der Natur induzieren sie ihre Blüte aber im Kurztag. Das heißt, die Blütenbildung wird im Winter ausgelöst und führt zu einer Blüte im Frühjahr.

EINE KAISERLICHE BLUME

Die Garten-Chrysantheme mag vielleicht nicht die spektakulärste Blüte der Welt haben, trotzdem ist sie eine der bedeutendsten Blütenpflanze in kultureller wie auch wirtschaftlicher Hinsicht. Rolf Röber et al. schreiben in ihrem Buch »Topfpflanzenkulturen«, dass Hybriden der Garten-Chrysantheme bereits um 724 n. Chr. von China nach Japan gebracht wurden, wo sie einen Blumenkult auslösten. In der Folge wurde eine stilisierte 16-strahlige Chrysanthemenblüte zur Nationalblume Japans und auch das Symbol des kaiserlichen Hauses, weshalb der Thron auch Chrysanthementhron genannt wird. Außerdem wurde sie für das kaiserliche Siegel, das Kikumon, verwendet. Bis heute schmückt eine stilisierte Chrysanthemenblüte jeden japanischen Reisepass. 1877 entstand aus dem kaiserlichen Wappen die höchste japanische Auszeichnung, der Chrysanthemenorden (Kiku No Gomon), den unter anderen der deutsche Politiker und vierte Bundespräsident Walter Scheel (1919–2016) erhielt. Am 9. September findet jedes Jahr das Chrysanthemenfestival (Kiku no Sekku) statt. Das Fest war in der Heian-Zeit (794–1192 n. Chr.) ein formales Hofzeremoniell der Kaiserfamilie und wurde ab dem 17. Jahrhundert auch gesellschaftlich gefeiert. Inzwischen hat das Fest stark an Bedeutung verloren und findet nur noch als Teil von Zeremonien in Klöstern und Ähnlichem statt.

Eine stilisierte 16-strahlige Chrysanthemenblüte ist nicht nur die Nationalblume Japans, sondern auch das Symbol des kaiserlichen Hauses.

DIE PFLEGE

Chrysanthemen kann man als Topfpflanzen oder Schnittblumen ganzjährig kaufen. Zum Verkauf als Topfpflanze werden meist drei Stecklinge zusammengetopft und für die Blüte angetrieben. Zwar gelingt es manchmal, solch eine Pflanze länger zu pflegen, doch zuverlässig geht das leider nicht. Die Blüten der Topfchrysanthemen halten viele Wochen und durch später erblühende Knospen sogar Monate. Im Zimmer benötigen sie viel Wasser, da Trockenheit sie sofort welken lässt und die Blüten dadurch an Haltbarkeit verlieren. An einem hellen Platz in der Wohnung färben sich die Blüten intensiver aus als an einem dunklen Ort. Im Freiland sind Chrysanthemen-Hybriden kältetolerant, aber nicht frosthart.

WISSENSWERT

Der botanische Name der Garten-Chrysantheme ist seit Jahrzehnten in der Diskussion. Seit 1998 scheint sich die Benennung *Chrysanthemum* × *grandiflorum* wieder durchgesetzt zu haben, doch auch das Synonym *Dendranthema* × *grandiflorum* ist immer noch in Gebrauch. Inzwischen gilt als sicher, dass der Hauptelternteil die Herbst-Chrysantheme (*Chrysanthemum indicum*) ist, doch weitere Kreuzungspartner sind völlig unklar. Der Artname *indicum* zeigt keineswegs die Heimat der Pflanze an.

Fr. Patrick
Baffin
Bay
GREENLAND
Iceland
BRITISH
ISLES
Ireland
Vancouver I.
Columbia
San Francisco
Sandwich Is
Equator
Archipelago
Tropic of Capricorn
O C E A N

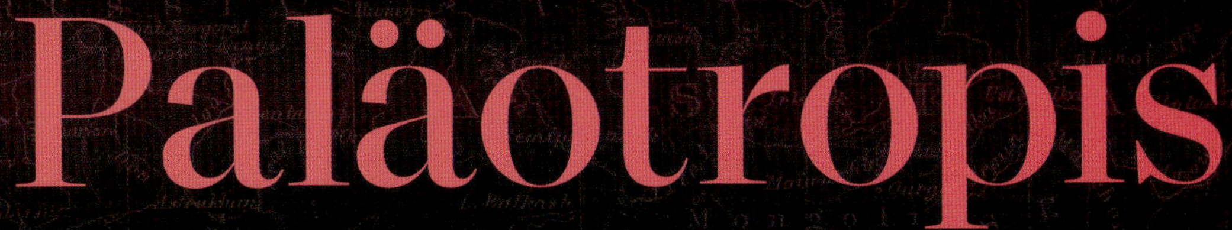

Paläotropis

Die Paläotropis ist das zweitgrößte aller Florenreiche. Sie erstreckt sich vom afrikanischen über den asiatischen Kontinent – Madagaskar und den Indischen Subkontinent umfassend– bis nach Südostasien.

Im Norden bildet die Paläotropis eine Grenze zur Holarktis, im Süden Afrikas befindet sich die Capensis und zur Australis hin wird sie durch den Indischen und Pazifischen Ozean begrenzt. Die Kapregion Afrikas ist von der Paläotropis ausgenommen und bildet ein eigenes Florenreich. Während manche Autoren noch ein ozeanisches Florenreich (Polynesien) benennen, ist diese Unterscheidung nicht einheitlich anerkannt und dieses besondere Florenreich (hauptsächlich die Inseln des Pazifiks) wird der Paläotropis zugerechnet. Diese Unstimmigkeit kommt daher, dass die floristische Besiedelung der pazifischen Inseln von Indonesien und Australien aus erfolgte, sich die Flora aber durch die Abgeschiedenheit der Inseln zu lokalen Endemiten entwickelte und damit eine sehr eigene Entstehungsgeschichte (Phylogenese) hat, die sich stark von der der anderen Florenreichen unterscheidet.

FLORENREGIONEN DER PALÄOTROPIS

Im Gegensatz zur Holarktis wird die Paläotropis durch den Atlantik und den Pazifik begrenzt. Sie wird in drei Florenregionen unterteilt: den westlichen indoafrikanischen Teil, den östlichen malesischen Teil und das umstrittene Polynesien. Zu Malesien zählt man den Malaiischen Archipel von Sumatra und dem Süden der Halbinsel Malakka bis Neuguinea und dem Bismarck-Archipel sowie die Philippinen. Das Klima ist subtropisch und tropisch, doch die Temperaturen unterliegen den Tageszeitschwankungen und der Unterschied zwischen Tag und Nacht fällt zum Teil hoch aus.

TROPEN SIND GLEICH TROPEN?

Im Allgemeinen sind die Grenzen der Florenreiche nicht wie mit dem Lineal gezogen. Zwischen den Arten der Paläotropis und der Neotropis gibt es aber eine klare Abgrenzung. Nach Franz Fukarek et al. entfallen 47 % aller in den tropischen Gebieten verbreiteten Gattungen auf die Paläotropis, 40 % kommen nur in der Neotropis vor und lediglich 13 % sind diesen beiden Florenreichen gemeinsam (pantropisch). Pantropische Pflanzenarten sind also beinahe Seltenheiten. Diese Zahlen beinhalten allerdings nicht die vom Menschen verbreiteten Pflanzensippen.

Die Paläotropis beherbergt also die größte Artenvielfalt aller Florenreiche. Besonders die Flora der Länder, die sich um den Äquator herum befinden, weist viele Endemiten auf. Die Regionen werden Biodiversitäts-Hotspots genannt, da ihre Landfläche nur 10 % der Erde ausmacht, dort aber 70 % aller Arten und Lebewesen vorkommen. In der Paläotropis haben unter anderem die Kannenpflanzengewächse, die Schraubenpalmengewächse, die Muskatnussgewächse, die Seidenpflanzengewächse und die Flügelfruchtgewächse ihre Heimat. Auch stammsukkulente Wolfsmilcharten, Drachenbäume, Aloen, Bogenhanf und die bekannte Gattung *Ficus*, zu der knapp 1.000 Arten aus immergrünen oder laubabwerfenden Sträuchern, Bäumen und Kletterpflanzen gehören, stammen von dort.

DIE GRENZE NACH NORDEN

Während sich die Florengrenzen zur Neotropis und zur Australis durch den Atlantik und Pazifik als natürliche Barrieren klar abzeichnen, ist die Abgrenzung zu der nördlich gelegenen Holarktis Europas und Asiens weniger deutlich. Es gibt kleinere Florengebiete, in denen sich Arten der Holarktis und der Paläotropis überschneiden und miteinander vergesellschaftet sind. Bemerkenswert ist dabei, dass das Mittelmeer keine starke natürliche Barriere darstellt, denn die Florengrenze verläuft entlang von Nordafrikas Wüsten, deren Barriere demnach stärker wirkt als das Mittelmeer.

Eine ähnliche starke Schranke bildet der Himalaya und die ihn umgebenden Wüsten, die die Abgrenzung zur Holarktis in Asien bilden.

Aufgrund der Größe der Paläotropis sowie den politischen Spannungen in einigen Ländern und den damit verbundenen Schwierigkeiten für Reisen können hier nicht alle Länder und ihre Floren detailliert vorgestellt werden. Geprägt von meinen persönlichen Erfahrungen überwiegen im folgenden Kapitel die östlichen Länder der Paläotropis.

Indien, Sri Lanka und Myanmar

Eine Ballonfahrt bei Sonnenaufgang ist eine schöne Möglichkeit, die Tempel und Pagoden der historischen Königsstadt Bagan in Myanmar zu bewundern.

Reges, lautes Treiben überall und die farbenfrohe Kleidung der Menschen bestimmen das alltägliche Leben in Rajasthan, wie hier in Jodhpur.

VON DER WÜSTE THAR BIS NACH RANGUN

Im Westen Indiens liegt die große Thar-Wüste, durch die auch die politische Landesgrenze zu Pakistan verläuft. Von dort Richtung Osten bis nach Rangun, der ehemaligen Hauptstadt Myanmars, sind es Luftlinie etwa 2.800 km und mit dem Auto 4.100 km. Die riesige Fläche dazwischen teilen sich nur die Länder Indien, Bangladesch und Myanmar. Ein Gebiet, das sich als Reiseziel für Naturliebhaber ungeheuer lohnt, denn neben den Westghats und Sri Lanka sind Hinterindien und ganz Myanmar ebenfalls Biodiversitäts-Hotspots mit einer großen Arten- und Ökosystemvielfalt.

Diese Vielfalt spiegelt sich auch in Land und Leuten wider. Indien kann man, glaube ich, fast nur mit dem Rucksack und öffentlichen Verkehrsmitteln bereisen, da die Straßenverhältnisse chaotisch sind. Für kleinere Tagesausflüge vor Ort kann man sich einen Motorroller mieten, aber für längere Distanzen sollte man sich lieber fahren lassen. Auch dafür braucht man gute Nerven. Während die Bundesstaaten zu Füßen des Himalayas etwas sehr Eigenes sind, ist das nur ein paar Hundert Kilometer weiter südlich gelegene Rajasthan ein Wüstengebiet. Die Frauen dort kleiden sich in farbenfrohe Saris, während die Männer meist den typischen Wickelrock, den Lungi, tragen. Da man auch in Indien das Haus niemals mit Schuhen betritt, sind

Sandalen und Flip-Flops das beste Schuhwerk für die Einheimischen.
Inder sind sehr aufgeschlossen, meist ist man nur für wenige Minuten allein, bevor man mit »What is your name?« und »Where do you come from?« angesprochen wird. Es ist mir häufig passiert, dass mich Inder vom Busbahnhof bis zur Unterkunft begleitet haben, nur um mit mir zu sprechen. Sicherlich bin ich auf Hunderten Facebook-Posts zu sehen, denn viele Inder lieben es, sich mit einem Europäer fotografieren zu lassen. Weiter im Süden, in Kerala, tragen die Männer eine Tunika und Frauen den Lungi. Kerala heißt übersetzt in etwa so viel wie Kokosnuss-Staat, was wirklich passend ist, da die Kokosnuss allgegenwärtig ist. Besonders interessant sind die vielen hinduistischen Tempel Indiens, während man in Sri Lanka und Myanmar mehr buddhistische Stupas findet. Zum Alltagsbild gehört in Indien und Sri Lanka der Schnurrbart der Männer und das universelle Kopfschütteln der Menschen, das sowohl »Ja« als auch »Nein« bedeuten kann. Kühe, halb verwilderte Hunde, Hühner und Schweine spazieren durch die Straßen, aber auch Kolonien von Rhesusaffen. Man sollte immer Nüsse oder Obst dabei haben, denn die Affen sind sehr schlaue Tiere: Man bekommt einen gestohlenen Gegenstand meist nur im Tausch gegen etwas Fressbares zurück.

DIE WESTGHATS

Schaut man sich den indischen Subkontinent auf einer Weltkarte an, sieht er wie ein großes V aus. Das licgt an der besonderen Geografie dieses Subkontinents und seiner Entstehungsgeschichte. Als sich Indien vor etwa 150 Millionen Jahren vom afrikanischen Festland abspaltete und gegen Asien gedrückt wurde, türmte sich im Norden der Himalaya auf, aber auch die Ghats an den östlichen und westlichen Küstenregionen. Die Westghats sind im Durchschnitt 900 m hoch, und erreichen eine maximale Höhe von 2700 m. Dadurch regnet sich an der westlichen Seite der Westghats der Monsun ab und der Osten bleibt relativ trocken. Besonders der südliche Teil, der im Bundesstaat Kerala liegt und als Berg-Regenwald eingestuft wird, besitzt eine vielfältige Flora. An diesem Biodiversitäts-Hotspot kommen ca. 80 % aller Blütenpflanzen der gesamten Westghats vor, etwa 35 % sind Endemiten. Der Schutz von solchen Hotspots ist besonders wichtig und auch in der Globalen Strategie zum Schutz der Pflanzen (GSPC) der Vereinten Nationen festgehalten. Ihr Ziel ist unter anderem Pflanzen in-situ, also an ihrem natürlichen Standort und Ökosystem, zu schützen, und nicht ex-situ wie in einem botanischen Garten. Doch die Westghats sind ein fruchtbares Gebiet und schon lange vom Menschen besiedelt, sodass man davon ausgeht, dass nur noch ein kleiner Teil im natürlichen Zustand erhalten ist.
Neben den Westghats, einem von 35 weltweiten Biodiversitäts-Hotspots, gibt es in Indien noch drei weitere Hotspots: den Himalaya, den Nordosten und die Nikobaren. Insgesamt beherbergt Indien 7–8 % aller weltweit registrierten Arten, was es zu einem Megadiversitätsland macht. Aber Indien ist auch eines der bevölkerungsreichsten Länder der Welt, die dichte Besiedlung schränkt natürliche Habitate stark ein. Viele bedrohte Tier- und Pflanzenarten sind daher auf Nationalparks angewiesen, von denen es zwar rund 100 in ganz Indien gibt, sie machen jedoch nur 1,23 % der Landesfläche aus. Indien trat 1969 der International Union for Conservation of Nature and Natural Resources (IUCN) bei und ist nach eigener Angabe bemüht, die Zahl der Schutzgebiete langfristig zu erhöhen. Auf der Roten Liste der IUCN werden 1335 Pflanzenarten geführt, davon sind 337 als bedroht eingestuft.

WISSENSWERT

Häufig gibt es in Indien zwei verschiedene Eintrittspreise für Nationalparks: einen günstigen für Inder und einen teureren für Touristen. So können Inder die landeseigene Natur kennenlernen, was dem Natur- und Artenschutz langfristig hilft, und mit den Einnahmen aus dem Tourismus kann die Arbeit des Nationalparks unterstützt werden.

1
Banyan-Bäume bilden so viele Luftwurzeln, dass sie keinen eindeutigen Stamm mehr haben.

2
Blumengirlanden gibt es in Asien überall zu kaufen, da es Alltagsgegenstände sind.

EHRWÜRDIGE TEMPELBÄUME: BANYAN UND PIPAL

In den buddhistisch und hinduistisch geprägten Ländern Südostasiens finden sich in den Tempelanlagen oder in Parks sehr große Feigenbäume. Namentlich sind es der Banyan-Baum (*Ficus benghalensis*) und der Pipal (*Ficus religiosa*), zwei der heiligsten Bäume in der religiösen Verehrung, denen viele Opfergaben dargebracht werden.

Der Trivialname »**Banyan-Baum**« ist eine Schöpfung der Briten, da unter ihm die hinduistischen Händler, Banias genannt, ihre Geschäfte abwickelten und die Götter im Baum die Geschäfte wohlwollend beschützen sollten. Carl von Linné gab dem Banyan 1737 den botanischen Namen *Ficus benghalensis,* was sein Verbreitungsgebiet anzeigen soll, da er ursprünglich im Nordwesten Indiens vorkam. Eine Besonderheit ist die Ausbreitung des hemi-epiphytischen Banyans. Vögel fressen seine Beeren und bringen so die Samen auf Äste und Astgabeln anderer Bäume, wo sie keimen und zum Boden wachsen. In dieser Lebensphase lebt der Banyan rein epiphytisch. Sobald die Luftwurzeln das Erdreich erreicht haben, wandeln sie sich in richtige Wurzeln um und legen mächtig zu. Ab diesem Zeitpunkt gibt der Banyan seine epiphytische Lebensweise vollständig auf. Mit der Zeit wird der Wirtsbaum vom Banyan überwachsen und stirbt ab. Trotzdem bilden sich immer weitere Luftwurzeln, sodass der Banyan mit der Zeit große Flächen bedeckt. In der Nähe von Bangalore (Indien) steht ein fast 500-jähriges Exemplar und der Banyan in Shibpur (Indien) soll eine Fläche von 16.000 m^2 bedecken. Der Banyan symbolisiert die Unsterblichkeit und ist den Indern heilig. Außerdem symbolisiert er die hinduistische Triade: Vishnu die Rinde, Brahma das Wurzelwerk und Shiva das Geäst.

Beim **Pipal** verhält es sich ähnlich: Die Wurzeln stehen für Brahma, der Stamm für Vishnu und jedes der Blätter für einen weniger bedeutenden Gott. Ein Mythos erklärt die heilige Bedeutung des Pipals mit der Geburt Vishnus in seinem Schatten, weshalb der Pipal auch mit Vishnu gleichgesetzt wird. Im Buddhismus hingegen lautet der Mythos, dass Prinz Siddhartha Gautama unter ihm erleuchtet worden sei. Seine Sanskrit-Bezeichnung »Bhodadruma« kann mit »Baum der perfekten Erkenntnis« übersetzt werden und er fehlt in keinem Tempel (Wat) Thailands. Eine große Bedeutung hat der Pipal auch auf Sri Lanka.

In einer Legende heißt es, dass im 3. Jahrhundert v. Chr. ein Pipal in die damalige Königshauptstadt Anuradhapura gelangte, der die dortige Herrscherdynastie an der Macht halten würde, solange er lebte. Der Baum lebt zwar heute noch und ist ein wichtiger Pilgerort für Buddhisten, die Herrscherdynastie Sri Lankas existiert hingegen nicht mehr.

ALLGEGENWÄRTIGE SYMBOLIK: BLUMENKETTEN UND -GIRLANDEN

Im Hinduismus und Buddhismus spielen Blumen sowohl in Tempeln als auch im täglichen Leben als Glücksbringer eine wichtige Rolle. So ist es üblich, sich jeden Morgen Blumenketten und -girlanden zu besorgen, um sie z.B. an den Rückspiegel im Auto zu hängen, manchmal auch um den Hals zu tragen oder die Eingangstür des Hauses, Geisterhäuser und kleine Garten- und Hausaltäre mit ihnen zu schmücken. Auch über Myanmar hinaus ist der Blumenschmuck in Asien allgegenwärtig. Im Thailändischen ist »Phuang Malai« ein Überbegriff für diese kunstvoll gefädelten und sehr aufwendigen floristischen Werke und die zugehörige Kunst des Blumensteckens. Der Erzählung nach sollen seit dem 16. Jahrhundert (König Rama V.) bei jedem königlichen zeremoniellen Anlass Blumengebinde verwendet worden sein. Bis heute ist es Brauch, dass bei Feiern und Zeremonien (z.B. Hochzeit, Totenfeier) alles überbordend mit Blumenarrangements geschmückt wird. Die buddhistischen Tempel Thailands sind sehr offen gegenüber Besuchern. Am besten besucht man sie mit offenen Schuhen, da man diese häufig aus- und wieder anziehen muss. Im Tempel kann man fast immer kleine Opfergaben vor Ort kaufen: Schalen und Eimerchen mit Gegenständen für das Leben der Mönche, Weihrauchstäbchen (sie bestehen aus einem Brandbeschleuniger und verschiedenen aromatisierten pflanzlichen Komponenten) oder eben Blumengirlanden.

Die **Phuang Malai** bestehen hauptsächlich aus:

- kunstvoll gefalteten Tepalen (Kron- oder Kelchblättern) von im Aufblühen begriffenen Lotosblüten (*Nelumbo nucifera*)
- stark duftenden Blüten von Jasmin (*Jasminum*-Arten)
- duftenden Studentenblumen (*Tagetes patula* und *T. erecta*)
- Blüten (wegen der Form) von Kronenblumen (*Calotropis gigantea*)
- stark duftenden Frangipaniblüten (*Plumeria rubra*)
- duftenden Seerosenblüten (N*ymphaea* Arten)
- Rosenblüten (*Rosa* Arten)

Zum Teil werden auch Schalen und Gestecke daraus gefertigt, wozu feste Bananenblätter (*Musa*-Arten) raffiniert gefaltet werden. Alle diese Blumen besitzen eine große symbolische Bedeutung. Im Hinduismus hat jede Gottheit eine eigene Pflanze, den größten Göttern Brahma und Vishnu, aber auch Ganesha und Lakshmi werden Lotosblumen geopfert. Der Jasmin (*Nyctanthes arbor-tristis*) wird Krishna und der Gelbe Oleander (*Cascabela thevetia*) sowie andere Giftpflanzen werden Shiva geopfert.

Kahnorchideen

Cymbidium-Hybriden
Orchideengewächse (*Orchidaceae*)

Herkunft Das Verbreitungsgebiet von *Cymbidium* erstreckt sich von Madagaskar über Indien und Japan bis nach Australien.
Entdeckung Bereits 1799 stellte der schwedische Botaniker Olof P. Swartz die bis heute gültige Gattung *Cymbidium* auf.
Naturstandort Die natürlichen Arten besiedeln die Tropen, Subtropen und Höhenlagen.
Standort in der Wohnung Als Topfpflanzen brauchen sie einen kühlen, aber frostfreien Platz. Eigentlich ist es besser, die Kahnorchidee zur Verwendung als Schnittblume zu kaufen, da ihre Blüten sehr lange haltbar sind.
Substrat Für die Kultur im Topf mischt man sich am besten aus Styromull, Torfmoos, Buchenlaub und Torf (alternativ aus Styromull, Pinienrinde, Torf und kleinem Blähton) ein durchlässiges Substrat.
Wasserbedarf Sobald eine Kahnorchidee zu wenig Wasser bekommt, werden ihre Blattspitzen braun. Das durchlässige Substrat sollte daher regelmäßig gegossen werden.
Bestimmende Eigenschaft Ihre wunderbaren Blüten lobte bereits Konfuzius (500 v. Chr.).
Blütezeit Frühe Sorten fangen im November an zu blühen, die Hauptblütezeit beginnt ab Januar.

ATTRAKTIVE SCHNITTBLUME

Zwar gelten Kahnorchideen als relativ einfach zu pflegende Orchideen, doch sind sie definitiv keine Pflanzen für Anfänger. Aufgrund der intensiven Züchtungsarbeit gibt es unzählige Sorten, die im Handel angeboten werden. Die Blüten von Kahnorchideen halten bis zu acht Wochen, was sie zu hervorragenden Schnittblumen macht. Konfuzius lobte nicht nur die Kahnorchidee selbst, sondern insbesondere den Duft ihrer Blüten. Kulturgeschichtlich handelt es sich also um sehr alte Kulturzierpflanzen, die aber ursprünglich in Gärten und Parks und nicht im Zimmer gezogen wurden. Ihre Blüten sind resupiniert (um 180° gedreht), sodass Bestäuber auf der Blütenlippe einen Landeplatz finden. Die Saftmale weisen ihnen dann den Weg in die Blüte. Interessanterweise verwelken die Blüten nicht nach einer erfolgreichen Bestäubung, sodass sie zu Ungunsten unbestäubter Blüten theoretisch wiederholt bestäubt werden. Solch eine konterkarierende Blütenökologie wird mit dem Vergrünen bestäubter Blüten erklärt, wobei durch die Photosynthese in der Blüte gleichzeitig die Samenreife profitieren soll.

Winterzeit ist Cymbidienzeit, da sie bei uns in den ersten Wintermonaten zur Blüte kommen.

DIE PFLEGE

Geschnittene Kahnorchideen sprechen sehr gut auf Blumenfrischhaltemittel im Vasenwasser an. Um ihre lange Haltbarkeit nicht einzuschränken, sollte man sie von reifendem Obst oder anderen Schnittblumen fernhalten. Als Topfpflanzen kommen eigentlich nur die wärmeverträglicheren Miniatur-Cymbidien in Frage, die bei etwa 18 °C gezogen werden. Zur Blütenbildung benötigt die Kahnorchidee eine Vernalisation, d. h. eine Phase mit kühleren Temperaturen. Am besten sind fünf bis sechs Wochen bei 13–16 °C. Besonders im Sommer brauchen diese Orchideen einen luftigen Standort, etwa einen Platz im Halbschatten auf dem Balkon. Umtopfen muss man sie nur etwa alle zwei bis drei Jahre. Im Sommer können sie wöchentlich mit 1–3 g Volldünger pro Liter Wasser, im Winter alle zwei bis vier Wochen mit 1 g pro Liter gedüngt werden. Cymbidien sind leider sehr anfällig für Virosen, die zu Blattflecken, Blattabwurf und Verfärbung der Blüten bis hin zum Absterben der Pflanze führen können.

WISSENSWERT

Die Züchtung der Kahnorchideen findet im klimatisch günstiger gelegenen England und in den USA statt. Anfangs versuchte man, lange Blütenrispen mit 20–30 Einzelblüten und viele Farben zu bekommen. Spätere Züchtungen hatten wärmeverträgliche Miniatur-Cymbidien zum Ziel, die in der Wohnung besser gedeihen können. Neuerdings wird verstärkt auf hängende, reichblühende Formen gezüchtet, die sich in Ampeln kultivieren lassen.

Dendrobien

Dendrobium nobile-Hybriden
Orchideengewächse (*Orchidaceae*)

Herkunft Die Verbreitung am Naturstandort reicht von Nordindien bis nach China und Thailand.
Entdeckung Der Botaniker John Lindley benannte *D. nobile* im Jahr 1830.
Naturstandort Sie wachsen im Tiefland oder Bergwäldern, meist als Aufsitzerpflanzen auf Bäumen (epiphytisch), aber auch auf Steinen (lithophytisch).
Standort in der Wohnung Gute Bedingungen sind in der Wohnung schwer an einem einzigen Ort zu erreichen, da die Orchidee wechselnde Standortansprüche stellt. Im Sommer stellt man sie am besten an einen geschützten Platz auf dem Balkon. Im Winter ist ein kühler Platz in der Wohnung ideal.
Substrat Dendrobien werden nur alle zwei bis drei Jahre umgetopft, man mischt sich dazu am besten selbst ein Substrat aus Pinienrinde, Blähton (8–16 mm) und etwas Torfmoos. Alternativ können Sie ein Substrat aus einer Orchideengärtnerei verwenden.
Wasserbedarf Bis zum Knospenansatz Ende August können sie reichlich gegossen werden, das Wasser muss aber entsprechend abfließen können.
Bestimmende Eigenschaft Ihre wunderschönen, zahlreichen Blüten belohnen für jede Mühe.
Blütezeit Ihre Blütezeit reicht vom Dezember bis in den Juni hinein.

DENDROBIEN ALS SCHNITTBLUMEN

Weil die Blüten so lange haltbar sind, sind Dendrobien wunderbare Schnittblumen, an denen man viele Wochen Freude hat. Meist reifen ungeöffnete Blüten nicht mehr nach, kaufen Sie also keine Stiele, bei denen der Großteil der Blüten an der Rispe noch geschlossen ist. Schneiden Sie die Stiele schnellstmöglich nach (siehe Seite 274) und geben Sie dem Vasenwasser ein Blumenfrischhaltemittel zu. Man kann die frisch angeschnittenen Stiele auch kurz in kochendes Wasser tauchen, was die Wasseraufnahme verbessert, doch halten sie nicht länger als mit einem Blumenfrischhaltemittel. Schützen Sie die Schnitt-Dendrobien im Winter vor Zugluft oder starker Heizungsluft, da beides die Haltbarkeit reduziert. Das Reifegas Äthylen hat, wie bei allen Orchideen, einen negativen Einfluss, weshalb kein Obstteller in der Nähe stehen sollte.

DIE PFLEGE

In den letzten Jahren wurden vermehrt Neuheiten im Zimmerpflanzensortiment präsentiert. So waren plötzlich auch blühende *D. nobile* in den Gartencentern erhältlich. Ihre Kultur ist nicht ganz einfach und verlangt auch dem Fortgeschrittenen einiges ab. Ende August ist die Entwicklung des neuen Jahrestriebes abgeschlossen. Reduzierte Wassergaben und ein großer Tag/Nacht-Temperaturunterschied, d. h. tagsüber hohe Temperaturen und viel direktes Licht und in der Nacht kalte Temperaturen, fördern ab diesem Zeitpunkt die Blütenbildung. Weil es in der Wohnung eigentlich kein nennenswertes Tag/Nacht-Temperaturgefälle gibt, bleibt als geeigneter Ort nur eine windgeschützte sonnige Ecke im Freien. Nach etwa sechs bis zwölf Wochen ist die Blüteninduktion abgeschlossen und die Pflanze kann an einen geschützten Platz bei temperierten 17–18 °C im Haus umziehen. Wird die Temperatur während der Induktionsphase oder beim Einräumen ins Haus zu abrupt verändert, vertrocknen die Knospen. Bei wechselnder oder zu hoher Luftfeuchte oder zu viel Wasser faulen sie ab. Die Blütezeit beginnt im Dezember, anschließend ist eine trockenere Ruheperiode einzuhalten, bis sich im Sommer neue Sprosse bilden.

Dendrobien sind tolle Schnittblumen, eignen sich als Topfpflanze aber nur für erfahrene Gärtner, da sie nicht leicht zur Blüte zu bringen sind.

WISSENSWERT

Wer schon einmal in Thailand war, dem sind bestimmt die vielen Orchideenblüten aufgefallen, die manchmal schon im Flugzeug verteilt werden, aber auch den gesamten Flughafen in reichhaltigen Blumenbouquets schmücken. Es handelt sich dabei meist um Hybriden aus dem *Dendrobium phalaenopsis*-Komplex. Solche Schnitt-Dendrobien inklusive phytosanitärem Zeugnis, sind ein beliebtes Souvenir, das im Duty-free-Shop in einem Karton erhältlich ist.

1
Die Blütenstände des Kanonenkugelbaums mit den ringförmig verwachsenen Staubblättern stehen aufrecht …

2
…, bis sie durch die Last der Früchte, die mehrere Kilogramm schwer werden, heruntergezogen werden.

3
Am Kalebassenbaum sitzt die fußballgroße Frucht direkt am Stamm.

VON KANONENKUGELN UND KALEBASSEN

Besonders in den tropischen Gegenden Südostasiens kann man zwei Baumarten mit spektakulären Früchten entdecken. Es handelt sich dabei um den Kanonenkugelbaum (*Couroupita guianensis*) und den Kalebassenbaum (*Crescentia cujete*). Ursprünglich stammen beide Baumarten gar nicht aus Asien, sondern sind vor langer Zeit vom Menschen dort als Parkbäume angepflanzt worden, entwickelten sich in dem tropischen Klima aber prächtig.

Der **Kanonenkugelbaum** stammt ursprünglich aus dem Norden Südamerikas und ist ein Angehöriger der Topffruchtbaumgewächse (*Lecythidaceae*). Sein Stamm wächst ohne Verzweigungen kerzengerade in die Höhe, wo er bei 30–35 m anfängt, eine Krone auszubilden. Direkt am Stamm bilden sich die Blütenstände (Kauliflorie), denen die ungewöhnlichen Blüten entspringen. Da der Blütenstand weiterwächst, können daraus bis zu 1 m lange, sperrige Triebe werden. Das Auffälligste an den gelbroten Blüten sind die zu einem Ring verwachsenen Staubblätter. Die Blüten duften angenehm und werden von Bienen und Hummeln bis hin zu Fledermäusen und anderen unspezialisierten Besuchern bestäubt. Das führt dazu, dass sich die interessanten, 25 cm großen und kugeligen Früchte auch außerhalb der ursprünglichen Heimat der Bäume bilden.

Sie sind von einer harten Schale geschützt und fallen geschlossen vom Baum. Schlagen sie am Boden auf, brechen sie auseinander und geben ein rotbraunes Fruchtfleisch frei, in dem bis zu 300 Samen enthalten sind. An der Luft jedoch oxidiert die Farbe sofort zu einem unappetitlichen Blaugrün und die Früchte verströmen dabei einen fauligen Geruch. Im Grunde sind sie essbar – so man sich überwinden kann.

Ganz ähnlich große und hartschalige Früchte hat der nicht verwandte **Kalebassenbaum** aus der Familie der Trompetenbaumgewächse (*Bignoniaceae*). Dieser bis zu 8 m hohe Baum stammt ursprünglich aus Mittelamerika. Die weiße, dem Stamm entspringende Glockenblüte riecht unangenehm nach Fußschweiß, was tatsächlich aber ein Lockreiz für Fledermäuse ist, die die Blüten nachts besuchen. Nach erfolgreicher Bestäubung bilden sich hartschalige, grüne Früchte, die ebenfalls geschlossen vom Baum fallen. In dem weißen, schmierigen Fruchtfleisch, das völlig ungenießbar ist, befinden sich sehr viele Samen. Zum Gebrauch schabt man die Frucht aus, säubert sie vom Fruchtfleisch und verwendet sie als Trinkgefäß, wie der Trivialname bereits vermuten lässt. Ein weiterer deutscher Trivialname für den Kalebassenbaum ist »Kürbisbaum«. Kürbisse bilden die größten Beeren der Welt, wegen derer harten Schale sie auch Panzerbeeren genannt werden.

WARUM DIE BANANE KEIN BAUM GEWORDEN IST

Maneka Gandhi erzählt in ihrem Buch »Brahmas Haar« Geschichten aus der Mythologie der indischen Pflanzenwelt, unter anderem dieses Pflanzenmärchen: »Die Tänzerinnen Mango, Tamarinde, Banane, Feige und Rosenapfel waren fünf Schwestern, die sich verheiraten wollten. Sie reisten von Dorf zu Dorf, um Ausschau nach Freiern zu halten, aber es fand sich keiner, der sie heiraten wollte. Der Gott Ispur Mahaprabhu dachte: ›Es wäre doch eine Sünde, diese Schwestern unverheiratet zu lassen!‹ Also fragte er die fünf, was sie sich wünschten. Vier von ihnen sagten wie aus einem Mund: ›Wir möchten heiraten, möchten Gatten und viele, viele Kinder!‹ Die hübsche, eigensinnige Banane aber sagte: ›Ich möchte keinen Gatten. Wenn überhaupt Kinder, dann nicht sehr viele, sonst verlöre ich meine Schönheit und würde bald altern.‹ Die vier Mädchen erhielten Gatten und Kinder, Banane aber nur Kinder. Bald hatten sie mehr Kinder als Haare auf dem Kopf. Auch die Gatten waren nach kurzer Zeit über die Größe ihrer Familien entsetzt und rannten davon. Als die Mütter es ihnen gleichtun wollten, klammerten sich die Kinder an sie und wollten sie nicht fortgehen lassen. Da beteten die Schwestern in ihrer Verzweiflung zu Mahaprabhu: ›Hilf uns, sonst zerstören uns unsere Kinder!‹ Mahaprabhu erhörte sie und verwandelte die Frauen in Bäume. Ihre Haare wurden zu Zweigen und ihre Kinder zu Früchten. ›Was wollt ihr für eure Gatten tun?‹ fragte Mahaprabhu. ›Jeder, der unsere Äste erklimmt, soll unser Gatte sein!‹, antworteten die vier Schwestern. Also erhielten die vier starke Stämme. Aber Banane wies einen Mann zurück. Und weil Männer mit ihrer Liebe die Bäume jung erhalten, bekommt die Bananenstaude nur wenige Kinder und reift in einem Jahr.«
Was man von dieser Geschichte halten will, sei jedem selbst überlassen, doch lohnt es sich, die Erzählung botanisch zu betrachten. Mango (*Mangifera indica*), Tamarinde (*Tamarindus indica*), Rosenapfel (*Syzygium jambos*) und Feige (indische *Ficus*-Arten) sind typische Nutzpflanzen Indiens, die alle reichlich Früchte mit vielen Samen (= Kinder) produzieren. Im Gegensatz zu diesen vier langlebigen Bäumen ist die Banane eine hapaxanthe Staude, die nach der Fruchtbildung abstirbt. Die Kulturbanane (*Musa acuminata*) besitzt eine Besonderheit, denn sie ist selbstfruchtend und parthenocarp (setzt keine Samen an). Wie in der Erzählung benötigt sie keinen Bestäuber (= Mann), um Früchte anzusetzen.

Der wahre Kern des Bananenmärchens: Die Kulturbanane bildet ohne männliche Bestäubung Früchte.

SRI LANKA: NUTZPFLANZEN IM KÖNIGLICHEN BOTANISCHEN GARTEN PERADENIYA

Der ursprüngliche Name der Insel, »Ceylon«, wird bis heute für den Ceylon-Tee verwendet und belegt, dass Sri Lanka, neben Darjeeling in Indien, eines der Hauptanbaugebiete für Tee war und ist. In den 1970er-Jahren kam zum Teeanbau der Tourismus als Einnahmequelle dazu. Die Branche wuchs stetig, bis zum Ausbruch des blutigen Bürgerkrieges in den 1980er-Jahren, der Sri Lanka und seine Wirtschaft wieder auf die Stufe eines Entwicklungslandes zurückwarf. Doch langsam kehrt der Tourismus nach Sri Lanka zurück. Nahe Kandy gibt es den Königlichen Botanischen Garten in Peradeniya zu bestaunen, obwohl eigentlich ganz Sri Lanka irgendwie eine Art botanischer Garten ist.

Der Königliche Botanische Garten Peradeniya hat – wie das ganze Land – eine bewegte Geschichte und erstreckt sich auf einer Fläche von etwa 60 ha, die durch den Fluss Mahaweli Ganga hufeisenförmig abgegrenzt wird. Vom 14. bis zum 18. Jahrhundert befanden sich hier die königlichen Lustgärten. Unter der Kolonialmacht England lagen die Gärten lange brach, bis man sie im Jahr 1821 als Kolonialgarten neu anlegte. Dazu rodete man Urwald und baute gewinnbringende Kulturpflanzen wie Kaffee und Zimt an. Die englischen Direktoren des Gartens nutzten ihn, um ihr Wissen über den tropischen Nutzpflanzenanbau für die Kolonien zu erweitern. Doch Direktoren wie Alexander Moon und George H. K. Thwaites erforschten auch die endemische Flora und veröffentlichten erste Monografien. Wegen seiner Geschichte ist dieser botanische Garten nicht unbedingt auf die heimische Flora ausgerichtet, sondern beherbergt eine große Zahl tropischer Pflanzen aus der ganzen Welt, die in dem günstigen Klima gut wachsen.

Am Haupteingang des Gartens sollte man sich einen Gartenplan geben lassen – für das riesige Areal wirklich ein Must-have. Gleich zu Beginn wird man von einer Gruppe der sehr seltenen burmesischen Toha-Bäume (*Amherstia nobilis*) begrüßt. Der auch »Königin von Burma« genannte Baum ist ein spektakulär blühender Hülsenfrüchtler mit eindrucksvollen Früchten. Außerdem gibt es eine mehrere Hundert Meter lange Allee mit riesigen Seychellennüssen (*Lodoicea maldivica*, siehe Seite 174), deren Blätter bis zu 6 m groß werden – ein wahrlich imposanter Anblick, den ich sonst noch nirgends erleben durfte. Doch die vermutlich größte Aufmerksamkeit zieht eine gigantische Benjamin-Feige (*Ficus benjamina*) auf sich. Der Baum, den wir in Kleinform als beliebte Zimmerpflanze ziehen, bedeckt eine Fläche von 1.600 m^2.

Die »Königin von Burma« *(Amherstia nobilis)* ist einer der spektakulärsten Blütenbäume, aber auch eine der seltensten Pflanzen der Welt.

Thailand, Laos, Kambodscha, Vietnam und Malaysia

Ernte von pinken Seerosenblüten auf dem Yen River in Vietnam nahe Ninh Binh.

Jeder Mensch hat vermutlich ein Land oder ein Gebiet, zu dem es ihn magisch hinzieht. Bei mir war das von klein auf Südostasien, warum, kann ich nicht sagen, es ist eben einfach so. Umso schöner war es für mich, als ich 2003 endlich meine erste Reise nach Südostasien machen konnte: Vietnam und Malaysia. Mit einem Rucksack und einem reiseerfahrenen Freund bin ich vier Wochen lang von Ho-Chi-Minh-Stadt nach Hanoi gefahren und habe Nationalparks und Regenwälder besucht. E-Mails konnte man damals ausschließlich und durch die langsamen und instabilen Verbindungen nur mit wechselndem Erfolg über Internet-Cafés schreiben. Tief beeindruckt schilderte ich meiner Familie und Freunden in einer solchen Mail, dass ich nach meiner Ankunft in Hanoi für den nächsten Tag eine Reise in die Halong-Bucht inklusive einer Übernachtung auf einem Boot gebucht hatte. Die Gruppe umfasste außer mir und meinem Freund noch 14 weitere Personen aus acht Nationen. Während wir von der Kulisse der Halong-Bucht beeindruckt waren, legten am Abend kleine Fischerboote an und verkauften uns lebende Schalentiere (Krabben, Krebse und vieles mehr), die uns der Koch an Bord zubereitete. Nachts angelten wir erfolglos Tintenfische, doch wir hatten einen riesigen Spaß. Anschließend fuhren wir mit einem lokalen Bus, in dem wir beide die einzigen Europäer waren, zum Cuc Phuong Nationalpark. Auf der Fahrt machten wir die Erfahrung, dass Asiaten grundsätzlich weniger Berührungsängste haben als Europäer: Asiaten haben kaum Arm- und Beinbehaarung, und wenn jemand aus dem Westen in T-Shirt und kurzer Hose neben ihnen sitzt, ist das eine günstige Gelegenheit, sich von der Echtheit der Haare zu überzeugen, indem sie mal darüberstreicheln oder etwas daran ziehen. Inzwischen habe ich so etwas häufig erlebt. Das Reisen durch Vietnam und Malaysia sowie die angrenzenden Länder Kambodscha, Laos und Thailand ist unheimlich einfach. Ich habe mich dabei niemals unsicher gefühlt. Da Südostasien von vielen verschiedenen Ethnien mit eigenen Bräuchen bevölkert wird, kann man, egal wie häufig man schon dort war, kulturell immer wieder Neues entdecken. Die Menschen sind sehr offen und man kann schnell Kontakt zu ihnen knüpfen.

TROPISCHE FRÜCHTE ENTDECKEN

In ganz Südostasien sind die Händler zu Lande und zu Wasser bekannt, die überall aus ihren Gefährten und Bauchläden kleine Tüten mit frischem Obst als Snack verkaufen. In den Supermärkten findet man in den Regalen ebenfalls jede Menge frisches Obst, vieles davon kennt man in Europa überhaupt nicht. Es gibt also Grund genug, sich durch all die unbekannten Köstlichkeiten zu essen und neue Geschmäcker zu erfahren.

Die **Guave** (*Psidium guajava*) gibt es bei uns selten zu kaufen. In Größe und Konsistenz kann man sie mit Äpfeln vergleichen. Sie wird in Segmente geschnitten und dann mit der grünen Schale roh verzehrt. Das weiße Fruchtfleisch schließt kleine, gelbliche und sehr harte Kerne ein. Man kann sie bedenkenlos mitessen, nur wenn man direkt auf einen Kern beißt, ist es unangenehm. Die Frucht schmeckt süß, saftig und enthält nur wenig Säure. Meist bekommt man Guaven bereits vorgeschnitten in Tüten mit einem Tütchen Zucker-Chili-Mischung. Durch diese süß-scharfe Mischung, die auch sehr gut zu Ananas schmeckt, bekommt die Guave eine richtige Aufwertung. Guavenspalten, mit Zucker und Chiliflocken bestreut, sind ein idealer Snack für lange Bahn- oder Busfahrten.

„Guavenspalten, mit Zucker und Chiliflocken bestreut, sind einidealer Snack für lange Bahn- oder Busfahrten.“

Noch exotischer wird es mit der **Sapodilla** (*Achras sapota*), die man ebenfalls roh isst. Ihr Fruchtfleisch ist leicht faserig und ähnelt in der Konsistenz einer Kakifrucht. Die braune Schale ist recht fest und rau, weshalb man sie einfach wegschneidet. Im Inneren findet man die harten, schwarzen, etwa daumennagelgroßen Samen, die man entfernen sollte, da sie nicht zu kauen sind. Mit etwa 112 Kalorien pro 100 g ist das Fruchtfleisch der Sapodilla sehr energiereich und liefert neben viel Vitamin C auch sehr viel Kalzium. Ihre Erntezeit reicht von November bis Mai.

1
Die Karambole – oder auch Sternfrucht – fehlt als beliebte essbare Dekoration auf fast keinem Frühstücksbüffet.

2
Durian-Früchte verströmen einen intensiven, unangenehmen Geruch, weshalb sie in vielen Hotels und Verkehrsmitteln in Asien verboten sind.

Eine sehr interessante Form besitzt die **Karambole** (*Averrhoa carambola*), auch Sternfrucht genannt. In der Mitte ihres festen, leicht wässrigen Fruchtfleisches befinden sich Samen, die an Zitronenkerne erinnern. Sternfrüchte werden roh gegessen, doch sollten sie gut ausgereift sein (je gelber, desto reifer), sonst sind sie unangenehm sauer. Geschmacklich sind die ab Oktober erhältlichen Früchte mäßig aufregend, aber über Geschmack lässt sich bekanntlich streiten.
Besonders in Thailand, an der Grenze zu Kambodscha, gibt es große Anbaugebiete für **Longan** (*Dimocarpus longan*). Die Longan ist am ehesten mit der Litschi (*Litchi chinensis*) zu vergleichen. Sie besitzt eine feste Haut, aus der man das sehr saftige Fruchtfleisch herausdrücken kann. Im Zentrum der Frucht befinden sich ein bis drei feste Samen, die man nicht mitisst. Die Bäume bleiben mit 4 m Höhe recht klein und es werden sehr ausladende Kronen gezogen, damit man die langen Fruchtstände besser vom Boden aus ernten kann. Die Erntezeit liegt zwischen Juli und September.
Verwandet mit der Longan ist die **Rambutan** (*Nephelium lappaceum*). Unter ihrer festen Haut mit den weichen Stacheln befindet sich weißes, festes Fruchtfleisch, das die Samen umschließt. Das saftige Fruchtfleisch wird roh gegessen. Während der Erntezeit von Mai bis September kann man Rambutan für kleines Geld an jeder Straßenecke kaufen.
Eine für den Europäer sehr unbekannte Frucht ist die **Sala** (*Salacca zalacca*), in Anlehnung an ihre schuppige

Haut auch Schlangenfrucht genannt. Die feste Haut kann mit den Händen aufgebrochen werden, so kommt man an die duftenden Segmente im Inneren. In Farbe und Geschmack erinnert die Frucht einer Palmenart an Ananas, bringt aber noch eine ganz eigene Geschmacksnote mit. Zwischen Juli und September ist Haupterntezeit für die Sala, die man roh isst. Manches kann man inzwischen auch in asiatischen Supermärkten bei uns kaufen, Sie können sich daher selbst ans Aussäen wagen. Ich empfehle dazu das Buch »Avocado bis Zuckerrohr« von Heinz Jenuwein. Leider werden eigene Aussaaten in unseren Breiten höchstwahrscheinlich niemals zur Fruchtreife kommen.

BITTE NICHT VERWECHSELN: DURIAN, JACKFRUCHT UND BROTFRUCHT

Die Durian (*Durio zibethinus*), die Jackfrucht (*Artocarpus heterophyllus*) und die Brotfrucht (*Artocarpus altilis*) werden in Europa gerne verwechselt. Sie alle sind sehr große, sich äußerlich ähnelnde Früchte.
Der Durian-Baum bildet Kapselfrüchte. Wenn man die harte Fruchtschale öffnet, kann man die Frucht leicht in Segmente zerteilen, um an das innenliegende Fruchtfleisch zu kommen, das den Samen umschließt. Bei den beiden *Artocarpus* Arten handelt es sich um verwachsene Fruchtverbände, sie kann man nur mit der Machete in Stücke schneiden.
Eine Verwechslung kann fatal sein, da **Durian** so extrem penetrant und unangenehm riecht, dass es in vielen Ländern verboten ist, frische Früchte in öffentlichen Verkehrsmitteln oder ins Hotel mitzunehmen. Über 200 Duftkomponenten wurden bislang analysiert, doch sicherlich sind die Schwefelverbindungen für den unangenehmen Geruch verantwortlich. Der Geschmack der Frucht hat nichts mit dem Geruch zu tun und ist schwer zu beschreiben: eine Mischung aus Kokosnuss mit Vanille und Zwiebel. Er wird aber als so wohlschmeckend empfunden, dass die Durian auch als »König der Früchte« bezeichnet wird. Günther Liebster schreibt in seiner »Warenkunde Obst«, dass Durian mit 147 Kalorien pro 100 g ein großer Energielieferant ist, denn sie enthält 34 % Kohlenhydrate (davon 12 % Zucker) und viele Vitamine.

Die **Jackfrucht** riecht erst mit zunehmendem Alter streng. Sie schmeckt feigenähnlich, mild und entfernt nach Honig. Das meiste an der bis zu 50 kg schweren Frucht ist Abfall, nur etwa ein Drittel eignet sich zum Verzehr. Jackfrucht wird roh gegessen und schmeckt am besten gekühlt, in einem Obstsalat oder mit Vanilleeis. Unreife Früchte werden zu Pickles verarbeitet. Eine hochaktuelle Verwendung ist die als Fleischersatz für vegane Gerichte.
Die **Brotfrucht** liefert reichlich Energie. Sie kann roh gegessen oder zu Mehl verarbeitet werden. Mit ihrem Stärkegehalt von bis zu 75 % wird sie ähnlich vielfältig wie Kartoffeln zubereitet. Der Geschichte nach war sie der Anlass für die Meuterei auf der Bounty. Das Schiff sollte Brotfruchtpflanzen als Grundnahrungsmittel in die Karibik bringen. Die Verwendung von rarem Trinkwasser zum Gießen der Pflanzen war ein Auslöser für die Meuterei. Nach der Meuterei wurden die Pflanzen ins Meer geworfen.

2

Bananen

Musa-Hybriden
Bananengewächse (*Musaceae*)

Herkunft Die Gattung *Musa* hat ihr Verbreitungsgebiet in ganz Südostasien.
Entdeckung Carl von Linné stellte ihren Gattungsnamen 1753 wissenschaftlich gültig auf.
Naturstandort Bananen wachsen an Waldrändern, im lichten Unterholz oder an Bachläufen und Berghängen.
Standort in der Wohnung Bananen mögen einen hellen, aber nicht direkt sonnigen Standort.
Substrat Man kann sie in eine handelsübliche Blumenerde pflanzen, die man mit mineralischen Zuschlagstoffen wie Perlit auflockert.
Wasserbedarf Der Wurzelballen von Bananen sollte niemals austrocknen. Ein Anzeichen für zunehmende Trockenheit zeigen die Blätter, wenn sich die Blattspreiten zusammenlegen. Sie sollten immer weit geöffnet sein.
Bestimmende Eigenschaft In erster Linie sind Bananen wunderschöne Blattpflanzen für die Wohnung, hin und wieder gelingt es aber sogar, sie bis zur Blüte und Fruchtbildung zu kultivieren.
Blütezeit Die Blüte ist unregelmäßig und setzt, wenn überhaupt, erst nach vielen Jahren ein.

ALLES BANANE?

Bananen sind eine vielfältigere Pflanzengattung, als man meinen könnte. Die Farbpalette der Fruchtschalen der Dessertbananen reicht von Braunviolett, Dunkelrot und Gelb bis hin zu Pink. Die kleinste Frucht ist nur wenige Zentimeter, die größte bis 50 cm groß. Die Bananen, die sich als Zimmerpflanzen eignen, gehören ebenfalls zu den Dessertbananen. Sie besitzen aber, im Gegensatz zu den hybridisierten Ertragssorten für die Fruchternte, die schönen schwarzen Muster und Flecken auf den Blattoberseiten. Es handelt sich dabei aller Voraussicht nach um Sorten der Zwerg-Banane (*Musa acuminata*), einem Elternteil der Dessertbananen. Wenn Sie sich an etwas Besonderes wagen wollen, etwa wenn Sie einen Wintergarten besitzen, versuchen Sie sich an *M. velutina* mit ihren pinkfarbenen aufrechten Blütenständen oder an *M. coccinea* mit ihren scharlachroten Blüten. Beide blühen zuverlässig und *M. velutina* setzt sogar essbare Früchte an. Zu den Bananen, die mit einem guten Winterschutz im Freien überdauern können, gehören *M. basjoo* und *M. yunnanensis*. Eine sehr schöne Übersicht präsentieren J. W. Waddick und G. M. Stokes in ihrem Buch »Bananas you can grow«.

DIE PFLEGE

Bananen sind nicht allzu wählerisch im Hinblick auf das Substrat und wenn der Standort stimmt, wachsen sie auch drinnen gut. Zu nah an der Heizung aufgestellt vertrocknen aber ihre Blattspitzen und -ränder. Bei zu geringer Luftfeuchtigkeit bekommen Sie oft Probleme mit der Roten Spinne, und wenn eine mit Wollläusen befallene Pflanze in der Nähe ist, springen diese gerne auf die Banane über. Ist die Temperatur zu niedrig, bleiben die jungen Blätter im Scheinstamm stecken und wachsen nicht mehr aus. Der richtige Standort entscheidet, ob Sie viel Freude oder viel Sorge mit der Banane haben. Bei guter Entwicklung topfen Sie die Banane etwa alle drei bis fünf Jahre um. Das ganze Jahr über geben Sie ihr 1–2 g eines stickstoffbetonten Volldüngers pro Liter Gießwasser, vom Frühjahr bis zum Herbst wöchentlich, im Winter reicht es, einmal monatlich zu düngen.

Bananen sind nicht zwangsläufig gelb, es gibt auch orangefarbene und rote, die geschmacklich sogar intensiver sind.

WISSENSWERT

Der Trivialname Banane ist eher so etwas wie ein Dachbegriff, denn wenn man nach der Nutzung geht, gibt es die Kochbanane, die Faserbanane und die Dessertbanane, manche unterscheiden zusätzlich noch die Babybananen. Was wir im Supermarkt kaufen und direkt verzehren, ist die Dessertbanane (*Musa × paradisiaca*; vermutlich eine Hybride aus *M. acuminata* und *M. balbisiana*). Auch in der Systematik hat man lange um eine Eingruppierung gerungen. Nach derzeitigem Stand wird anhand der Chromosomenzahlen nur noch in die Sektionen *Musa* und *Callimusa* unterteilt. Oft werden auch die beiden entfernten Verwandten *Ensete ventricosa* und *Musella lasiocarpa* als Bananen bezeichnet, was aber nicht richtig ist, da sie nicht zur Gattung *Musa* klassifiziert sind. Diese Pflanzen sind auch wegen ihrer Größe und Kultur nicht unbedingt für den Privathaushalt geeignet.

STRASSENBÄUME IN SÜDOSTASIEN

Natürlich gibt es nicht nur in Europa städtisches Grün, sondern auf der ganzen Welt. Vor vielen Jahren durfte ich mit einer Gruppe Botanikstudenten der Ludwig-Maximilians-Universität München an einer Exkursion nach Thailand teilnehmen. Viele von ihnen waren vorher noch nie in den Tropen und versuchten als angehende Botaniker bereits auf der Fahrt vom Flughafen zum Hotel, vom Auto aus zu botanisieren. Auch ich selbst besitze nach wie vor diese Neugierde und Freude, wenn ich in einem fernen Land ankomme, und botanisiere in den Städten. Deshalb stelle ich hier ein paar der häufigsten und schönsten Blütenbäume in Städten vor:

Die **Königinblume** (*Lagerstroemia speciosa*) finden Sie in fast jeder größeren südostasiatischen Stadt. Sie ist ein wahrer Blickfang, wenn ihre schönen, lila Blüten den ganzen Baum bedecken. Unserem Kugel-Ahorn ähnlich sind sie als Hochstämme erzogen, d. h. sie haben einen geraden Stamm mit einer Rundkrone. Der Baum wächst auch auf schlechten Böden und sein Holz ist termitenfest. In den letzten Jahren wurde die *Lagerstroemia* öfter als bedingt winterhart in hiesigen Gartencentern angeboten, ich bin allerdings skeptisch, was ihre Winterhärte anbelangt.

Mindestens genauso häufig findet man den **Orchideenbaum** (*Bauhinia purpurea*). Die intensiv pink gefärbten, duftenden Blüten bilden sich fast das ganze Jahr über, häufig blüht dieser kleine Baum, während er gleichzeitig Früchte trägt. An den Früchten kann man seine enge Verwandtschaft zu den Schmetterlingsblütlern (*Fabaceae*) erkennen.

Der **Gelbe Saraca** (*Saraca thaipingensis*) wird bis zu 15 m hoch. Unter seinem dichten, immergrünen Laub erscheinen die puscheligen, gelben bis orangefarbenen Blütenstände. Meistens wird man auf seine Blüte aufmerksam, wenn die ersten abgefallenen, verblühten Blüten anfangen, die Straße zu bedecken. Er ist nicht nur ein beliebter Straßenbaum, sondern auch an vielen buddhistischen Tempeln zu finden. Die verwandte Art *S. asoka* ist etwas weniger häufig.

Der **Regenbaum** (*Samanea saman*), der ursprünglich in der Neotropis verbreitet ist, wird wegen seiner Pinselblumen und dem süßen, angenehmen Duft sehr gerne in den Städten angepflanzt. Er bildet eine bis zu 30 m ausladende Schirmkrone und ist daher – und weil seine Äste bei Sturm leicht brechen – nicht wirklich geeignet als Straßenbaum, das tut aber seiner Beliebtheit keinen Abbruch. Häufig rauschen Busse mit ihrer oberen Etage in die Äste dieses Baumes und Ameisen fallen auf die Fahrgäste.

Der **Alexandrische Lorbeer** (*Calophyllum inophyllum*) trägt schöne, weiße Röhrenblüten zur Schau, die zudem angenehm duften. Trotzdem fällt dieser kleine, immergrüne Baum erst durch seine kugelrunden Früchte ins Auge. Sehr häufig kann man ihn an Strand- und Uferpromenaden sehen.

Meist über angeschwemmte Früchte fällt die **Barringtonie** (*Barringtonia asiatica*) auf. Die Früchte sind wie ein überdimensionaler Dumpling (chinesische Teigtasche) geformt, die aufregenden Pinselblüten werden leider häufig übersehen.

1
Die Königinblume ziert viele Straßenränder Asiens.

2
Die Pinselblumen des Regenbaums duften angenehm.

3
Der Gelbe Saraca bildet direkt an den Ästen und am Stamm dichte Blütenbüschel.

4
Der Orchideenbaum zeigt wirklich spektakuläre Blüten.

5
Jede Menge Staubblätter besitzen die Blüten des Alexandrischen Lorbeers.

1
Die Blütenschwemme des Flammenbaums ist einfach atemberaubend schön.

2
Der »Baum der Reisenden« ist vermutlich schon vielen Reisenden einmal begegnet.

FLAMMENBAUM UND PFAUENSTRAUCH

Zwei Gehölze finden sich besonders häufig an Straßen und in Parks, der **Flammenbaum** (*Delonix regia*) und der kleinere **Pfauenstrauch** (*Caesalpinia pulcherrima*). Ersterer hat seine ursprüngliche Heimat in Madagaskar, ist aber inzwischen pantropisch verbreitet. Er besitzt spektakuläre Blüten und eine große Blühfreude, sodass er zur Vollblüte wahrlich in Flammen steht. Dafür zeichnen intensiv orangerot gefärbte Schalenblüten mit vier roten Kronblättern und einem gelbroten oberen Kronblatt verantwortlich. Als Blütenstand entspringen sie in den Blattachseln im oberen Bereich der Triebe und überdecken so die gesamte Baumkrone. Der Blütenreichtum des Flammenbaums wird durch seine Schirmkrone zusätzlich betont. Der Baum wird mindestens genauso breit wie hoch, und das können um die 20 m werden. Seine Blütezeit liegt in Südostasien in der Mitte der Regenzeit (Juni bis Juli), die Fruchtreife dafür in der Trockenzeit (Oktober bis Februar). Nach erfolgreicher Bestäubung reifen die Blüten zu bis zu 60 cm langen Hülsen heran, in denen die Samen enthalten sind. Ab diesem Moment wird überdeutlich, dass es sich um ein Mitglied der Hülsenfrüchtler (*Fabaceae*, Unterfamilie Johannisbrotgewächse (*Caesalpinioideae*)) handelt. Der Flammenbaum wurde 1820 von Wenceslas Bojer entdeckt, ein erstes Exemplar kam bereits 1840 nach Singapur. In seiner ursprünglichen Heimat ist er stark gefährdet. Der kleine Verwandte des Flammenbaums ist der **Pfauenstrauch.** Er bleibt mit 5–6 m Höhe um einiges niedriger und bildet eine lichtdurchlässige Hohlkrone aus. In der Blühfreude steht er dem Flammenbaum aber in nichts nach. Er blüht sogar das ganze Jahr durchgehend, häufig finden sich gleichzeitig Fruchthülsen in verschiedenen Reifestadien und Blüten an einem Baum. Die roten Staubblätter und der Griffel sind sehr lang und stehen weit über den fünf Blütenblättern, sodass es manchmal aussieht, als schwebten bunte Schmetterlinge über seinen filigranen Fiederblättern. Es gibt inzwischen viele Sorten, die rein gelb, orange, korallenrot, pink oder zweifarbig blühen. Seine ursprüngliche Heimat soll die Karibik sein, inzwischen ist er jedoch pantropisch verbreitet.

Natürlich verleiten so schöne Pflanzen dazu, dass man versucht, sie aus Samen für zu Hause zu ziehen. Zwar keimen die Samen gut, aber die Pflanzen vergeilen im lichtarmen Mitteleuropa und die Blütenbildung lässt zu wünschen übrig, sodass man an diesen Pflanzen hierzulande kaum Freude hat. Selbst in botanischen Gärten mit Gewächshäusern findet man sie daher kaum.

DER BAUM DER REISENDEN

Der Baum der Reisenden (*Ravenala madagascariensis*) macht seinem Namen alle Ehre: Er ist selbst weit gereist und auch ein Inbegriff von Reisen in die Tropen, wo er von Touristen regelmäßig bestaunt wird.
Er wird inzwischen pantropisch in Hotelanlagen, Gärten und Parks oder auf Golfplätzen angepflanzt. Wie der Artname bereits anzeigt, ist Madagaskar seine Heimat, wo er in Hochlagen wächst. Leider sind nur wenige Standorte auf Madagaskar bekannt. Seinen Trivialnamen bekam er, da sich bis zu 1,5 Liter trinkbares Wasser in seinen Blattachseln sammeln soll. Ich würde es nur im äußersten Notfall trinken, da es in der Regel stark verunreinigt ist, z.B. mit Insektenlarven. Eine andere lustige Erklärung ist, dass sich verirrte Reisende an der Blattstellung orientiert haben sollen. Dass dies nicht stimmen kann, zeigt sich in der Literatur, wo einmal von einer Ost-West- und in anderen Quellen von einer Nord-Süd-Ausrichtung berichtet wird.
Der Baum der Reisenden bildet einen bis zu 15 m langen Stamm aus, an dessen Terminale die wechselständigen Blätter wie bei einem Fächer angeordnet sind. An bis zu 3 m langen Blattstielen stehen die 40 cm breiten Blattspreiten. Besonders durch Wind und Regen reißen die Blattspreiten vielfach ein und sind zerfasert wie ein Palmenblatt. Im Englischen wird die Pflanze irrtümlich als »Traveler's Palm« bezeichnet, doch ist *Ravenala* keine Palme, sondern ein Strelitziengewächs (*Strelitziaceae*). Bananen sind botanisch gesehen krautige Stauden, und wie die Paradiesvogelblume (*Strelitzia*) bildet *Ravenala* nichtverholzende Stämme, wodurchsie ebenfalls zu den Stauden und nicht zu den Gehölzen gezählt wird. Im Alter entspringen in den Blattachseln Blütenstände, die denen einer großen Paradiesvogelblume ähneln (siehe Seite 44). Auch sie sind an die Bestäubung durch Vögel (Ornithophilie) angepasst. Ihre Samen sind von einem spektakulär blau gefärbten Fruchtfleisch (Arillus) umgeben.
In den seltensten Fällen wird der Baum der Reisenden durch Aussaat vermehrt, da sich an der Basis von großen Exemplaren fortlaufend Kindel bilden. Sie werden entfernt, um einen schönen Blick auf die Stämme zu bekommen, und gleichzeitig gibt es ausreichend Jungpflanzen. Eine neu gepflanzte *Ravenala* braucht rund drei Jahre, bis sie angewachsen ist und anfängt, einen Stamm zu bilden. Große Exemplare sind sehr genügsame Pflanzen, die geringe Ansprüche an den Boden stellen und mit ihren fleischigen Wurzeln auch an tiefer gelegenes Grundwasser gelangen.

Katzenschwänzchen

Acalypha-Arten
Wolfsmilchgewächse (*Euphorbiaceae*)

Herkunft *Acalypha hispida* und *A. wilkesiana* stammen aus Neuguinea und vom Bismarck-Archipel, *A. chamaedrifolia* ist von Florida bis in die Karibik verbreitet.

Entdeckung Bereits Carl von Linné stellte die Gattung *Acalypha* 1753 wissenschaftlich gültig auf.

Naturstandort In der Regel wachsen die Pflanzen auf Inseln und in Küstengebieten an Waldrändern und Hängen im Unterholz.

Standort in der Wohnung Katzenschwänzchen mögen einen hellen, aber nicht direkt sonnigen Platz in der Wohnung. Am besten eignet sich also ein Platz nahe einem Ost- oder Westfenster.

Substrat Es kann eigentlich jede handelsübliche Blumenerde verwendet werden.

Wasserbedarf Katzenschwänzchen sind recht durstige Pflanzen, ihr Wurzelballen sollte immer feucht sein.

Bestimmende Eigenschaft Die roten Blütenstände hängen bis zu 60 cm lang herab.

Blütezeit Es gibt keine definierte Blütezeit, zumal die Blütenstände mehrere Wochen bis Monate halten.

EXOTISCHES FÜRS WOHNZIMMER

Die Gattung *Acalypha* gehört mit ihren etwa 460 Arten zur großen und artenreichen Familie der Wolfsmilchgewächse. Als Zimmerpflanzen haben sich aber nur drei *Acalypha*-Arten bewährt: *A. hispida* und *A. wilkesiana*, die in passendem Klima zu etwa 3–3,5 m hohen Sträuchern heranwachsen, und die für Ampeln geeignete *A. chamaedrifolia*, die mit etwa 0,5 m klein bleibt. Vor allem von *A. wilkesiana* gibt es viele Sorten, denn ihre Blätter können in der Färbung sehr variabel sein. Doch eigentlich pflegt man ein Katzenschwänzchen wegen der Blütenstände, die denen des Garten-Amaranths (*Amaranthus caudatus*) ähneln, obwohl die Pflanzen in keiner Weise miteinander verwandt sind. In der Hauptsache werden Katzenschwänzchen in vielen tropischen und subtropischen Ländern als Gartensträucher gepflanzt. In den 1990er-Jahren war das Katzenschwänzchen in Europa auch eine ziemlich beliebte Zimmerpflanze. Zuerst bekam man *A. hispida* im Handel, dann jedoch mehr und mehr die buntblättrigen *A. wilkesiana*. Inzwischen gibt es Katzenschwänzchen nur noch selten im Handel, was eigentlich schade ist, da ihre Blütenstände exotisch aussehen und lange halten. Da Katzenschwänzchen zweihäusig sind, bringen nur weibliche Pflanzen die langen, roten Blütenstände hervor. Die Sorte *A. hispida* 'Alba' bildet weiße statt rote Blütenstände. Von *A. chamaedrifolia* ist eigentlich nur die reine Art bekannt.

Die langen, purpurroten Narben führen zur Schauwirkung der Blütenstände, deshalb sind nur weibliche Pflanzen in Kultur.

DIE PFLEGE

Von allen drei Katzenschwänzchenarten ist *A. wilkesiana* die anspruchsvollste, da sie eine hohe Luftfeuchte bei 18–22 °C und möglichst wenig Zugluft verlangt. Die beiden anderen Arten sind recht robust und entwickeln sich im Sommer sogar sehr gut an einem schattigen Platz im Freiland. Zwar verzweigen Katzenschwänzchen sehr willig von alleine, doch bietet es sich bei *A. wilkesiana* an, die natürliche Verzweigung durch leichten Rückschnitt zu fördern, um buschige Pflanzen zu erzielen. Alte Pflanzen, die nicht mehr schön aussehen, können zurückgeschnitten werden, es ist aber besser, sie im Frühjahr durch Stecklinge zu vermehren, um junge und vitale Pflanzen zu erhalten. Katzenschwänzchen mögen keinen hohen pH-Wert, deshalb sollten Sie kein kalkreiches Wasser zum Gießen verwenden. Da es tagneutrale Pflanzen sind, setzen sie das ganze Jahr über Blüten mit den schönen, roten Narben an.

WISSENSWERT

Je nach wissenschaftlicher Sichtweise werden die Wolfsmilchgewächse (*Euphorbiaceae*) in drei bis fünf Unterfamilien untergliedert, wobei der weiße Milchsaft nur in der Unterfamilie der *Euphorbioideae* vorkommt. Trotzdem sind alle Vertreter der Familie mit einer gewissen Vorsicht zu genießen, da fast alle giftig oder allergen sind. Die drei erwähnten Arten werden nur für empfindliche Menschen als allergen angesehen.

Wüstenrosen

Adenium obesum-Hybriden
Hundsgiftgewächse (*Apocynaceae*)

Herkunft Die Wüstenrose ist ursprünglich vom Norden Zentralafrikas bis nach Arabien verbreitet.
Entdeckung 1775 wurde die Wüstenrose erstmals als *Nerium obesum d*urch Peter Forrskål beschrieben, 1819 bekam sie durch Johann J. Roemer und Joseph A. Schultes ihren heute gültigen Namen.
Naturstandort Die Wüstenrose ist eine Pflanze der Steppen und Savannen. Sie wächst in trockenem Buschland oder buschigem Grasland auf steinigen bis sandigen Böden bis in Höhenlagen von 2100 m.
Standort in der Wohnung Wüstenrosen brauchen ganzjährig viel Licht (direkte Sonne). Im Winter bevorzugen sie einen Standort mit kühlen Temperaturen (um die 10 °C).
Substrat Man bekommt sie häufig in humoser Fertigerde, sie wächst aber besser in mineralischen Substraten, wie man sie für Kakteen verwendet.
Wasserbedarf Im Sommer können sie viel Wasser vertragen, im Winter sollte man sie sehr trocken halten.
Bestimmende Eigenschaft Die zahlreichen wunderschönen Kelchblüten sind einfach bezaubernd.
Blütezeit Sie induziert im Kurztag (Winter) und kommt ab dem Sommer zur Blüte.

VERIRRTE PFLANZE?

Geografisch gesehen gehört die Wüstenrose eigentlich nicht in dieses Kapitel. Da sie inzwischen in Thailand aber eingebürgert ist und dort auch die meisten Hybriden gezüchtet werden, habe ich sie hier dazugestellt. Es gibt so viele Sorten wie Sand am Meer, besonders in Thailand: mit Blüten in Lila, Rot, Rosa und Weiß, gefüllt und ungefüllt, mit verwachsener oder unverwachsener Blütenhülle. Inzwischen werden auch in Europa viele thailändische Sorten angeboten. Ihre bizarr verdickten Stämmchen (Caudexpflanze) machen jede Wüstenrose zu einem Unikat. Aber Achtung: Die Pflanze ist in allen Teilen hochgiftig, vor allem ihr Milchsaft, der in Afrika als Jagdgift verwendet wird.

DIE BEDEUTUNG DER DIVERSITÄT FÜR DEN MENSCHEN

In diesem Buch ist immer wieder von biologischen Hotspots und Megadiversitätsländern die Rede. Vielfalt ist deshalb so wichtig, weil der Mensch nur durch sie vieles verstanden hat, was heute unseren Alltag prägt. Ohne die biologische Vielfalt würde es Wissenschaften wie die Bionik, Pharmazie, Psychologie, Ethologie und Ethnologie vermutlich überhaupt nicht geben. Häufig verwende ich bei meinen Führungen im Botanischen Garten München, aber auch in meinen Büchern, Beispiele für die ethnobotanische Nutzung und Anwendung von Pflanzen, um die Bedeutung von Pflanzen für den Menschen zu unterstreichen. Viele moderne Medikamente beruhen zum Teil auf der gezielten Erforschung von Wirkstoffen, die bereits in der Ethnobotanik Anwendung finden. Wenn also weiterhin ganze Ökosysteme mit dem gleichen Tempo wie bisher zerstört werden, verschwinden vermutlich Tier- und Pflanzenarten, die vielleicht noch von großer Bedeutung hätten sein können. Die Verlangsamung der Zerstörung und der Schutz der letzten natürlichen Primärwälder sind daher von internationalem Interesse.

TROPISCHE REGENWÄLDER

Die um den Äquator gelegenen Wälder sind tropische Regenwälder und besonders artenreich. Sie bekommen Niederschlagsmengen von über 1.600 mm im Jahr (vgl. Deutschland: ca. 800 mm), es gibt weniger als drei trockene Monate im Jahr und die Jahresmitteltemperatur beträgt mindestens 18 °C. Je nach Höhenlage wird in Tieflandregenwald (0–1.000 m) und Bergregenwald (1.000–2.000 m) unterschieden, über 2.000 Höhenmetern spricht man gewöhnlich von Wolken- und Nebelwäldern, die aber nicht mehr zu den Regenwäldern gezählt werden. Damit sich Diversität mit ökologischen Nischen ausbilden kann, braucht es eine Art Grundgerüst. Dieses besteht aus der Boden-, Kraut-, Strauch- und Baumschicht, die in großer Wechselwirkung miteinander stehen. Bäume müssen sich durch alle Schichten kämpfen, um schließlich das Dach des Regenwaldes zu bilden.

Während die Baumschichten anderer Regenwälder aus Bäumen vieler Familien (*Fabaceae*, *Meliaceae* und *Burseraceae*) bestehen, dominieren in den Regenwäldern Südostasiens die Flügelfruchtgewächse (*Dipterocarpaceae*).

DIE DIPTEROCARPACEEN-WÄLDER SÜDOSTASIENS

Die Dipterocarpaceen sind entwicklungsgeschichtlich eine sehr alte Familie, die bereits auf Gondwana und damit im Trias und Jura vorkam. Neben fossilen Harzfunden aus dem Trias in Myanmar ist auch ihr Verbreitungsgebiet ein Indiz dafür: Die meisten der 650 Arten kommen an der Ostküste Afrikas, in Indien und Südostasien vor, die zur Zeit Gondwanas zusammenhingen. Nur eine monotypische Unterfamilie (*Pakaraimoideae*) existiert in Südamerika. Die meisten Arten gibt es auf der Malaiischen Halbinsel, auf Sumatra und Borneo. Besonders große Dipterocarpaceen-Wälder bestehen in Malaysia, auf den Philippinen und in Indonesien. Ihren Namen *Dipterocarpaceae* bekamen die Flügelfruchtgewächse aufgrund ihrer geflügelten Früchte: An einem recht großen Samen befinden sich zwei auffällige Flügel, worauf sich ihr botanischer Name begründet (*dis* = zweimal, *pterón* = Flügel und *carpós* = Frucht). Die Früchte drehen sich wie ein Propeller, wenn sie vom Baum fallen und mit dem Wind (Anemochorie) einige Hundert Meter weit getragen werden. Doch auch die Ausbreitung über das Wasser (Hydrochorie), wo die Flügel dem Samen Auftrieb verleihen, ist beobachtet worden. Treffen die Samen auf dem Boden auf, keimen sie sofort, da sie nur wenige Wochen keimfähig sind. Eine schnelle Keimung bringt im Kampf um Licht und andere Ressourcen Vorteile und minimiert gleichzeitig das Risiko, dass der Samen vorher gefressen wird.

> „Der Schutz der letzten natürlichen Primärwälder ist von internationalem Interesse!“

1
Die geflügelten Früchte der Dipterocarpaceen drehen sich beim Herabfallen wie kleine Propeller im Wind.

2
Eine Attraktion im Taman Negara ist der Canopy Walk inmitten der Baumwipfel.

Da der Samen relativ groß ist, ist der Keimling gut mit Nährstoffen versorgt und wächst schnell zu einer Größe von 1 m heran. Anschließend tritt eine Ruhephase ein, die nur durch gute Lichtverhältnisse gebrochen werden kann, z.B. indem ein alter Baum abstirbt, umfällt und so eine Schneise in den Regenwald schlägt. Werden die Lichtverhältnisse nicht besser, stirbt die junge Dipterocarpacee spätestens nach zehn Jahren ab. Etwa alle sechs bis acht Jahre bringen die Dipterocarpaceen besonders viele Samen hervor. Der Grund solcher Vollmasten ist ökologisch noch nicht ganz geklärt, vermutlich werden sie durch sehr günstige Klimabedingungen hervorgerufen. Besonders in den letzten Jahrzehnten wurden Dipterocarpaceen als Material für Möbel und die Industrie abgeholzt und um Platz für Ölpalmenplantagen zu schaffen. Die Philippinen besitzen inzwischen kaum noch Dipterocarpaceen-Wälder und sind sogar auf Holzimporte angewiesen. In Indonesien hingegen gibt es noch ungefähr 43 % Primärwälder, doch ihr Schutz ist leider fraglich. Es ist daher umso wichtiger, dass diese letzten Refugien geschützt werden und die Biodiversität nicht für billiges Industrieholz verschwindet. In seinem Aufsatz »Die Dipterocarpaceen-Wälder Südostasiens« beleuchtet der Forstwissenschaftler Ludwig Kammesheidt, der selbst viel in Asien gearbeitet hat, ihre Bedeutung.

DER TAMAN NEGARA NATIONALPARK _

Die malaiische Halbinsel verfügt über eine geologische Besonderheit: Während sich Gondwana im Jura vor etwa 150 Millionen Jahren auflöste und die heutigen Kontinente auseinanderdrifteten, blieb die malaiische Halbinsel davon unberührt. Daher finden sich dort Regenwälder, die mit bis zu 130 Millionen Jahren die ältesten auf der Welt sind. Zum Vergleich: Der Amazonasregenwald ist »nur« 55 Millionen Jahre alt. Einen derart alten Regenwald schützt der 1937 gegründete Taman Negara Nationalpark. Mit etwa 4.343 km^2 ist er nicht nur der größte Nationalpark Malaysias, sondern auch der älteste.
Da die klimatischen und geologischen Verhältnisse über diese lange Zeit weitestgehend stabil waren, hat sich eine einzigartige Flora und Fauna ausgebildet. So ein beispielloses Ökosystem zieht natürlich viele Wissenschaftler an, die den Bestand erfassen und Arten bestimmen.

Nach aktuellem Stand sind im Taman Negara Nationalpark rund 15.000 Pflanzenarten, 150.000 Insektenarten, 675 Vogelarten, 250 Fischarten und 200 Säugetierarten zu Hause. Sehr seltene oder vom Aussterben bedrohte Tiere wie der Asiatische Elefant, der Malaysia-Tiger, der Perlenpfau, der Schabrackentapir, der Leopard und andere kommen neben verbreiteten Arten wie dem Wildschwein oder dem Hirsch vor. Meist sieht man die seltenen Tiere jedoch nicht, auch nicht auf Nachtsafaris, da sie sehr scheu sind und sich in weniger touristische Bereiche des Parks zurückziehen.

REISEN IN DEN TAMAN NEGARA

Inzwischen kann man bequem mit öffentlichen Ver kehrsmitteln von Kuala Lumpur in die Nähe des Nationalparks gelangen und muss nur das letzte Stück mit dem Taxi oder in einem Tuk Tuk zurücklegen. Der beliebteste Eingang liegt nahe der Ortschaft Kuala Tahan. Im Ort gibt es viele Restaurants und Unterkünfte, sie sind alle eher auf Rucksacktouristen ausgerichtet und wenig luxuriös. Den Taman Negara und Kuala Tahan trennt der Fluss Tembeling, wer in den Nationalpark will, muss mit einem Boot übersetzen. Da der Tembeling je nach Jahreszeit eine recht starke Strömung hat, beschleichen einen etwas mulmige Gefühle, wenn man ein kleines Boot oder einen Langbaum besteigt, um über den Fluss gebracht zu werden.

IM NATIONALPARK

Am Tor zum Nationalpark wird man inklusive Uhrzeit registriert, damit zeitnah und gerichtet nach einem gesucht werden kann, sollte man sich verlaufen. Hier gibt es auch kleine Bungalows zu mieten, doch sind sie viel teurer als Unterkünfte in Kuala Tahan. Wer möchte, kann sich an Hinweistafeln orientieren und selbstständig auf Trails durch den Dschungel laufen. Im touristisch erschlossenen Teil ist das kein Problem, die Wege sind breit und gut sichtbar. Oder man folgt dem Canopy Walkway, was eine Tour durch die Baumkronen von etwa 40 Minuten bedeutet. Der Wald im Taman Negara gehört zu den Dipterocarpaceen-Wäldern und so wandert man auf etwa 40 m Höhe durch die Kronen von Mersawa (*Anisoptera* spec.), Keruing (*Dipterocarpus elongatus*) und Keladan (*Dryobalanops* spec.). Zu jeder Jahreszeit regnet es mindestens zwei- bis dreimal täglich. Man braucht dennoch keinen Regenschutz, denn das Klima ist so schwül, dass man sowieso nach zehn Minuten komplett durchgeschwitzt ist, und der Regen ist warm. Allerdings wimmelt es am Boden des Taman Negara nur so von kleinen Blutegeln (leeches). Sie reagieren auf Erschütterungen, setzen sich einem auf den Schuh und bahnen sich den Weg über den Strumpf, um sich an der Haut festzusaugen. Nach einem Regenschauer sind sie besonders wild. Wird man gebissen – und man wird von vielen gebissen –, sollte man vermeiden, sie herauszuziehen. Man reißt sie nur entzwei, und weil ihr Speichel die Blutgerinnung hemmt, blutet man sehr stark. Besser ist es, ein Feuerzeug dabeizuhaben, denn durch die Hitze der offenen Flamme lassen sie sofort von einem ab.

Zimmer-Eibisch

Hibiscus rosa-sinensis
Malvengewächse (*Malvaceae*)

Herkunft Als Herkunftsland des Zimmer-Eibischs wird Vanuatu oder China vermutet. Da mittlerweile ein großer Züchtungsschwerpunkt in Malaysia liegt, dessen Nationalblume er seit 1960 ist, und er in Indien außerdem eine sehr beliebte Opferblume ist, stelle ich ihn in diesem Kapitel vor.
Entdeckung Carl von Linné gab ihm 1753 den bis heute gültigen wissenschaftlichen Namen.
Naturstandort Da der Zimmer-Eibisch bereits sehr früh in Kultur war, ist der genaue Naturstandort unbekannt. Carl von Linné gab Indien an, lange Zeit ging man von China aus und heute nimmt man Vanuatu an.
Standort in der Wohnung Der Zimmer-Eibisch reagiert sehr stark auf Licht, ein vollsonniger Standort fördert die Blütenbildung und sein Wachstum.
Substrat Die Pflanze braucht ein nährstoffreiches Substrat, sodass man jede handelsübliche Blumenerde verwenden kann.
Wasserbedarf Besonders im Sommer braucht er regelmäßig und viel Wasser, auf Trockenstress reagiert er mit Blattfall.
Bestimmende Eigenschaft Es gibt unzählige Sorten, Blütenformen und -farben. Man kann schnell der Sammelleidenschaft verfallen.
Blütezeit Wegen seiner Lichtsensitivität bildet er die meisten Blüten vom Sommer bis in den Herbst.

BELIEBTE SYMBOL- UND DEKO-PFLANZE

Der Zimmer-Eibisch wird in Anlehnung an seine vermutete Herkunft auch Chinesischer Eibisch genannt. In China gilt er als Symbol für Glück und Reichtum sowie für die sexuelle Anziehungskraft von jungen Frauen. Als Beleg dafür wird die Novelle »Der Hibiscusschirm« von Li Tschang-Tji (1376–1452) herangezogen. In dieser Erzählung wird ein junges, wohlhabendes Ehepaar von Bootsleuten ausgeraubt und getrennt. Im Glauben, dass ihr Mann ermordet wurde, wird die Ehefrau gezwungen, bei den Bootsleuten zu bleiben, um den Sohn des Anführers zu heiraten, doch sie schafft es, in ein Kloster zu fliehen, wo sie eine buddhistische Nonne wird. Eines Tages wird dem Kloster eine *Hibiscus*-Kalligrafie in Form eines Schirmes geschenkt, die sie als Kalligrafie ihres Mannes erkennt. Sie schreibt ihre Geschichte als Strophe aus einem bekannten Lied auf den Schirm und über Umwege gelangt der Schirm zu einem Zensor. Als der tot geglaubte Mann, der sich mit dem Verkauf von Kalligrafien etwas Geld verdient, den Hibiskusschirm beim Zensor entdeckt, erkennt er, dass seine Frau noch lebt, und erzählt dem Zensor seine Geschichte. Dieser lässt Nachforschungen anstellen, macht die Frau ausfindig und bringt sie zu ihrem Mann zurück. Sie leben glücklich weiter und erlangen ihren früheren Wohlstand zurück.
Jenseits aller Symbolik ist der Zimmer-Eibisch definitiv eine der schönsten Blütenpflanzen und bis heute ist er ein beliebtes Motiv für Tattoos, Wandbilder, Mode oder chinesisches Porzellan.

DIE PFLEGE

Bei möglichst viel direktem Licht wird die Blütenbildung im Sommer gefördert. Etwa alle zwei Jahre sollte man ihn in ein nährstoffreiches Substrat umtopfen. Eine wöchentliche Düngung mit 2 g eines stickstoffbetonten Volldüngers pro Liter Gießwasser im Sommer fördert sein Wachstum und die Blütenbildung. Der Wurzelballen sollte immer etwas feucht sein, da er auf Trockenheit mit Blattfall reagiert. Ein zu dunkler Standort oder zu unregelmäßige Wassergaben machen den Zimmer-Eibisch anfällig für Blattläuse, Spinnmilben oder die Weiße Fliege. Die Blüten, die es in fast allen Regenbogenfarben gibt, entschädigen für alle Mühen.

Bei guter Pflege wächst ein Zimmer-Eibisch schnell zu einer stattlichen Kübelpflanze heran, die man im Frühjahr in Form schneidet.

WISSENSWERT

In Mitteleuropa haben zwei *Hibiscus*-Arten größere Bedeutung: Der winterharte Garten-Eibisch (*H. syriacus*) und der Zimmer-Eibisch. Etwas für botanische Gärten oder Liebhaber sind andere *Hibiscus*-Arten wie der Korallen-Eibisch (*H. schizopetalus*) oder Kreuzungen mit ihm und dem Zimmer-Eibisch (*H.* × *archeri*).

(Korb)maranten

Calathea-Arten und *Maranta*-Arten
Marantengewächse (*Marantaceae*)

Herkunft Die Marantengewächse haben ihre natürliche Verbreitung in den tropischen Breiten von Südamerika, Afrika und Südostasien.

Entdeckung Carl von Linné gab 1753 der Gattung *Maranta* den wissenschaftlich akzeptierten Namen, während *Calathea* ihren erst 1818 bekam.

Naturstandort Beide wachsen in der Krautschicht von Regenwäldern, wo sie auf Lichtungen oder temporär überschwemmten Gebieten ganze Teppiche bilden können.

Standort in der Wohnung Korbmaranten lieben möglichst gleichbleibende Bedingungen mit hoher Luftfeuchtigkeit, gleichmäßigen Temperaturen und keine direkte Sonne.

Substrat Verbessern Sie handelsübliche Blumenerde mit lockernden Zuschlagstoffen wie Perlit, um Staunässe zu vermeiden.

Wasserbedarf Korbmaranten brauchen einen immer etwas feuchten Wurzelballen. Sonst bekommen sie eintrocknende Blattränder oder sich zusammenrollende Blätter.

Bestimmende Eigenschaft Die ungewöhnlichen Blattfarben und die leuchtend orangefarbenen Hochblätter von *C. crocata* (siehe Bild oben).

Blütezeit Diese Pflanzen haben keine eindeutige Blütezeit. Die Blütenstände mit den farbigen Hochblättern bleiben aber über viele Monate, während die eigentlichen Blüten nur wenige Tage halten.

BLATT- ODER BLÜTENPFLANZE?

Gekauft werden die meisten Marantengewächse wegen ihrer bunten Blätter. Im Handel sind hauptsächlich südamerikanischen Arten, die sich durch die roten Blattunterseiten von den asiatischen mit ihren rein grünen Blättern unterscheiden. In unseren Gartencentern kann man rund 15 Arten von Korbmaranten mit unterschiedlich gemusterten Blättern kaufen (*C. crocata*, *C. lancifolia* mit bis zu 50 cm langen, auffällig gemusterten Blättern, *C. makoyana*, deren Blattzeichnung an das Rad eines Pfaus erinnert, *C. mediopicta* mit silbernem Mittelstreifen, *C. oranta* mit zwei rosafarbenen Streifen auf dem Laub, *C. picturata* und *C. roseopicta* mit silbrigen Blattspreiten etc.) Von den *Maranta*-Arten hat *M. leuconeura* spektakuläre, in verschiedenen Rot- und Grüntönen gezeichnete Blätter. Von ihr gibt es zahlreiche Sorten, deren Blattzeichnung an ein Fischgrätmuster in verschiedenen Farben erinnern. Sie alle stammen durchweg aus Südamerika, doch gibt es noch recht unbekannte Arten aus Südostasien, wie die *M. arundinacea*, die zwar als Küchenkraut verwendet wird, jedoch ebenso als Zimmerpflanze dienen kann.

DIE PFLEGE

Die Vertreter beider Gattungen, die man bei uns kaufen kann, lieben allesamt Halbschatten und feuchtwarmes Klima. Sie mögen keine wechselnden Bedingungen wie Zugluft oder trockene Heizungsluft und sollten niemals direkt auf dem Boden stehen. *C. crocata*, die man auch wegen der Blüte zieht, induziert nur im Kurztag, also im Winter. Alle Marantengewächse bevorzugen einen leicht sauren pH-Wert, was beim Gießen zu beachten ist, da in kalkreichen Gegenden Leitungswasser als Gießwasser automatisch den pH-Wert erhöht. Insgesamt sind Marantengewächse eher salzempfindliche, langsamwüchsige Pflanzen, sodass sie eigentlich nur umgetopft werden, wenn sie groß genug für eine Teilung sind. Ihr Nährstoffbedarf ist gering, pflanzen Sie sie in eine schwach gedüngte Jungpflanzenerde und düngen Sie monatlich mit 1 g eines Volldüngers auf 1 Liter Gießwasser. Besonders empfindlich reagieren sie auf Ballentrockenheit. Ein zu lufttrockener Standort ruft Spinnmilben auf den Plan.

Die Blätter von *Maranta leuconeura* besitzen eine auffällige und attraktive Zeichnung.

WISSENSWERT

Die beiden Gattungen *Calathea* (Korbmarante) und *Maranta* (Marante, Pfeilwurz) sind auf den ersten Blick nicht einfach auseinanderzuhalten. Der größte Unterschied offenbart sich bei der Blüte: *Maranta* hat dreiteilige, resupinierte (auf den Kopf gedrehte) Blüten, während *Calathea* zweiteilige Blüten hat.

Schiefblätter

Begonia-Elatior-Hybriden und *Begonia*-Lorrainebegonien-Hybriden
Begoniengewächse (*Begoniaceae*)*

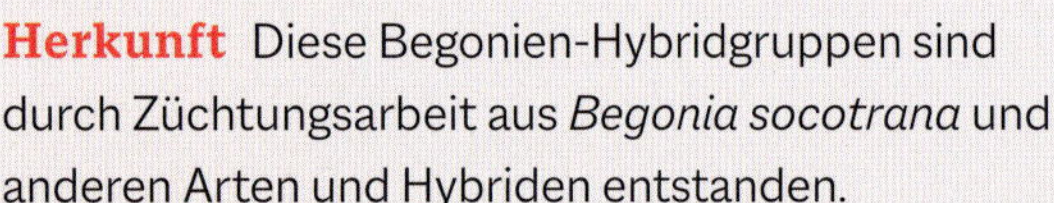

Herkunft Diese Begonien-Hybridgruppen sind durch Züchtungsarbeit aus *Begonia socotrana* und anderen Arten und Hybriden entstanden.

Entdeckung Isaac B. Balfour brachte von einer Exkursion nach Sokotra (Jemen) eine Pflanze nach England, wo sie Joseph D. Hooker 1881 als *B. socotrana* beschrieb.

Naturstandort *B. socotrana* wurde 1880 in einem abgelegenen Bergareal entdeckt. Die heißen Sommermonate dort überdauert sie mit ihren kleinen Knollen.

Standort in der Wohnung Wenn sie an einem hellen, aber nicht direkt sonnigen Fenster stehen, können Lorrainebegonien und Elatiorbegonien über Monate hinweg blühen.

Substrat Begonien sind eher salzempfindliche Pflanzen, topfen Sie sie lieber in weniger gedüngte Jungpflanzenerde als in stark gedüngte Blumenerde.

Wasserbedarf Begonien brauchen immer einen feuchten Wurzelballen. Sie reagieren nicht gut auf Trockenheit, schlappen schnell und ihre Blätter werden braun.

Bestimmende Eigenschaft Sie blühen den ganzen Winter über so üppig, dass man manchmal das Laub kaum noch sehen kann.

Blütezeit Lorrainebegonien blühen etwa ab September, Elatiorbegonien schon ab August.

HYBRID-ZÜCHTUNGEN AUS DEM 19. JAHRHUNDERT

Den Grundstein dieser Hybriden legte 1883 die berühmte englische Gärtnerei Veitch Nurseries, welche im 19. Jahrhundert die größte Familiengärtnerei der Welt war und viele Pflanzensammler beschäftigte. Bei den ersten Hybriden war *B. socotrana* die Mutterpflanze und die Mehrfachhybride *B. × tuberhybrida* 'Viscountness Doneraile' der Pollenspender. Es gab aber auch Kreuzungen, bei denen *B. socotrana* der Pollenspender und die Mehrfachhybride *B. × tuberhybrida* die Mutterpflanze war. So entstand 1907 die rotblühende Sorte 'Elatior', nach der heute die ganze Gruppe der Elatiorbegonien benannt ist.
Lorrainebegonien-Hybriden gehen zurück auf eine Hybride des französischen Gärtners P. L. V. Lemoine aus *B. socotrana* und *B. dregei* aus dem Jahr 1891. Diese Kreuzung trägt den Namen 'Gloire de Lorraine', der dieser Gruppe den Namen gab. Da die winterblühende *B. socotrana* je ein Elternteil ist, blühen sie ab Herbst. Vor allem anhand des Laubs kann man sie unterscheiden. Während die B.-Elatior-Hybriden die deutlich schiefen Blätter der Knollenbegonien aufweisen, zeigen Lorrainebegonien-Hybriden die runden Blätter der *B. socotrana*. Waren diese Begonien noch in den 2000er Jahren unter den Top Ten der Zimmerpflanzen, ist es inzwischen ruhiger um sie geworden. Besonders mehrfarbige Sorten bringen frischen Schwung für diese Pflanzen und werden ihnen hoffentlich wieder zu neuer Beliebtheit verhelfen.

DIE PFLEGE

Diese Pflanzen bevorzugen einen hellen, aber nicht direkt sonnigen Platz in der Wohnung. Ein wenig geheiztes Zimmer bietet mit 16–20 °C die besten Temperaturen. Gießen Sie diese Hybriden besonders während der Blüte reichlich, vermeiden Sie aber Staunässe. Während der Blüte düngen Sie die Pflanze mit 1 g eines Volldüngers pro Liter Gießwasser einmal wöchentlich, nach der Blüte können Sie das Düngen auf einmal im Monat reduzieren. Die Blütenbildung wird im Kurztag (< 13 Stunden) besonders stark angeregt, eine Temperaturabsenkung auf 17 °C fördert sie in dieser Zeit zusätzlich. Bleibt die photoperiodische Reaktion aus, nimmt zum einen die Bluteninduktion ab und zum anderen dominiert das vegetative Wachstum.

Begonienhybriden gehören zu den dankbarsten und ausdauerndsten Blühpflanzen im Zimmer.

*Zwar stammen weder die Arten noch ihre Hybriden direkt aus Südostasien, doch sind sie dort äußerst beliebt, weshalb sie in dieses Kapitel gestellt wurden.

WISSENSWERT

Die beiden botanischen Bezeichnungen *Begonia*-Elatior-Hybriden und *B.*-Lorrainebegonien-Hybriden haben sich inzwischen zwar durchgesetzt, doch handelt es sich dabei nicht um wissenschaftlich anerkannte Namen, da beides Hybrid-Züchtungen sind. Auch die neuere Bezeichnung *B. × hiemalis* ist wissenschaftlich nicht akzeptiert.

Vereinnahmt die Feuerranke (*Pyrostegia venusta*) zuerst alles mit ihren langen Trieben, bedecken schließlich massenweise orangerote Blüten alles.

PRACHTVOLLE KLETTERPFLANZEN

Die Kletterpflanzen in den Tropen gehören zu den spektakulärsten Blütenpflanzen überhaupt. Wegen ihrer Wüchsigkeit ist es meist Botanischen Gärten vorbehalten, sie in unseren Breiten zu kultivieren. Weit verbreitet sind Thunbergien, die auf freien Flächen in der Wildnis alles unter sich ersticken, aber in Gärten und Parkanlagen wuchern dürfen. *Thunbergia laurifolia* und *T. grandiflora* mit ihren violettblauen Blüten sind dabei am häufigsten anzutreffen. Als Gartenpflanze, die Zäune oder andere Bereiche begrünt, wird *Strophanthus gratus* gepflanzt. Die kelchförmigen Blüten der Pflanze zeigen ein milchiges Rot, als ob man frische Himbeeren unter Sahne gerührt hätte. *Cryptostegia grandiflora* könnte man mit *Mandevilla*-Hybriden verwechseln, wenn ihre rosafarbenen, kelchförmigen Blüten die ganze Pflanze bedecken. *Petrea volubilis* könnte man aus der Ferne vielleicht für den bei uns häufig angepflanzten Blauregen (*Wisteria* spec.) halten, doch ist sie nicht mit ihm verwandt. Treffen Sie jemals auf die orangefarbene Blütenfülle von *Pyrostegia venusta*, werden Sie höchstwahrscheinlich gleich die Kamera zücken. Sie wächst oft so unbändig, dass sie auf benachbarte Bäume übergreift. Ihre Blüten treten in so einer Fülle auf, dass man nur noch Orange sieht – bei älteren Pflanzen müssen es Zehntausende sein. Eine kleinere Kletterpflanze ist *Pseudogynoxys chenopodioides*, deren Korbblüten ein bisschen an unsere Ringelblume (*Calendula*) erinnern. Vom Strand bis zum Acker finden sich Prunkwinden (*Ipomoea*-Arten) überall, denn sie sind wie unsere Zaunwinde (*Calystegia sepium*) eher Unkräuter als gewollte Gartenpflanzen.

SUPERLATIVE SCHMETTERLINGSBLÜTLER

Die Schmetterlingsblütler (*Fabaceae*) wie die klimmende *Bauhinia* oder auch die *Afgekia* lassen einem den Mund offen stehen. Übertroffen werden sie nur noch vom Jadewein (*Strongylodon macrobotrys*), dessen mehrere Meter herabhängende Blütenstände faszinierende türkise Einzelblüten tragen. Während die kleine, braun blühende *Mucuna pruriens* eher ein Unkraut des Dschungels ist, ist ihre große Verwandte *M. novo-guineensis* mit ihren feuerroten, hängenden Blütenständen eine der begehrtesten Kletterpflanzen Südostasiens. Sie ist dort so wüchsig, dass sie sich überall aussät, doch wer wollte so eine spektakulär blühende Pflanze ausreißen?

1
Die türkise Blütenfarbe des Jadeweins (*Strongylodon macrobotrys*) ist einzigartig.

2
Der Name *Strophanthus gratus* bezieht sich auf die gedrehten Spitzen der Kronbätter (*stróphos* = gedreht, *ánthos* = Blüte).

Bougainvillen

Bougainvillea-Hybriden
Wunderblumengewächse (*Nyctaginaceae*)

Herkunft Ihr natürliches Verbreitungsgebiet erstreckt sich über das subtropische und tropische Südamerika. Mittlerweile findet man sie in allen tropischen und subtropischen Ländern der Erde. Viele Sorten stammen aus Thailand.
Entdeckung Die Gattung *Bougainvillea* wurde 1789 durch Philibert Commerson aufgestellt und ehrt den Weltumsegler Louis A. de Bougainville.
Naturstandort Bougainvillen wachsen an allen offenen Stellen, von Waldrändern bis hin zu Lichtungen, natürlichen Schneisen oder Gefällen.
Standort in der Wohnung Die Bougainville kann im Sommer ins Freie umziehen, im Winter stellt man sie an einen mäßig warmen und hellen Platz im Haus.
Substrat Am besten ist Jungpflanzenerde (wenig gedüngt), die man mit Sand oder Perlit auflockert.
Wasserbedarf Im Sommer können Sie reichlich gießen, im Winter halten Sie die Pflanze lieber recht trocken.
Bestimmende Eigenschaft Die drei farbigen Hochblätter machen sie zu einer attraktiven Zimmerpflanze.
Blütezeit Nach der Ruhephase im Winter blühen Bougainvillen den ganzen Sommer über.

NEUE HEIMAT THAILAND

Obwohl die Bougainville in Südamerika heimisch ist, hat sich Thailand als ein Hotspot der Hybridzüchtung von Bougainvillen entwickelt. Wie viele Sorten es tatsächlich gibt, weiß wohl niemand so richtig, doch die gelben und roten Farbtöne werden immer beliebter. Es gibt auch Sorten mit panaschierten Blättern und bei den mittlerweile erzielten Blütenfarben fehlt nur das Blau. Die Vielfalt basiert hauptsächlich auf Kreuzungen aus *B. glabra* und *B. spectabilis*. Daneben wurden aber auch Hybriden aus *B. × buttiana* und *B. peruviana* gekreuzt. Die meisten Menschen werden die Bougainville für ein mediterranes Gewächs halten, denn auch im Süden Europas hat die Bougainville Städte und Gärten erobert. Sie ist dort auch eine beliebte Pflanze für Fassadenbegrünung und Pergolen.

MANGROVEN – UNDURCHDRINGLICHES DICKICHT

Mangroven gibt es an allen Küsten der Welt, außer in der nördlichen Hemisphäre. Daher kamen die ersten Berichte über diese besonderen Ökosysteme erst mit den Entdeckern und Seefahrern nach Europa. Michael Mastaller berichtet in seinem Buch »Mangroves«, dass der Reisende Francois Leguat (1637–1735), als einer der ersten überhaupt, im Jahr 1708 Zeichnungen von Mangroven veröffentlichte. Die europäischen Seefahrer fürchteten die Mangroven, da sie zum einen noch niemals einen Wald im Meer gesehen hatten und die Mangroven zum anderen schwer zu durchdringen waren. Neben den Wurzeln und dem Schlick erschwerte das Klima es, weite Distanzen zu laufen. Beißende und stechende Insekten piesackten die Seefahrer und überall lauerte Lebensgefahr in Gestalt von Krokodilen und Giftschlangen. So ist es nicht erstaunlich, dass Mangroven als wertlos angesehen und abgeholzt wurden.

WAS SIND MANGROVEN?

Mit Mangroven werden die Baumarten dieses speziellen Ökosystems bezeichnet. Wenige Pflanzenfamilien haben an dieses Leben angepasste Arten gebildet, insgesamt handelt es sich um rund 50 Arten vor allem aus den *Avicenniaceae*, *Combretaceae*, *Palmae*, *Rhizophoraceae* und *Sonneratiaceae*. Mangroven könnte man als klassische salztolerante Pflanzen (Halophyten) des Brackwassers bezeichnen. Durch einen speziellen Mechanismus sind sie in der Lage, Salz aktiv auszuscheiden. Reine Frischwassermangroven gibt es nicht. Man vermutet, dass sie weniger konkurrenzstark als die schnellwüchsigen Sumpfpflanzen sind. Da auch Mangroven einen Gasaustausch im Wurzelbereich durchführen müssen, was unter den stets anaeroben Verhältnissen unter Wasser nicht geht, haben sie sich morphologisch mit Stelzwurzeln oder Luftwurzeln (Pneumatophoren) angepasst. Mangroven erfüllen in der Natur viele Aufgaben, aber in der Hauptsache schützen sie das Land gegen Erosion durch das Meer. Dies wurde bei dem Tsunami 2004 in Südostasien leider sehr deutlich, als die Flutwellen weit ins Landesinnere kamen, wo Mangroven sie sonst aufgehalten hätten.

1
Solche offenen Stellen sind selten in Mangrovenwäldern. Meist bilden ihre Wurzeln ein undurchdringliches Dickicht.

2
Mangroven sind nicht nur Schlamm und Morast, sondern auch Lebensraum für epiphytische Orchideen, wie diese *Encyclia alata* in Mittelamerika.

AUFFÄLLIGE BEGLEITPFLANZEN DER MANGROVEN

Mangroven bieten wiederum selbst einen Lebensraum für andere Pflanzen. Epiphyten wie Farne, Bromelien, Anthurien, Misteln und Orchideen leben in den Ästen der Mangroven, wo sie zwar vor dem Salzwasser sicher sind, sich jedoch von Wind und Regen ernähren müssen. Besonders hübsch ist der Farn *Pyrrosia confluens*, dessen fast unsichtbar dünnes Rhizom an Ästen entlangwächst, und eine botanische Besonderheit ist die Orchidee *Cymbidium madidum*. Man kennt eigentlich die winterblühenden *Cymbidium*-Hybriden und erwartet sie nicht als Epiphyten in Mangrovenwäldern. Die Orchidee *Dendrobium rigidum*, ebenfalls ein Epiphyt, fällt mit ihren hellgelben Blüten schnell ins Auge. Bewegt man sich weiter ins Landesinnere, überwiegen die Sumpfpflanzen. Zwei Arten sind besonders auffällig: Der Pappelblättrige Eibisch (*Thespesia populnea*) und der Lindenblättrige Eibisch (*Talipariti tiliaceum*). Diese beiden Malvengewächse finden sich an nahezu jeder Küste und an jedem Strand (pantropisch). Der Pappelblättrige Eibisch wächst zu einem etwa 15–20 m großen Baum heran, dessen Krone meist auch genauso breit wird. Er ist damit ein besonders guter Schattenspender. Die typischen Malvenblüten sind hellgelb mit gelbrot gefärbtem Inneren, mit 8 cm sehr groß und erscheinen das ganze Jahr über. Der Lindenblättrige Eibisch hat intensiv gelbe Blüten mit einem lila Zentrum, im Verblühen werden sie tief orangefarben. Diese beiden Bäume gehören zu den meistgenutzten Gehölzen der Tropen. Ihr Holz ist wertvoller Baustoff für Häuser, Türen, Boote und vieles mehr, während ihre jungen Triebe und Blätter gegessen werden. Aus der Borke werden Fasern für Seile und Kleidung gewonnen, die Samen als Medizin verwendet.

Es gibt kaum etwas Schöneres, als am Strand entlangzulaufen und die Blüten des Pappelblättrigen Eibisch (*Thespesia populnea*) aufzusammeln.

DIE SCHÖNEN BLÜTEN DER INGWERGEWÄCHSE

Die Ingwergewächse sind mit etwa 1200 bzw. über 1300 Arten eine sehr umfangreiche Pflanzenfamilie, deren Verbreitungsgebiet sich über den tropischen und subtropischen Gürtel erstreckt, mit einem Schwerpunkt in Südostasien. Häufig haben sie Rhizome, seltener Wurzeln, und die Laubblätter bilden bei vielen Arten Scheinstämme. Es gibt zwar einige Arten wie *Alpinia zerumbet* 'Variegata' oder einige weiß panaschierte *Zingiber*-Arten mit interessantem Laub, doch am meisten staunt man über ihre Blumen. Denn Ingwergewächse haben Blütenstände mit leuchtend bunten Hochblättern, unter denen sich die einzelnen Blüten entwickeln. Die eigentliche Blüte hält meist nur ein paar Tage, die Hochblätter dafür wochen- oder monatelang.

Der **Fackel-Ingwer** (*Etlingera elatior*) treibt bis zu 4 m lange Blätter, seine kriechenden Rhizome wachsen nur sehr langsam, sodass sie oft große Horste formen. In den Tropen wird er gerne als wertvolle Gartenpflanze zum Verdecken von Hauswänden oder in Seitenbeeten angepflanzt. Das ganze Jahr über entwickeln sich die bis zu 1,5 m langen, fackelförmigen Blütenstände, an deren Ende sich die spektakulären Blüten mit Hochblättern in Rot, Rosa, Weiß oder gemischten Farben bilden. Besonders kleine Wildbienen lieben seine Blüten und besuchen sie reichlich. In jungem Zustand sind die Blütenstände essbar.

Dem Zwerggecko dient die äußerst symmetrisch aufgebaute, wunderschöne Blüte des Fackel-Ingwers (*Etlingera elatior*) als Jagdplatz, um bestäubende Insekten abzufangen.

Fast genauso häufig trifft man in Südostasien auf den schönen *Zingiber spectabile*, der sich sogar als Straßenbegleitgrün eignet. Seine Blütenstände erheben sich bis zu 50 cm über den Erdboden und die eigentliche Infloreszenz erinnert in ihrer Form an einen Bienenkorb. Im jungen Blütenstadium sind die Hochblätter noch zitronengelb, wechseln ihre Farbe dann zu goldgelb, um schließlich rosa bis rot zu verblühen. In den Taschen der Hochblätter sammelt sich Regenwasser. Da sie aber recht klein sind, stehen die eigentlichen Blüten weit über sie hinaus. Die Blüten haben die typische Lippe und sind mit vielen Saftmalen purpurn und gelb gefleckt.

IMPOSANTE BLÜTENGESTALTEN

Eine nicht minder beliebte Gartenpflanze ist *Alpinia purpurata*. Im Gegensatz zu *Zingiber* blüht sie nicht an einem Blütenstand, der aus dem Rhizom entspringt, sondern endständig. Ihr Blütenstand wird bis zu 20 cm lang und ist purpurn bis leuchtend rot gefärbt. Die kleinen, weißen Blüten unterhalb der Hochblätter sieht man nur, wenn man direkt von oben in die Blume hineinsieht. In Parks und großen Anlagen trifft man gelegentlich auf die bis zu 5 m groß werdende *Alpinia malaccensis*. Sie hat dunkelgrünes Laub und treibt dabei sehr viele Blätter, sodass sie schon nach kurzer Zeit einen Horst bildet. Weit über Augenhöhe der meisten Leute erscheinen ihre kerzenartigen Blütenstände mit den großen, auffälligen Blüten. Die Kronblätter sind sahneweiß, doch die Lippe ist mit Saftmalen in Dottergelb und Rot gezeichnet. Die vermutlich größte *Alpinia*-Art ist die auf Flores (Indonesien) wachsende *Alpinia myriocratera*, die bis zu 12 m erreicht. Diese überaus imposante Pflanze kenne ich nur aus der Natur. Ihre bis zu 50 cm langen Blütenstände hängen durch ihr Eigengewicht nach unten. Die Blüten sind weiß-rosa gefärbt und der Blütenstand ist so dicht gestaucht und die Hochblätter stehen so kompakt, dass er für massiv gehalten werden kann.

> »Blüht der Zieringwer, fragen die Leute schon mal, ob die Pflanze echt ist.«

Von der Gattung *Hedychium* ist der Schmetterlings-Ingwer (*Hedychium gardnerianum*) am bekanntesten und bei uns inzwischen eine beliebte Kübelpflanze. Seine fleischigen Scheinstämme werden mannshoch und die kurzen Rhizome treiben dicht an dicht aus, sodass die Bodenoberfläche bald ein undurchdringliches Dickicht wird. Die ährigen Blütenstände erscheinen bei uns ab den Sommermonaten und können bis zu 40 cm groß werden. Die bis zu 7 cm langen, duftenden Einzelblüten mit den gelben Kronblättern werden von dem weit darüberstehenden, orangeroten Staubfaden überragt. Neben dieser Art gibt es viele weitere spektakuläre Arten in der Gattung *Hedychium*, was zum Sammeln verleitet.

ARTEN FÜR ZU HAUSE

Wenn beim Zieringwer *Globba winitii* im Sommer die Blütenstände mit den rosa Hochblättern und den gelben Staubfäden über sein Laub hängen, fragen Besucher schon einmal, ob diese Pflanze echt ist. Doch natürlich ist er echt, und war er noch bis vor wenigen Jahren etwas für Botanische Gärten, wird er heute hin und wieder auch als Zimmerpflanze in Gartencentern oder im Internet angeboten. Die Safranwurz (*Curcuma alismatifolia*) hat als Zimmerpflanze beinahe schon Tradition. Ihre Rhizome werden vorgetrieben, damit sie im Sommer in voller Blüte angeboten werden kann.

INGWERGEWÄCHSE IN DER KÜCHE: GALGANT, KURKUME & CO.

Wegen ihrer aromatischen Öle, die in den Rhizomen enthalten sind, werden viele Ingwergewächse in der Küche verwendet. Vorneweg natürlich der **Ingwer** (*Zingiber officinale*), der in keinem Curry oder asiatischen Rindfleischgericht fehlen darf. Das Art-Epitheton zeigt bereits an, dass es sich um eine alte Heilpflanze handelt, da aus ihm im »Officina« Medikamente hergestellt wurden. Hildegard von Bingen (1098–1179) kannte den Ingwer bereits und wusste um seine Heilkraft.

1
Zingiber spectabile hat fest verwachsene Hochblätter, in denen die Blüten kaum auffallen.

2
Hedychium gardnerianum punktet mit hübschen Blüten und angenehmem Duft.

3
Die roten Hochblätter von *Alpinia purpurata* zieren viele Gärten in den Tropen.

4
Globba winitii besitzt auffällig lila Hochblätter.

Ebenfalls seit dem Mittelalter kennt man in Europa den **Grünen Kardamom** (*Elettaria cardamomum*) als Gewürz. Hier wird nicht das Rhizom, sondern die reifende Frucht geerntet und getrocknet. Als Pulver oder im Stück aromatisiert der Kardamom Currys, Nachspeisen, Milchgetränke oder Reisgerichte. Rein auf Indien beschränkt sich die Verwendung von **Schwarzem Kardamom** (*Amomum subulatum*), der wegen seines erdig-rauchigen Aromas fast ausschließlich Fleischgerichten zugegeben wird. Allerdings wird der Trivialname Schwarzer Kardamom auch für andere *Amomum*-Arten verwendet.

Als **Chinesischer Ingwer** oder fälschlich als Galgant werden die fleischigen, fingerartigen Rhizome von *Boesenbergia rotunda* (Syn. *B. pandurata*) bezeichnet, wegen derer die Pflanze auch »fingerroot« heißt. Er wird besonders in Thailand zu Fischsuppen, roh in Salaten, Currys oder als Pickles gegessen.

Kaempferia galanga, die **Gewürzlilie,** hat fleischig dicke Rhizome, die - genau wie ihre frischen Blätter - in Fischcurrys verwendet oder wegen ihres kampferartigen Geruchs zu einer scharfen Gewürzpaste verarbeitet werden.

Die jungen Blütenknospen des Fackel-Ingwers (*Etlingera elatior*, siehe Seite 126) werden besonders in Singapur und Malaysia halbiert und roh in Salaten gegessen oder Fischcurrys zugefügt.

Am bekanntesten ist wohl die **Kurkume** (*Curcuma longa*), die Currypulver seine gelborange Farbe verleiht. Sie ist Zutat vieler Speisen, da sie die Verdauung anregt und sehr bekömmlich ist. Die eng verwandte und ähnlich verwendete **Zitwerwurzel** (*Curcuma zedoaria*) kann man leicht mit ihr verwechseln.

Der **Echte Galgant** ist *Alpinia officinarum*, wobei im Sprachgebrauch auch *Alpinia galanga*, *Kaempferia galanga* und *Boesenbergia rotunda* als Galgant bezeichnet werden. Sein Rhizom ist sehr fest und wird nur zur Aromatisierung zugegeben.

Wegen ihrer ätherischen Öle, die jedes Essen schmackhaft aromatisieren, sind dic Rhizomc von Ingwergewächsen auf jedem asiatischen Markt zu finden.

Safranwurz

Curcuma alismatifolia
Ingwergewächse (*Zingiberaceae*)

Herkunft Die Safranwurz ist von Thailand über Laos bis nach Kambodscha verbreitet.

Entdeckung Alexandre Godefroy-Lebeuf sammelte sie auf einer Exkursion in Kambodscha, anhand des daraus entstandenen Herbarbeleges beschrieb sie François Gagnepain 1903 wissenschaftlich.

Naturstandort Man findet sie auf feuchten oder sumpfigen Lichtungen, wie im Pa Hin Ngam Nationalpark in Thailand.

Standort in der Wohnung Sie braucht einen hellen, aber nicht vollsonnigen Standort in der Wohnung, etwa am Ost- oder Westfenster.

Substrat Da es nur selten gelingt, sie erfolgreich zu überwintern, braucht man sie gewöhnlich nicht umzutopfen. Verkauft wird sie in durchlässiger Blumenerde, die mit etwas Perlit aufgelockert ist.

Wasserbedarf Im Sommer kann sie reichlich gegossen werden, im Winter kann man sie recht trocken halten, da das Laub einzieht.

Bestimmende Eigenschaft Die pinkfarbenen Hochblätter machen sie zu einer attraktiven und exotischen Zimmerpflanze.

Blütezeit Ab dem Frühsommer werden blühende Pflanzen im Handel angeboten.

ANSPRUCHSVOLLER LIEBLING

Ich selbst finde, dass diese Pflanze eine der schönsten und exotischsten Pflanzen für die Wohnung ist, und liebe sie sehr. Leider ist ihre Überwinterung so schwierig, dass man selten Erfolg hat. Thailand produziert jährlich 2–3 Millionen Rhizome, die meist in den Niederlanden angetrieben werden, um im Sommer blühend verkauft zu werden. Ihre schönen Hochblätter halten über viele Monate. Achten Sie daher beim Kauf darauf, dass noch nicht alle Blütenknospen aufgeblüht sind, und sich weitere an jungen Trieben befinden. In ihrer vegetativen Zeit braucht die Pflanze sehr viel Wasser, ist es ihr zu trocken, rollen sich ihre Blätter zusammen und sie wird sehr anfällig für die Rote Spinne.

1
Eine große Sammlung an *Vanda*-Orchideen zu besitzen, ist in Thailand auch ein Statussymbol.

2
Auch wenn das Indische Blumenrohr (*Canna indica*) aus Südamerika stammt, pflanzt ein gläubiger Buddhist es immer im Westen des Hauses, um Böses abzuwenden.

DIE ORCHIDEEN SÜDOSTASIENS

Thailand ist nicht nur das Land des Lächelns, sondern auch der Blumen und Blüten. Bereits im Flugzeug von Thai Airways bekommt man auf dem Hinflug von Deutschland nach Thailand meist je eine Orchideenblüte (*Dendrobium*-Hybride) in den Farben der Airline mit dem Essen zur Dekoration. In Thailand selbst werden kleine Tempel und Schreine mit Blumen dekoriert. Auch die Gärten werden von den meisten Thai gut gepflegt und regelmäßig kommen neue Pflanzen hinzu. Orchideen nehmen dabei eine zentrale Rolle ein, denn wer etwas auf sich hält, sammelt schöne und seltene Orchideen.

DIE GATTUNG *VANDA*

Die Gattung *Vanda* und ihre Hybriden sind besonders bedeutend. Die Pflanzen haben ihr natürliches Verbreitungsgebiet von Südostasien bis nach Australien, mit der größten Artenvielfalt in Thailand. Da sie eine heimische Pflanze ist, verwundert es nicht, dass sich die Thai mit ihr besonders identifizieren und Sammlungen als Statussymbol betrachten. Über das ganze Land sind Gärtnereien verteilt, die sich auf die Anzucht von *Vanda* spezialisiert haben oder neue Sorten züchten. *Vanda* sind tropische Pflanzen, die ein warmes, luftfeuchtes Klima brauchen, auch wenn es Arten außerhalb Thailands gibt, die es kühler mögen, um gut zu gedeihen. Sie wachsen monopodial, d. h., ihre Sprossachse wächst immer an der Sprossspitze (Terminale) weiter, ohne Verzweigung. Auf diese Weise entwickeln sie bis zu 1,50 m lange Sprosse.

PHALAENOPSIS UND »AUSWÄRTIGE« ORCHIDEEN

Die Malaienblume (*Phalaenopsis*) besitzt ebenfalls ein monopodiales Wachstum, bleibt jedoch viel kleiner. Ihr Blütenstand ist eine Traube, die bis zu 15 Blüten mit unverwachsenen Blütenblättern hervorbringt. Die meisten Arten und Hybriden duften angenehm. Die Blütenfarben decken mit Blau, Lila, Rot, Gelb und Weiß fast das gesamte Farbspektrum ab. Die einzelne Blüte kann mit bis zu 7 cm recht groß werden und die Blütenblätter sind mit verschiedenfarbigen Mustern überzogen. Im unteren Drittel entspringen die Luftwurzeln, die bis zu 1,50 m lang werden können und von dem typischen mehrlagigen Velamen radicum (das ist abgestorbenes Gewebe, das die Luftwurzeln silbrig umhüllt) umgeben sind.

Da es sich um Epiphyten handelt, brauchen sie eigentlich keine Töpfe und wegen ihrer Größe werden sie meist an Gestellen im Freien aufgehängt.
Großer Achtung erfreuen sich auch die **südamerikanischen *Cattleya*.** Besonders auffällig an ihnen ist die sehr große Lippe (Labellum), die sich farblich von den anderen Blütenblättern unterscheidet. In Thailand werden besonders gern Hybriden der Gattung × *Brassolaeliocattleya* gezüchtet, die auffallend große Blüten von bis zu 10 cm Durchmesser hervorbringen und auch angenehm duften. Dafür wurden die drei Gattungen *Brassavola*, *Cattleya* und *Laelia* miteinander gekreuzt. Inzwischen ist × *Brassolaeliocattleya* aber wissenschaftlich nicht mehr anerkannt. Durch eine systematische Neuordnung wurden etliche Elternteile in andere Gattungen verschoben, sodass viele Hybriden nunmehr *Rhyncholaeliocattleya* oder anderweitig benannt sind.

SYMBOLIK DER GARTENPFLANZEN

Im Gegensatz zur westlichen Welt besitzen viele Gartenpflanzen in Thailand eine große symbolische Bedeutung und werden deshalb im Garten angepflanzt. Die weißen Blüten der *Ixora finlaysoniana* erinnern an Nadeln, sie stehen für Weisheit. In Deutschland würde man von einem scharfen Verstand sprechen, doch auf Thai redet man von einem »spitzen« Verstand. Der Kleine Orchideenbaum (*Bauhinia purpurea*) blüht sehr lange, deshalb wird seine Blüte mit Geduld und Beständigkeit gleichgesetzt. Die goldgelben Blüten der Gelben Trompetenblume (*Tecoma stans*) stehen für Reichtum und Wohlstand, denn sie erinnern an die schweren Goldketten, die jeder Thai um den Hals trägt. Diese Goldketten sind eine traditionelle finanzielle Absicherung für schlechte Zeiten und werden zeitlebens getragen. Das Indische Blumenrohr (*Canna indica*) wird im Thailändischen »Put-ta-Rah-sa« genannt. Dieses Wort, übrigens auch *Vanda*, entstammt dem Sanskrit, der heiligen Sprache des Buddhismus. Ein Buddhist glaubt, dass der Tod von Westen kommt. Das »heilige« Indische Blumenrohr wird deshalb immer auf der Westseite des Hauses gepflanzt, um Böses abzuwehren. Die strahlenden Blüten der *Bougainvillea* verheißen mit ihren leuchtenden Farben viel Licht und Freude im Leben. Die Blüten von *Phyllanthus acidus* fallen meist nicht auf, dafür ihre gelben, beerenförmigen Früchte, die dicht an dicht am Stamm sitzen. Der kleine Baum soll das Böse vertreiben und Anerkennung und Freude im Leben bringen. Der gleichfalls kleinwüchsige Baum *Melodorum fruticosum*, dessen Blüten süßlich duften, soll das psychische Wohlsein fördern und das innere Gleichgewicht wiederherstellen.
Auch in Blumensträußen spielt die Pflanzensymbolik eine große Bedeutung: Am Sonntag werden farbenfrohe und grüne Pflanzen verschenkt (*Bougainvillea*, *Homalomena*, *Syngonium*), an einem Donnerstag duftende (*Dracaena fragrans*, *Jasminum sambac*, *Gardenia jasminoides*).

2

Malaienblumen

Phalaenopsis-Hybriden
Orchideengewächse (*Orchidaceae*)

Herkunft Das Verbreitungsgebiet der *Phalaenopsis*-Arten, die an der Züchtung beteiligt waren, erstreckt sich von Indien über die malaiische Halbinsel bis nach Nordaustralien.
Entdeckung Die Gattung *Phalaenopsis* fand bereits um 1704 Erwähnung, der maßgebende Elternteil für die Hybridisierung (*P. amabilis*) wurde 1825 wissenschaftlich beschrieben.
Naturstandort Die Pflanzen sind Epiphyten der tropischen Regen- und Monsunwälder.
Standort in der Wohnung Zwar kommen sie mit Wintersonne gut zurecht, doch ist ihnen besonders im Sommer direkte Sonne zu stark.
Substrat Als Epiphyten brauchen sie ein sehr durchlässiges Substrat. Mischen Sie es entweder selbst aus Pinienrinde, grobem Blähton und kohlensaurem Kalk oder kaufen Sie eine Fertigmischung in einer Orchideengärtnerei.
Wasserbedarf *Phalaenopsis* mögen mäßige Wassergaben, einmal Gießen pro Woche reicht. Falls sie in Übertöpfen stehen, muss das durchgelaufene Wasser weggegossen werden.
Bestimmende Eigenschaft Ihre Blüten sollen an einen Falter erinnern. Das große Sortenangebot verleitet zum Sammeln.
Blütezeit Ihre Blütenstände und Blüten halten mehrere Wochen bis Monate. Nach einer Ruhezeit von ein paar Monaten blühen sie erneut.

VON DER RARITÄT ZUR MASSENWARE

War die Malaienblume noch in den 1980er-Jahren relativ unbekannt und als schwierige Kultur im Zimmer angesehen, hat sich das mittlerweile komplett ins Gegenteil gedreht. Der Marktanteil blühender Zimmerpflanzen lag 2018 bei 1,04 Milliarden Euro, davon entfielen 35 % auf Topforchideen, vermutlich kann man die Malaienblume in diesem Zusammenhang fast synonym zu Topforchideen verwenden. Es handelt sich also um ein Milliardengeschäft, das sich Jahr für Jahr wiederholt. Viele Jahre wurden die meisten Malaienblumen in den Niederlanden produziert, doch gibt es auch in Deutschland wichtige Produktionsbetriebe. Während in Deutschland von mittelständischen Gärtnereien eher Wildarten und Primärhybriden für Liebhaber produziert werden, spielen wirtschaftlich die Multihybriden, die in Gartencentern und Baumärkten für wenig Geld verkauft werden, die tragende Rolle. Sie stammen neben den Niederlanden auch aus Indonesien und Taiwan. Die Multihybriden zeichnen sich durch Blühfreudigkeit und Robustheit aus, auf die sie gezielt gezüchtet wurden, was ihre Pflege im Zimmer deutlich erleichtert und ihre Beliebtheit steigert. Der Verkauf von zweistelligen Millionen an Exemplaren im Jahr allein in Deutschland bedeutet leider allerdings, dass viele Verbraucher die Malaienblume konsumieren, also verbrauchen statt pflegen. Alle *Phalaenopsis*-Arten stehen unter Artenschutz und dürfen in der Natur nicht mehr legal gesammelt werden. Trotzdem verschwinden immer mehr Arten, da ihre Habitate der Brandrodung für Ackerflächen vor Ort zum Opfer fallen.

DIE PFLEGE

Viele *Phalaenopsis*-Hybriden kann man leicht über viele Jahre wiederholt zur vollen Blüte bringen. Sie brauchen ein sehr durchlässiges Substrat, wenig Wasser und Dünger (z.B. 0,5 g Dünger auf 1 Liter Gießwasser im Sommer). Da es monopodial (der Haupttrieb wächst kontinuierlich) wachsende Pflanzen sind, wachsen sie irgendwann aus dem Topf heraus. Haben sie ausreichend neue Wurzeln, kann man sie auf Höhe des Topfrandes abschneiden und tiefer wieder einpflanzen. Damit die sparrigen Wurzeln nicht brechen, stellt man sie vorher für 20 Minuten in ein Wasserbad und dreht beim Topfen die Wurzeln wie einen Korkenzieher im Topf. Anschließend füllt man die Hohlräume mit frischem Rindensubstrat.

Die Malaienblume ist seit Jahren die meistverkaufte Zimmerpflanze in Deutschland. Sie blüht ausdauernd und setzt leicht viele neue Blüten an.

WISSENSWERT

Mit Beginn des Orchideenfiebers im 19. Jahrhundert wurden Orchideen in der Natur zu Hunderttausenden gesammelt und vielerorts fast ausgelöscht. *Odontoglossum crispum* war dabei eine der beliebtesten Pflanzen, die Malaienblume war hingegen weniger beliebt. Deren Hybridisierung begann Ende des 19. Jahrhunderts und hat inzwischen unvorstellbare Ausmaße angenommen: Über 25.000 Sorten sind bei der Royal Horticultural Society registriert, hinzu kommen unzählige nicht registrierte.

Venusschuhe

Paphiopedilum-Hybriden
Orchideengewächse (*Orchidaceae*)

Herkunft Das Verbreitungsareal der Venusschuhe reicht von Indien über die malaiische Halbinsel bis zu den Philippinen und Neuguinea.

Entdeckung Die Gattung *Paphiopedilum* wurde 1866 von Ernst Pfitzer begründet.

Naturstandort Fünf Venusschuharten wachsen epiphytisch, die anderen der rund 120 Arten wachsen lithophytisch (auf Steinen) oder terrestrisch; der wohl höchst gelegene Standort befindet sich auf 2.300 m Höhe am Mount Kinabalu (Malaysia).

Standort in der Wohnung Sie bevorzugen einen temperierten Standort bei 15–20 °C. Direkte Sonne ist zu vermeiden, daher sind Ost- oder Westfenster am besten geeignet.

Substrat Kaufen Sie ein vorgemischtes Substrat, das auf mittelgrober Pinienrinde basiert, bei einer Orchideengärtnerei.

Wasserbedarf Es reicht, sie einmal wöchentlich zu wässern. Überschüssiges Wasser sollten Sie nach einigen Minuten aus dem Untersetzer oder Übertopf abgießen.

Bestimmende Eigenschaft Die ungewöhnlich geformten Blüten sind charakteristisch.

Blütezeit Blüten treten meist ab dem späten Frühjahr auf. Der Venusschuh braucht zwar keine Tageslängeninduktion, jedoch fördert eine Temperaturabsenkung für sechs Wochen auf 10–13 °C im Winter die Blüteninduktion.

KOMPLIZIERTE VERWANDTSCHAFTS-VERHÄLTNISSE

Die Systematik der Orchideengewächse ist ziemlich kompliziert. Die Frauenschuhgewächse werden als Unterfamilie *Cypripedioideae* geführt. Ursprünglich gehörten alle Pflanzen darin zu den Frauenschuharten, doch werden sie nun in die fünf Gattungen *Cypripedium*, *Paphiopedilum*, *Phragmipedium*, *Mexipedium* und *Selenipedium* unterteilt. Die *Paphiopedilum*-Arten werden umgangssprachlich manchmal fälschlich als Frauenschuhe bezeichnet, obwohl damit die Gattung *Cypripedium* gemeint ist. Die Gattung *Cypripedium* ist vornehmlich im Florenreich der Holarktis verbreitet, es gibt sie von Mitteleuropa über China bis in die USA. Im Unterschied dazu liegt das Verbreitungsgebiet von *Paphiopedilum* in Südostasien. Rolf Röber berichtet in seinem Buch »Topfpflanzenkulturen«, dass *P. venustum* (1816) und *P. insigne* (1819) als eine der ersten Venusschuharten nach Europa kamen. Neben diesen wurden weitere Wildarten für Kreuzungen genutzt, wodurch die Royal Horticulture Society zur Zeit 361 Hybriden listet. Doch kann man nach fast 150 Jahren Züchtungsarbeit davon ausgehen, dass es viele weitere Hybriden gibt, die gar nicht registriert wurden.

Der Venusschuh (hier *P. callosum*) lässt sich mit etwas Übung eigentlich auch gut im Zimmer pflegen, meist sind die Pflanzen aber sehr teuer.

GUTE BEDINGUNGEN, LEICHTE PFLEGE

Die Venusschuhhybriden, die man zu kaufen bekommt, sind in der Regel leichter zu pflegen als Wildarten. Sie brauchen einen hellen, aber nicht direkt sonnigen Platz in der Wohnung. Eine zeitweise Temperaturabsenkung fördert die Blütenbildung. Insgesamt vertragen sie wechselhafte Temperaturen sogar recht gut, nur wenn sie dauerhaft zu warm gehalten werden, lässt die Blütenbildung stark nach und sie bleiben in der vegetativen Phase. Zeigen sich Blütenknospen, kann man sie sogar heller stellen, was die Blütenausprägung fördert. Um Wurzelfäulnis zu vermeiden, brauchen sie ein durchlässiges Substrat, das aber nicht sofort austrocknet. Topfen Sie die Pflanzen alle zwei bis fünf Jahre um, am besten nach der Blüte. Während der Vegetationszeit können sie mit einem niedrig dosierten Orchideendünger über das Gießwasser gedüngt werden. Große Exemplare kann man durch Teilung vermehren.

WISSENSWERT

Der Venusschuh hat im Vergleich mit anderen Topforchideen eher geringe Absatzzahlen, da die Pflanzen vergleichsweise kostspielig sind, weil sie manchmal mehrere Jahre kultiviert werden müssen, bis sie verkaufsfähig sind. Daher bekommt man sie auch selten in Baumärkten und Gartencentern, sondern eher in spezialisierten Orchideengärtnereien. Eine schöne Art ist *P. callosum*: Ihre Fahne ist weiß mit purpurnen Streifen, die Blütenhülle purpurn. Sie ist wärmeliebender als die anderen Arten.

Mit einem Segelschiff gelangt man zu den einzelnen bewachsenen Felsen in der Halong-Bucht, die seit 1994 Teil des UNESCO Weltkulturerbes ist.

DIE KALKFELSENFLORA DER HALONG-BUCHT

Die berühmte Halong-Bucht liegt im Norden Vietnams, nur ein paar Autostunden von Hanoi entfernt, und ist seit 1994 UNESCO Weltkulturerbe. Ein Besuch lohnt sich nicht nur wegen dem Bootsausflug, dem Schwimmen im Meer und dem spektakulären Naturpanorama, sondern auch wegen der außergewöhnlichen Flora vor Ort. In der Halong-Bucht gibt es über 2.000 steil aufragende Felsen, die alle stark bewachsen sind. Von diesen Felsen sind 900 groß oder spektakulär genug, um einen eigenen Namen zu haben. Da es sich meist um Felsen aus Kalk oder Dolomit handelt, ist es sehr gefährlich, auf den Felsen zu klettern. Es können nämlich immer wieder durch Auswaschungen lose aufliegende Felsbrocken losgetreten werden, wodurch der ungesicherte Kletterer abstürzen kann. Neben der Schwierigkeit, an einem steil aus dem Wasser ragenden Felsen anlanden zu können, und der Gefahr beim Klettern sind nur einige Inseln für Touristen freigegeben. Überwiegend sind das Inseln, auf denen man Höhlen mit spektakulären Stalagtiten und Stalagmiten begehen kann, wie in der »Trommelgrotte« oder der »Höhle der hölzernen Pfähle«. Die eingeschränkte Begehbarkeit sowie das außergewöhnliche Panorama lassen die meisten Touristen die vielen Pflanzen dort übersehen. Aber auch für Botaniker ist die Halong-Bucht eine Karte mit vielen weißen Flecken. Besonders wegen des

Vietnamkriegs fanden kaum botanische Exkursionen statt. Bis heute ist völlig unbekannt, wie viele verschiedene Pflanzen tatsächlich auf den Kalkfelsen der Halong-Bucht wachsen, vermutet werden über 1.000 Arten. In den Jahren 1999 und 2000 erfolgte erstmalig eine kleine Katalogisierung der Flora der Halong-Bucht mithilfe des lokalen Management Departments der Weltnaturschutzunion (IUCN) Vietnam sowie des niederländischen Konsulats.

VERSCHIEDENE ÖKOSYSTEME UND ZAHLLOSE ENDEMITEN

Ein Ergebnis dieser Arbeit war unter anderem, dass man sieben verschiedene Pflanzengesellschaften und Ökosysteme identifizierte: Mangroven, Küstenvegetation, Abhänge und Klippen, Gipfel und deren Plateaus, Höhlenränder und Höhleneingänge sowie Schluchten und Wasserrinnen. Da das Kalkgestein schnell abtrocknet und es keine richtig zusammenhängende Landfläche gibt, haben sich die Pflanzen der Halong-Bucht morphologisch an die ariden Lebensumstände sowie nur spärliche Blütenbesucher angepasst. Es gibt einen hohen Anteil an **Endemiten,** was durch die einzeln stehenden Felsen (Isolation) begünstigt wird. Im Sommer ist es 27–29 °C warm, im Winter fällt die Temperatur auf 16–18 °C und es fallen jährlich rund 1.700 mm Niederschlag.

BEKANNTE UND BISHER UNBEKANNTE BLÜTENPFLANZEN

Die meisten Pflanzen blühen in der warmen Jahreszeit. Der Schmetterlingsstrauch (*Mussaenda glabra*) blüht das ganze Jahr über, seine Blüten werden besonders von Schmetterlingen besucht. In den Felsspalten der Klippen wurde 1999 *Livistona halongensis* entdeckt, die im Frühjahr mit langen Blütenständen aufsehenerregend blüht. Im selben Jahr gefunden wurden *Primulina hiepii* und *P. halongensis*. Ihre lila Blüten mit weißem Schlund erscheinen ab dem Frühjahr. Auch *Jasminum alongense* zeigt seine weißen, duftenden Blüten im Frühjahr, die Pflanze ist meist mit *Ficus alongensis* und *Impatiens halongensis* vergesellschaftet. Auf Letztere stieß man ebenfalls erst 1999.

MANGROVEN UND KLIPPEN

Die **Mangroven** werden hauptsächlich von den Arten *Aegiceras corniculatum*, *Rhizophora stylosa* und *Avicennia marina* gebildet. Besonders auffällig davon ist *Rhizophora*, deren lange Früchte vom Baum in den Schlamm fallen, um dort gleich zu keimen. *Aegiceras* kommt auch als Küstenpflanze zusammen mit dem Lindenblättrigen Eibisch (*Talipariti tiliaceum*) und der Fächerblume (*Scaevola taccada*) vor. Zum Ranken nutzt die Wachsblume (*Hoya carnosa*) die Zweige der Sträucher und Bäume.
Die **Felshänge** werden von Bäumen wie *Pterospermum truncatolobatum* mit seinen zweigestaltigen Blättern (Anisophyllie) und *Sterculia lanceolata* bewachsen. In ihrem Unterwuchs kommen *Clerodendrum tonkinense* und die Kletterpflanzen *Clematis cadmia* sowie die duftende *Bauhinia ornata* vor.
Auf den Klippen, die man auch vom Boot aus gut sehen kann, stechen der Palmfarn (*Cycas tropophylla*), der sukkulente Drachenbaum (*Dracaena cambodiana*) und *Euphorbia antiquorum* ins Auge. Meist kann man die lila Blüten von *Primulina drakei,* die wie ein Windflüchter an sukkulenten Trieben an den Felsen herabhängt, nur erahnen. Sehr selten ist der Gelbe Venusschuh (*Paphiopedilum concolor*) zu entdecken.
Um Höhlen herum findet man den bis zu 8 m hohen *Boniodendron parviflorum*, der durch seine blasigen, luftkissenartigen, roten Früchte auffällt, während *Dolichandrone spathacea* mit seinen langen, weißen Röhrenblüten als schönster Baum der Halong-Bucht bezeichnet wird.
Durch ihre Geologie sind die Kalkfelsen zum Glück vor Brandrodung, Abholzung und Zerstörung durch den Tourismus weitestgehend geschützt, aber immer noch weitestgehend unerforscht. Der botanisch interessierte Besucher der Gegend um Hanoi sollte sich allerdings nicht nur auf die Halong-Bucht beschränken, da der Cuc Phuong Nationalpark auch nicht weit entfernt liegt. Er ist ein Schutzgebiet für über 2.000 Pflanzenarten und viele Tierarten, vor allem Insekten. In der Schmetterlingssaison zwischen März und Mai fliegen dort so viele davon herum, dass Fahrradfahren ohne Brille praktisch unmöglich ist.

Singapur

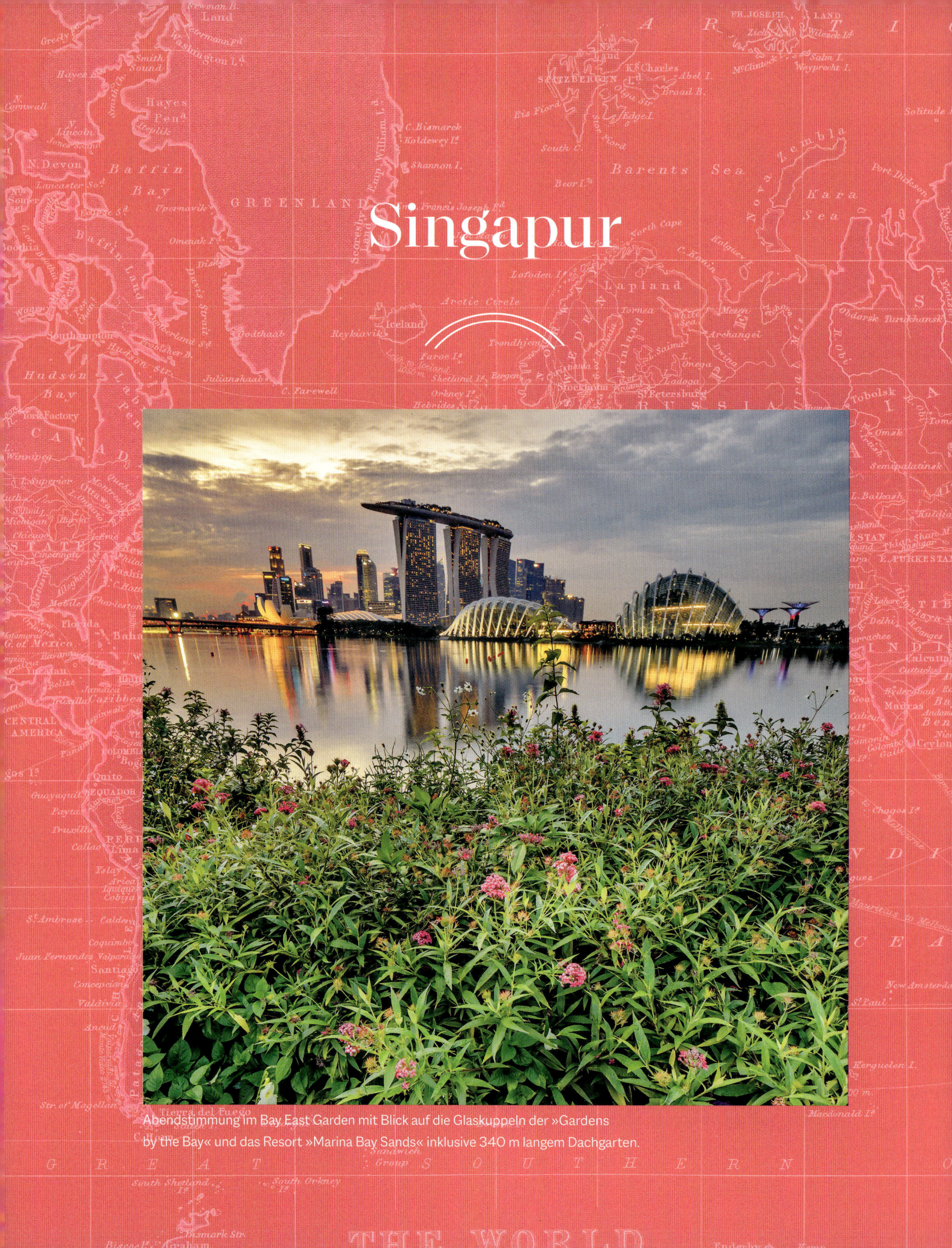

Abendstimmung im Bay East Garden mit Blick auf die Glaskuppeln der »Gardens by the Bay« und das Resort »Marina Bay Sands« inklusive 340 m langem Dachgarten.

Vor über 200 Jahren kaufte Thomas Stamford Raffles dem Sultan von Johor im Auftrag der Britischen Ostindien-Kompanie Singapur für 60.000 Dollar und eine Jahresrente von 24.000 Dollar ab. Damals beherbergte die Insel 20 malaiische Fischerfamilien. Durch die strategisch günstige Lage entwickelte sich Singapur zu einem der bis heute größten Handelsplätze und einer der reichsten Städte der Welt. Durch ihre Geschichte und den Wohlstand der Stadt ist Singapur ein Vielvölkerstaat mit vier Amtssprachen, nämlich Chinesisch, Englisch, Malaiisch und Tamil. Wer nach Singapur reist, sollte sich einen gehobenen Urlaubsstandard leisten können, denn Low-Budget-Reisen sind in Singapur kaum möglich.

STADT IM GARTEN

Seit den 1960er-Jahren erklärt Singapur es zu seinem politischen Ziel, die grünste Stadt der Welt zu werden, was bis heute konsequent umgesetzt wird. Das Motto heute lautet: Stadt im Garten. Als ich 2011 das erste Mal nach Singapur kam, war der internationale Flughafen Changi bereits im Begriff, eine Baustelle zu werden. Inzwischen wurde er von Grund auf saniert und die »Jewel«-Haupthalle erzeugt auch bei Vielgereisten ungläubiges Staunen. Seit 2007 entstehen die »Gardens by the Bay«, ein künstlich aufgeschüttetes Gelände von 101 ha Größe, das am Marina Bay Reservoir gelegen ist. Hier befinden sich auch der Flower Dome, das größte Glasgewächshaus der Welt, der Cloud Forest, (ein Biotop unter Glas für die tropische Bergvegetation), und die Super Trees, pflanzenbewachsene Stahlgerüste, die zwischen 25 und 50 m hoch sind. Die Gardens werden auch als Botanischer Garten Singapurs bezeichnet (nicht zu verwechseln mit dem Botanischen Garten Singapur in der Innenstadt). Nicht alle Bereiche dieses Bauprojekts der Superlative sind vollständig fertiggestellt, das Gelände ist aber bereits seit einigen Jahren geöffnet und zog im Jahr 2018 rund 50 Millionen Besucher an.

TOURISTISCHE HIGHLIGHTS

Singapur ist eine Halbinsel vor dem malaiischen Festland und damit eine räumlich sehr begrenzte Stadt. Platz ist demnach wertvoll und teuer. Neben dem Botanischen Garten Singapur, den man unbedingt besucht haben sollte, ist auch der Zoo Singapur ein touristisches Must-have. Er umfasst ein 28 ha großes Areal mit Regenwald, in dem einige Tiere, etwa Lemuren, sogar frei herumlaufen. Mitten im Regenwaldambiente präsentiert der Zoo auch landschaftlich schön gestaltete Blumenbeet-Anlagen, die in Bereiche gegliedert sind. In ganz Singapur gibt es ein sehr gutes öffentliches Verkehrsnetz, sodass man auch ohne Taxis oder Ähnliches bequem überall hinkommt, z.B nach China Town oder Little India, wo man kulturell sehr viel erleben kann.

TROPISCHES STADTGRÜN

Spätestens seit der Fertigstellung des Flughafenumbaus 2019 besteht kein Zweifel mehr daran, dass Singapur die grünste Stadt der Welt ist. Die große Haupthalle am Jewel Changi Airport ist mit ihrer futuristischen Kuppel und dem 40 m hohen Indoor-Wasserfall sowie dem tropischen Ambiente, das sich über fünf Stockwerke erstreckt, inklusive der 2000 Bäume des »Forest Valley« weltweit einzigartig. Über ganz Singapur sind unzählige Gartenanlagen verteilt, was ein Blick auf eine Karte Singapurs zeigt. Flora und Fauna sind sehr gut dokumentiert und leicht im Internet zu finden (https://www.nparks.gov.sg).

» Die tropisch grüne Haupthalle des Jewel Changi Airports erzeugt ungläubiges Staunen. «

In Singapur **herrscht ganzjährig ein tropisch schwüles Klima**, in dem die tollsten Pflanzen prächtig gedeihen. Klein bleibende Teufelsbäume (*Alstonia scholaris*), Akazien (*Acacia confusa* oder *A. mangium*), Blütenbäume wie der Asokabaum (*Saraca indica* oder *S. declinata*), der Regenbaum (*Samanea saman*), die Glückskastanie (*Pachira aquatica*) oder der Narrabaum (*Pterocarpus indicus*) sind beliebte Straßenbäume. Durch die hohe Luftfeuchtigkeit

1
Das »kleine« Cloud-Forest-Haus der »Gardens by the Bay« ist 35 m hoch. Im Zentrum steht ein mit Epiphyten bepflanzter Berg, um den man herumlaufen kann.

2
Fantasie oder Realität? Der Wasserfall des Jewel Changi Airport beeindruckt nicht nur Reisende, sondern auch lokale Touristen.

begünstigt, wachsen zum Teil von selbst Epiphyten auf ihren Ästen. Dazu gehören der Nestfarn (*Asplenium nidus*), *Pyrrosia*-Farne, aber auch manchmal Orchideen.
Verkehrsinseln oder Straßenrandstreifen werden mit vielen verschiedenen Pflanzen dicht bepflanzt. Meist bilden große, schlanke Palmen wie die Alexandrapalme (*Archontophoenix alexandrae*), die Bismarckpalme (*Bismarckia nobilis*) oder die Guadelupe-Palme (*Brahea edulis*) ein strukturelles Grundgerüst. Grobblättrige Pfeilblätter (*Alocasia macorrhizos*), Spiralingwer (*Cheilocostus speciosus*), Blumenrohr (*Canna*-Hybriden), Papageienblätter (*Alternanthera*-Hybriden), Helikonien (*Heliconia*-Hybriden), Glücksbäume (*Dracaena braunii*), Catharanthen (z.B. *Catharanthus roseus*), Korbmaranten (*Calathea lutea* oder *C. loeseneri*), Schusterpalmen (*Aspidistra elatior*), Muschelingwer (*Alpinia vittata*), Feuerpalmen (*Cordyline fruticosus*), Kolbenfaden (*Aglaonema* spec.) und Schwertfarn (*Nephrolepis exaltata*) füllen die Beete so dicht auf, dass der Boden vollständig geschlossen ist.
Teiche und andere Wasserflächen werden mit verschiedenen Seerosen (*Nymphaea*-Hybriden), dem aquatischen Riesenaronstab (*Typhonodorum lindleyanum*) und der Marante (*Thalia dealbata* oder *T. geniculata*) bepflanzt. Auch kleine Schwimmfarne (*Salvinia natans*) treiben auf den Wasseroberflächen.

Helikonien

Heliconia-Arten und -Hybriden
Helikoniengewächse (*Heliconiaceae*)

Herkunft Helikonien haben ihr größtes Verbreitungsareal in der Neotropis, aber es kommen auch welche auf den Inseln des tropischen Pazifischen Ozeans vor (disjunktes Areal). Ich stelle sie hier zur Paläotropis, da das Klima in vielen südostasiatischen Ländern so günstig für ihr Wachstum ist, dass sie allgegenwärtig sind (im Stadtgrün, in Parks und auch in privaten Gärten).
Entdeckung Carl von Linné stellte die Gattung 1771 auf, wodurch der vorherige Gattungsname *Bihai* von Philip Miller von 1754 zum Synonym wurde.
Naturstandort Viele Arten wachsen als Pionierpflanzen im Unterholz an Regenwaldrändern, auf Lichtungen oder auf vom Menschen gerodeten Flächen bis in 2.000 m Höhe.
Standort in der Wohnung Sie brauchen ganzjährig einen warmen und hellen, aber nicht vollsonnigen Platz.
Substrat Helikonien wachsen in handelsüblicher Blumenerde, mischen Sie aber Langzeitdünger darunter.
Wasserbedarf Lassen Sie den Wurzelballen nie ganz austrocknen, halten Sie ihn durch regelmäßiges Gießen immer etwas feucht.
Bestimmende Eigenschaft Schon die Blätter verströmen tropisches Flair. Erscheinen irgendwann die Blüten, hat sich die Pflege mehr als gelohnt.
Blütezeit Helikonien haben keine bestimmte Blütezeit, häufig kommen sie in Mitteleuropa zwischen Frühjahr und Frühsommer zur Blüte.

PANTROPISCHE VERBREITUNG

Weil sie hauptsächlich in Südamerika verbreitet sind, gehört dieses Porträt eigentlich ins Kapitel Neotropis. In vielen südostasiatischen Ländern wachsen sie aber so gut, dass sie überall angepflanzt werden. Darüber hinaus gibt es viele Hybriden, die nur einen Sortennamen haben, der nicht näher beschreibt, welche Pflanzen gekreuzt wurden. In Singapur ist der Pflanzenbestand so gut erfasst (https://www.nparks.gov.sg/florafaunaweb), dass man online jederzeit nachsehen kann, welche Helikonie man vor sich hat. Fast 70 Arten und Sorten sind gelistet, deshalb erschien mir das Kapitel Singapur der beste Platz, um die Helikonie zu beschreiben.

Die Typusart bei Carl von Linné war *H. bihai*, umgangssprachlich als Hummerschere bezeichnet. Ihr Blütenstand wächst aufrecht, die Form des Hochblattes der einzelnen Blüte erinnert an eine Hummerschere und ist rot gefärbt mit einem grünen Rand. *Heliconia bihai × caribaea* 'Burgundy' hat rosa-gelblich verwaschene Blüten. Die Infloreszenzen von *H. chartaceae* hängen herab und die Blüten sind wirtelig angeordnet. Die Blüte von 'Sexy Pink' ist blassrosa, die von 'Sexy Scarlet' intensiv pink, beide mit gelbem Rand. Der Blütenstand von *H. episcopalis* wächst aufrecht und eng gestaucht, sodass sich die gelben und orangefarbenen Hochblätter der Blüten überlappen. Wegen ihrer schönen Blätter mit gelbem, rotem, orangem oder pinkfarbenem Blattstiel kultiviert man Sorten von *H. indica*. In ganz Südostasien anzutreffen ist *H. psittacorum* 'Lady Di' mit roten Hochblättern und hellgelben Kronblättern.

DIE PFLEGE

Helikonien sind in Europa als Zimmerpflanzen nicht so leicht zu kultivieren, da sie Temperaturen über 20 °C und eine hohe Luftfeuchtigkeit brauchen. Hat man so einen Platz im Haus, z.B. einen Wintergarten, sind die kleineren Arten wie *H. psittacorum* oder *H. episcopalis* eine gute Wahl. Man sollte sie regelmäßig gießen, etwa alle drei bis fünf Jahre umtopfen und ganzjährig mit etwa 2 g Volldünger pro Liter Gießwasser wöchentlich düngen. Im Frühjahr arbeitet man in die obere Substratschicht zusätzlich Langzeitdünger ein.

Die Blütenkaskaden dieser Helikonie (*Heliconia rostrata*) können gut 1 m lang werden.

WISSENSWERT

Die Blüten von Helikonien sind hochpreisige Schnittblumen. Da sie sich nach dem Schneiden nicht mehr weiterentwickeln, kaufen Sie am besten voll aufgeblühte Stiele. Sie sind sehr kälteempfindlich und müssen, besonders im Winter, beim Transport nach Hause entsprechend eingewickelt werden. Zwischen den einzelnen Sorten gibt es zwar große Unterschiede, aber in stets sauberem Blumenwasser mit etwas Frischhaltemittel darin halten die Blüten fast drei Wochen.

1
Im Giant Water Lilies Pond in Phitsanulok in Thailand kann man, wie ich auf diesem Bild, auf einem Blatt der Riesenseerose (*Victoria cruziana*) stehen.

2
In der zweiten Nacht blüht die Riesenseerose statt in strahlendem Weiß in einem dunklen Rosa.

DIE RIESENSEEROSE

Ursprünglich stammen die Riesenseerosen (*Victoria amazonica* und *V. cruziana*) aus den nördlichen Ländern Südamerikas (Bolivien, Brasilien, Kolumbien, Guyana und Peru). Inzwischen sind sie aber sehr beliebte Gartenpflanzen in Südostasien geworden. Besonders häufig trifft man sie in botanischen Gärten, Parks oder Anlagen in Singapur, Thailand oder Indonesien an. John Lindley (1799–1865) benannte die Wasserpflanze im Jahr 1838 wissenschaftlich *Victoria regia,* zu Ehren von Königin Victoria (1819–1901). Johann Friedrich Klotzsch (1805–1860) wandelte den Namen später in den heute noch gültigen Namen *V. amazonica* um. Sie wird häufig mit der verwandten *V. cruziana* verwechselt, welche sich aber durch ihre größeren umgeschlagenen Blattränder von ihr unterscheidet. Große Luftzellen im Blatt geben diesem Auftrieb, sodass es auf der Wasseroberfläche schwimmt. In der Literatur wird berichtet, dass ein Blatt bis zu 3 m im Durchmesser erreichen und ein zusätzliches Gewicht von 130 kg tragen kann. Zwei kleine Einkerbungen an den Blatträndern sorgen dafür, dass z. B. Regenwasser vom Blatt ablaufen kann.

VON SÜDAMERIKA NACH ENGLAND

Die »Illustrated London News« von 1849 berichtet zur Geschichte der Riesenseerose, dass der deutsche Botaniker Eduard F. Poeppig (1798–1868) infolge seiner Reise nach Chile und Peru 1832 das größte Interesse an ihr in Mitteleuropa auslöste. Allerdings sollen Thaddäus Haenke (1761–1816), Humboldts Reisebegleiter Aimé Bonpland und Alcide Dessalines d'Orbigny die Riesenseerose bereits vor ihm entdeckt haben. Robert Schomburgk (1804–1865) fand die Riesenseerose in Guyana, fertigte erstmalig Zeichnungen ihrer Blätter an, beschrieb sie ausführlich und veröffentliche alles 1837. Schließlich landeten die ersten Samen der Riesenseerose 1846 in den Royal Kew Gardens (London). Einen von drei Keimlingen gab man 1849 Joseph Paxton (1803–1865), der als Chefgärtner in Chatsworth arbeitete. Die kleine Pflanze wurde in einem großen, beheizbaren Becken untergebracht, wo sie sich so prächtig entwickelte, dass ihre Blätter nach nur zwei Monaten bereits einen Durchmesser von knapp 1,40 m erreichten.

DAS MÄDCHEN AUF DEM SEEROSENBLATT

Inspiriert von den großen Blättern und deren Schwimmfähigkeit kam Paxton auf die Idee, seine siebenjährige Tochter Annie auf ein Blatt zu stellen. Die Stabilität der Blätter von Riesenseerosen rührt von starken Adern in einem sehr symmetrischen Muster auf den Blattunterseiten her. Nach diesem Vorbild konstruierte Paxton später Teile des von ihm für die Weltausstellung 1851 erbauten Crystal Palace. Annie Paxton war wohl die erste Person, die stehend auf dem Blatt einer Riesenseerose abgebildet wurde, aber nicht die letzte. In den folgenden Jahrzehnten wurde dies gar zu einem gesellschaftlichen Happening:
In großen, flachen Teichen im Freiland wurde die leichter zu ziehende *V. cruziana* angepflanzt. Für ein Foto und zur Unterhaltung mussten Diener vollbekleidete Kinder und Erwachsene über Stege tragen und auf die Blätter der Riesenseerose bringen. Damit die Herrschaften am Ende nicht doch nass wurden, brachte man unter oder auf den Blättern schwimmfähige Platten an. Im Botanischen Garten München ziehen wir jedes Jahr im Frühling Riesenseerosen für die Sommermonate heran. Für Werbepostkarten habe ich daher selbst schon mehrere Male Kinder auf die Blätter gesetzt. Ich kann berichten, dass dies ein zweifelhafter Spaß ist, da die Blattunterseiten der *Victoria* dicht mit Stacheln bewehrt sind. Beim Transport der Kinder zerkratzt man sich daran Bauch und Beine. Im thailändischen Ban Khlong bei Phitsanulok konnte ich vor wenigen Jahren tatsächlich selbst erfahren, wie es ist, auf einem Blatt der Riesenseerose zu stehen (siehe linke Seite). Gemäß der historischen Vorlage gibt es dort einen Steg und mit Styroporplatten stabilisierte Blätter, auf die man sich stellen und für ein Foto posieren kann.

BLÜTE MIT MYSTERIÖSEM NACHTLEBEN

Nach einer brasilianischen Legende soll sich der Mond (Jaci), sobald er sich hinter dem Horizont versteckt, eine junge Frau aussuchen, die er zu einem Stern macht. Das Indianermädchen Naia soll sich eines Nachts, als der Mond am Himmel schien, unsterblich in ihn verliebt haben. Als sie von der Sage erfuhr, nach der Jaci sie in einen Stern verwandeln konnte, träumte sie davon, ein Stern zu werden. Daher verließ sie jede Nacht ihr Haus und versuchte erfolglos, den Mond zu fangen, sobald er sich dem Horizont näherte. Eines Tages sah sie dabei das Spiegelbild des Mondes im Wasser, sprang ohne zu zögern ins Wasser, um ihn zu fangen, und ertrank dabei. Jaci war von ihrer Liebe so angetan, dass er sie in eine große, weiße Blume verwandelte, die sich nur im Mondlicht öffnet.
In der Tat öffnen sich die großen, weißen Blüten der Riesenseerose erst am Abend und locken mit ihrem Duft nachtaktive Käfer an. Mit Beginn der Morgendämmerung schließt sich die Blüte, manchmal fängt sie dabei sogar einen Blütenbesucher, und taucht unter Wasser. Am nächsten Tag taucht sie erneut auf und öffnet sich, nun jedoch sind ihre Blütenblätter rosa.

2

Der »alte« botanische Garten Singapurs im Stadtzentrum besitzt nicht nur schöne Landschaften, mit seinen Sammlungen und seiner Arbeit ist er außerdem geschichtsträchtig für die Flora Südostasiens.

BOTANISCHE GÄRTEN IN DEN TROPEN

Die meisten botanischen Gärten sind in der nördlichen Hemisphäre zu finden, das bedeutet in Europa und den USA. Im Kontrast dazu finden sich die biologischen Hotspots in den subtropischen und tropischen Breiten. Ziel des Artenerhalts ist es, Arten zuerst in ihren natürlichen Ökosystemen zu bewahren, ihr Schutz in Sammlungen ist nachgeordnet. Dieser moderne und politische Anspruch wurde erst 1999 mit der Globalen Strategie zum Schutz der Pflanzen (GSPC) formuliert, lange nach dem Zeitalter der botanischen Gärten, deren Gründungshochjahre im 18. und 19. Jahrhundert lagen. Konsequenterweise fördert die GSPC daher auch keine Neugründungen von botanischen Gärten z.B. in Ländern mit großer Artenvielfalt, da der Naturschutz das vorrangige Ziel ist. Was bleibt, sind die bereits existierenden botanischen Gärten vor Ort. Leider gibt es nur wenige und die meisten sind international weitestgehend unbekannt. Eine große Ausnahmestellung nehmen die beiden botanischen Gärten in Singapur und Bogor (Indonesien) ein.

DER BOTANISCHE GARTEN VON SINGAPUR

Der Botanische Garten Singapur wurde 1859 im Auftrag der englischen Krone gegründet, mit dem vorrangigen Ziel, wertvolle Nutzpflanzen für den Plantagenanbau heranzuziehen. Es wurden dort z.B. Kautschukpflanzen (*Hevea brasiliensis*) für die großen Plantagen in Malaysia, das gleichfalls unter britischem Einfluss stand, produziert. Die ersten Jungpflanzen dafür lieferte der Royal Botanic Garden Kew in London. Die ersten Direktoren des Gartens suchten zusätzlich nach lokal interessanten Nutzpflanzen, die von potenziellem ökonomischem Interesse sein könnten. Daneben gab es auf dem 82 ha großen Gelände bereits Areale, die im englischen Landschaftsstil, aber mit tropischen Pflanzen, zur Erholung angelegt wurden. Der zweite Direktor des Gartens, Isaac Henry Burkill (Direktor von 1912–1925), führte zwar die Suche nach potenziellen Nutzpflanzen fort, gründete aber auch ein Herbarium, das heute 650.000 Belege umfasst, sowie eine botanische Bücherei. Durch diese Projekte erlangte der Botanische Garten Singapur eine gewisse wissenschaftliche Unabhängigkeit von den Royal Kew Gardens und dem Botanischen Garten in Kalkutta.

EIN REVOLUTIONÄRES ORCHIDEEN-ZÜCHTUNGSPROGRAMM

Durch Eric Holttum, Direktor von 1925–1949, wurde das Sammeln und Züchten von Orchideen zu einer zentralen neuen Aufgabe des Gartens. Auch seine Optik veränderte sich in dieser Zeit, indem die 49 ha landschaftlich gestaltete Fläche um weitere Beetanlagen mit Zierpflanzen und Gartenelementen wie kleinen Pavillons bereichert wurden. Das Orchideenzüchtungsprogramm von Holttum legte den Grundstein für die heutige Schnittblumenindustrie, die blühende Orchideenstiele produziert. Es wurde die damals noch revolutionäre Technik der In-vitro-Kultur angewendet, bei der aus Pflanzenzellen große Zahlen von Klonen produziert werden. In den 1960er-Jahren wurde der Botanische Garten Singapur ein zentrales Element für das Ziel, die grünste Stadt der Welt zu werden. 2015 wurde ein Teil des Gartens zum UNESCO Weltkulturerbe ernannt. Seine internationale Bekanntheit fußt auf seinen gepflegten Gartenanlagen, aber auch auf der wissenschaftlichen Anerkennung, die er in Fachkreisen durch die jahrzehntelange Erforschung der angrenzenden Flora durch seine Beschäftigten errungen hat.

KEBUN RAYA BOGOR IN INDONESIEN

Der botanische Garten Kebun Raya Bogor nahe der indonesischen Hauptstadt Jakarta genießt einen ebenso guten internationalen Ruf. Offiziell eröffnet wurde der 80 ha große Garten, der bis heute den Präsidentenpalast umgibt, im Jahr 1817. Der erste Direktor war der deutsch-niederländische Botaniker Kaspar G. C. Reinwardt (Direktor von 1817–1822), der den niederländischen Kolonialgarten für die Erforschung der Flora, aber auch für die Suche nach neuen Nutzpflanzen nutzte. Dazu unternahm er zahlreiche Expeditionen durch viele Teile Indonesiens, die auf Feldforschung ausgerichtet waren. Vorrangig diente der Botanische Garten Bogor allerdings dazu, Nutzpflanzen aus anderen niederländischen Kolonien in Südamerika oder Afrika aufzunehmen und sie für den Plantagenanbau heranzuziehen, etwa die Ölpalme (*Elaeis guineensis*), den Kaffee (*Coffea arabica*), den Tee (*Camellia sinensis*), den Kautschuk (*Hevea brasiliensis*) oder den Chinarindenbaum (*Cinchona officinalis*) als Heilmittel gegen Malaria. Johannes E. Teijsmann (Direktor von 1831–1868) gründete 1842 eine gartenbauliche und botanische Bibliothek (Bibliotheca Bogoriensis) und zehn Jahre später den etwa 45 Kilometer südöstlich gelegenen Satellitengarten Cibodas, der klimatisch kühler gelegen ist, um Pflanzen für temperiertes Klima aufnehmen zu können. 1841 kam dann noch ein Herbarium hinzu. Die Sammlung des Kebun Raya Bogor umfasst heute etwa 15.000 Arten, mit Schwerpunkt auf indonesischen Pflanzen. Auch dieser botanische Garten betreibt ein Orchideenzuchtprogramm mit über 3.000 Arten und Sorten. Die Gartenanlage selbst hat viele Merkmale des englischen Landschaftsstils und wird von der lokalen Bevölkerung gerne zu Freizeitaktivitäten und zur Erholung genutzt. Neben vielen Publikationen fand die Buchreihe des Gartens »Plant Resources of South East Asia« große Beachtung.

Borneo und Indonesien

Borobudur, die größte buddhistische Tempelanlage der Welt und UNESCO Weltkulturerbe, befindet sich auf Java, Indonesien. Im Hintergrund: der Mount Merapi.

Indonesien und die Insel Borneo sind für mich Orte voller Abenteuer und vieler unentdeckter Wunder, und wer noch Natur erleben will, kommt hier voll auf seine Kosten. Borneo ist die nach Grönland und Neuguinea drittgrößte Insel der Welt, drei Staaten teilen sich Borneo politisch.

OUT OF MALAYSIA

Der westliche Teil Borneos gehört zu Malaysia und gliedert sich in die beiden Provinzen Sarawak im Westen und Sabah im Osten. Während Sarawak für tropischen Regenwald und außengewöhnliche Blüten bekannt ist, ist in Sabah besonders der Mount Kinabalu für Botaniker interessant. Mit über 4.000 m ist er höher als die Zugspitze (2.962 m), seine Vegetation gilt als Bergregenwald. Touristisch ist er gut erschlossen, man kann den Gipfel innerhalb von zwei Tagen besteigen. Botanisch ist er äußerst vielfältig, besonders die tropischen Rhododendren (*Vireya* spec.) sind interessant. Seit dem Jahr 2000 wird der Nationalpark Kinabalu als UNESCO Weltnaturerbe geführt.

DAS SULTANAT BRUNEI

Zwischen Sarawak und Sabah liegt der kleine Staat Brunei, der durch Ölvorkommen äußerst reich ist. Als der Sultan von Brunei 2014 eine Halbschweizerin heiratete, kannte die Verschwendungssucht keine Grenzen, sogar der Brautstrauß soll aus Gold und Diamanten gewesen sein. Es war die wohl teuerste Hochzeit aller Zeiten und für kurze Zeit wurde die Welt auf das kleine Sultanat aufmerksam.

INDONESIEN INKLUSIVE KALIMANTAN

Der größte Teil Borneos gehört, politisch gesehen, zu Indonesien und ist dort als Provinz Kalimantan bekannt, was aber eigentlich nicht nur die Provinz, sondern die ganze Insel bezeichnet. Unter Kennern gilt Kalimantan als der Teil Indonesiens, der den natürlichsten und reichsten Dschungel besitzt.
Der Staat Indonesien besteht laut behördlichen Angaben aus über 17.000 Inseln. Es ist daher kein Wunder, dass man auf der Reise immer jemanden trifft, der von Inseln erzählt, von denen man noch niemals gehört hat. Um Indonesien bereisen zu können, ist man wohl oder übel auf Flugzeuge und Schiffe angewiesen, denn selten bleibt man auf einer der Hauptinseln wie Java oder Bali. Obwohl Indonesien offiziell muslimisch ist, ändert sich die Religionszugehörigkeit von Insel zu Insel. So ist beispielsweise Java mit der Hauptstadt Jakarta muslimisch, Bali ist hinduistisch und Flores christlich geprägt. Dabei hat jede Insel auch eigene Volksstämme, die zum Teil in sehr touristischen Gebieten Besucher zulassen, bei anderen sind solche Besuche eher unerwünscht. Leider werden viele der europäischen Plastikabfälle in Indonesien entsorgt. An touristischen Stränden müssen Bulldozer die Müllberge, die das Meer anschwemmt, dann aufsammeln und erneut entsorgen. Doch wer sich in Indonesien außerhalb der Touristenhochburgen bewegt, wird viel Interessantes und viel Natur erleben können.

MEIN REISEBLOG INDONESIEN

Wer auf Reisen geht, hat immer etwas zu erzählen. 2019 sammelte ich in Thailand Forschungsergebnisse für meine Promotion und bereiste anschließend, einer spontanen Eingebung folgend, Indonesien. Ohne meine Frau unterwegs, schrieb ich ausführliche E-Mails an meine Familie, Freunde und Bekannte zu Hause. Eine kleine Zusammenfassung meiner Schilderungen:

> „Außerhalb der Touristenhochburgen kann man in Indonesien viel Natur und Interessantes erleben.“

»Nachdem ich abends in Bali gelandet war, wurde ich am Immigration-Schalter streng gefragt, wie lange ich in Indonesien bleiben wolle, dann noch etwas Unverständliches, was ich brav mit »Ja« beantwortete, und – zack! – hatte ich meinen Einreisestempel im Pass. Der Süden Balis ist zwar Tourismus pur, aber in Denpasar kann man sich trotzdem schlecht orientieren. Es gibt verschiedene Stadtteile, doch habe ich auf Anfrage erklärt bekommen, dass mal diese Straße oder jener Baum die Grenze

zu einem anderen Stadtteil sei. Ich habe jedenfalls keine Grenzen erkennen können, sie sind nicht scharf gezogen und nur Balinesen kennen sie.
Am nächsten Tag wollte ich eine SIM-Karte für mein Handy kaufen und dafür Bargeld abheben. ATMs gibt es hier viele, doch auch eine große Überraschung, denn bei einem Umtauschkurs von 1 Euro zu 17.000 Rupiah gibt es nur eine einzige Bank, die 3 Millionen Rupiah (= 180 Euro) ausgibt, bei den anderen kann man gerade mal 1.500.000 Rupiah (= 88 Euro) abheben. Seit gut einer Woche besuche ich nun regelmäßig diesen Automaten und hebe Geld ab, weil man am Tag schon mal 60 Euro ausgibt. Ach ja, meine Kreditkarte wurde bisher schon dreimal gesperrt (Anmerkung: Indonesien ist berüchtigt für Kreditkartenbetrug, daher werden Karten bei Internetbuchungen leicht gesperrt) und ich kenne inzwischen fast das gesamte Master-Card-Team beim Namen, weil ich ständig anrufe, um die Karte entsperren zu lassen.

> ”Die Bauern freuen sich, wenn ein Tourist nicht im klimatisierten Auto vorbeifährt.“

KULTURSCHOCK BALI BIRD PARK

Am nächsten Tag fuhr ich zum Bali Bird Park, wo ich den stolzen Eintrittspreis von 30 Euro berappte. Neben den Vögeln gab es auch ein 3-D-Kino, in dem ein Animationsfilm über die Reise einer Flugentenfamilie gezeigt wurde. Kurz nach dem Start der Reise wird der Flugentenschwarm von Jägern mit Schrot beschossen, die Entenmutter wird getötet, der Sohn verletzt. Später wird die schlafende Entengruppe von Wölfen angegriffen, der Sohn wird schwer verletzt, und als auch noch ein Adler den schwer verletzten Sohn hetzt und fressen will, wird der Film hektisch. Es geht drunter und drüber wie in einem Actionfilm aus Hollywood. Die anderen Enten kommen zu Hilfe und der Bruder wird schlussendlich nicht gefressen. Im Abspann erscheint wortwörtlich die Moral des Films: Gemeinsam sind wir stark! Ich war alleine im Kino, dachte aber, Kinder müssten hier reihenweise heulend rausstürzen. Später im Taxi erzählte ich dem Fahrer von diesem Film. Dieser war gleich Feuer und Flamme und begeisterte sich, was man auf Bali alles schießen und essen könnte, z.B. Fledermäuse oder Vögel.

CHINESISCHES NEUJAHR AUF FLORES

Zuletzt stieg ich in einer Unterkunft in Maumere auf Flores ab und wollte am nächsten Morgen um 5 Uhr nach Moni zum Kelimutu weiterfahren. Die Unterkunft war nicht besonders komfortabel, aber es war chinesisches Neujahrsfest, es waren also alle Restaurants und Geschäfte geschlossen, darum war ich froh, überhaupt etwas gefunden zu haben. Die Unterkunft wurde von einer chinesischen Familie betrieben, deren Tochter in Oregon studiert hatte und vorzüglich Englisch sprach. So ergab es sich, dass ich kurzerhand eingeladen wurde, mit der Familie das Neujahrsfest zu feiern. Zwei Straßen weiter war dafür ein großer Saal angemietet worden und es versammelte sich eine Gruppe von fast 200 Personen. Man war mir gegenüber äußerst aufgeschlossen und als es ans Tanzen ging, bedeutete mir prompt der Großvater, den Eröffnungstanz mit seiner Gemahlin zu übernehmen. Diese Bitte abzulehnen, wäre wohl einer Beleidigung gleichgekommen, also drehte ich mich mit seiner Frau ein paarmal im Kreis zur Livemusik. Selbst der Sänger musste bei unserem Anblick so laut lachen, dass er nicht mehr weitersingen konnte. Bis zum Ende des Festes musste ich mit Alt und Jung tanzen, essen, trinken und feiern, bis ich um Mitternacht müde und satt in mein schlechtes Bett fiel.

DIE REISBAUERNBEKANNTSCHAFT

Am nächsten Morgen buchte ich im Hotel mein Busticket nach Moni und meine neuen chinesischen Freunde erklärten mir, dass ich vom Flughafen ins Hotel zu viel gezahlt hätte, was sie nicht davon abhielt, mir das Doppelte für das Busticket zu berechnen. Als ich sagte, ich hätte einen günstigeren Preis erwartet, erklärten sie mir nur, es wäre nun mal so. In Moni fuhr ich morgens auf den Kelimutu und lief innerhalb von vier Stunden zurück zur Unterkunft. Die Leute auf Flores sind wirklich sehr nett zu Touristen und in Moni ist gerade Reis-Pflanzzeit. Die Bauern freuen sich, wenn ein Tourist nicht im klimatisierten Auto vorbeifährt, sondern gemütlich die Straße entlangläuft. Doch wenn plötzlich ein Bauer mit der Machete in der Hand auf einen zuläuft, beginnt das Ratespiel im Kopf: Was will er? Will er mich ausrauben? Will er mich ausrauben und töten? Oder will er mir Hallo sagen, sich irre freuen, wenn ich den Gruß erwidere, und mir mit seiner schlammverkrusteten Hand die meine schütteln? Na, ganz klar Letzteres!

BUS MIT HUHN

Von Moni aus ging es nach Bajawa und von dort aus nach Labuan Bajo. Im Hotel wollte man mir unbedingt ein Taxi nach Labuan Bajo aufschwatzen, doch als ich wiederholt ablehnte, setzte man mich in einen sehr lokalen Bus, in dem ich als einziger Tourist saß, zusammen mit einem Bauern und einer Frau, die beide Hähne dabei hatten, die um die Wette krähten. Nach etwa zehn Stunden und drei weiteren Hühnern kam ich schließlich in Labuan Bajo an.«

In Erinnerung an meine Indonesienreise habe ich immer noch ein breites Lächeln im Gesicht und ich denke schon wieder daran, die nördlichen Inseln (Sumatra, Kalimantan, Sulawesi, Molukken, Papua) zu bereisen.

DER KELIMUTU NATIONALPARK

Wer auf der Suche nach viel Natur ist und botanisches Wandern mag, dem kann ich den Kelimutu Nationalpark auf Flores nur empfehlen. Die typische Reiseroute durch Flores führt von Labuan Bajo nach Maumere, seltener umgekehrt. Ich habe die unübliche Route von

Saftig grüne Reisfelder prägen die Landschaften Indonesiens. Ab Februar werden sie das erste Mal im Jahr bepflanzt.

Der Kelimutu ist ein Vulkan mit drei Kraterseen, die ihre Wasserfarbe von Türkis bis Schwarz ändern. Für die Indonesier sind sie heilig, sie sollen die Seelen der Verstorbenen beherbergen.

Maumere nach Labuan Bajo gewählt. Zwischen Maumere und der Stadt Ende pendeln täglich öffentliche und private Busse, auf deren Stecke das kleine Dorf Moni liegt, das der Ausgangspunkt für Touren auf den Mount Kelimutu ist. Nach ein paar Stunden Fahrt über enge, kurvige Straßen durch viel Regenwald, hält der Bus in Moni. Moni besteht nur aus ein paar Dutzend Häusern und rundherum erheben sich Berge, wodurch sich eine atemberaubende Kulisse ergibt.

AUF DEN MOUNT KELIMUTU

Da es in Moni schwer ist, ein eigenes Fahrzeug zu mieten, bucht man die Fahrt zum Mount Kelimutu (1.639 m) am besten in der Unterkunft. Um 3 Uhr morgens holt einen jemand mit einem kleinen Motorrad ab und bei der Fahrt in der Dunkelheit und Kälte des Morgens erkennt man immer wieder die Silhouetten von Baumfarnen gegen den Nachthimmel.
Nach etwa 30 Minuten Serpentinenfahrt endet die Fahrt am Parkplatz unter dem Gipfel. Von hier geht es nur zu Fuß weiter. Ohne Taschenlampe hat man keine Chance, denn der Weg ist nicht beleuchtet und alles ist stockfinster. Nach gut 45 Minuten erreicht man die ersten beiden Kraterseen.
Folgt man noch einem kleinen Pfad weiter bergauf, kommt man auf den Gipfel, von dem aus man alle drei Kraterseen betrachten kann. Als ich dort alleine in der Finsternis saß, konnte ich bis auf das Meer blicken,

über dem ein Gewitter mit aufleuchtenden Blitzen niederging. Dazu kam aus den Vulkanen immer wieder ein leises, dumpfes Grollen, das man nur hören kann, wenn es still ist und keine Touristen da sind. Die drei Kraterseen des Kelimutu sind die einzigen Kraterseen der Welt, deren Farbe sich durch chemische Vorgänge von Türkis über Grün und Rot zu Schwarz verändert. Dabei spielt Schwefel eine Rolle, man riecht den Schwefelgeruch auch deutlich.

DIE KRATERSEEN UND DIE ENDEMISCHE FLORA

Für die Indonesier ist der Kelimutu ein spiritueller Ort, denn sie glauben, dass in einem Kratersee die Seelen der Kinder, im anderen die Seelen der Erwachsenen und im dritten die Seelen der Greise wohnen. Anfangs sind die Kraterseen in der aufgehenden Sonne noch unter Wolken verborgen, doch etwas später sind diese verschwunden und man kann direkt in die Krater schauen. Mit dem Sonnenaufgang kommen dann mehr Touristen, um das Spektakel zu bewundern. Wenn die meisten davon gegen 9 Uhr wieder zum Parkplatz zurückgehen, kann sich der botanische Wanderer in Ruhe umsehen. Der Weg, den man zwischen den ersten Kraterseen und dem Gipfel beschritten hat, ist rechts und links von Farnen (*Dicranopteris linearis*) gesäumt. Zwischen ihnen ragen immer wieder die lila Blüten von *Melastoma malabathricum* heraus. Außerdem kann man lokale endemische Pflanzen wie *Rhododendron renschianum* mit seinen orangefarbenen, glockenförmigen Blüten entdecken.

BAUMFARNE IM BERGREGENWALD

Von dort kann man auf verschiedenen Wegen durch den Bergregenwald zurück zum Parkplatz gehen. Was man in der Nacht nur erahnen konnte, kann man nun in voller Schönheit sehen: Unter etwa 15 m großen Baumfarnen (*Cyathea* spec.) schaut man hinauf in ihre radiärsymmetrischen, vielblättrigen Kronenwedel, die sich gegen den Himmel abzeichnen.

Zwischen dem pflanzlichen Dickicht aus Farnen, Baumfarnen und Bäumen erheben sich die stattlichen Blätter von *Alpinia myriocratera* bis zu 12 m hoch.

1
Der Indische Rhododendron (*Melastoma malabathricum*) gedeiht am Kelimutu im lichten Unterholz.

2
Die Region knapp unterhalb des Gipfels des Kelimutu ist dicht mit Baumfarnen bewachsen.

1
Eine blühende Rafflesie ist ein wahres Naturwunder, das man nur am Naturstandort erleben kann.

2
Blühende Titanwurzen gehören zu den größten Attraktionen, die botanische Gärten zu bieten haben.

An langen, herabhängenden Blütenständen sitzen Hunderte von Einzelblüten. Die Stämme der Bäume sind dicht mit Farnen, Moosen und Kletterpflanzen bewachsen und vollständig begrünt, da ab dem frühen Vormittag der feuchte Nebel vom Tal herauf durch den Wald zum Gipfel zieht. Der Kelimutu liegt im 4,5 ha großen Kelimutu-Nationalpark, der größtenteils dicht bewaldet ist und zu dem auch ein Arboretum gehört. Sobald man in den Wald tritt, wird man zum Frühstück für die gnadenlosen Moskitos. Das Arboretum ist Teil eines Berghanges und durch den nassen Boden muss man aufpassen, wohin man tritt, um nicht auszurutschen. Es beherbergt viele geschützte und endemische Arten wie *Toona* spec., *Litsea* spec., *Melicope latifolia*, *Macaranga gigantea*, *Suregada* spec., *Prunus arborea*, *Heptapleurum luridum*, *Debregeasia longifolia*, *Dalrympelea sphaerocarpa*, *Trema orientalis* und als Höhepunkt *Begonia kelimutuensis*.

DIE GRÖSSTE BLÜTE IM PFLANZENREICH: *RAFFLESIA*

Ein Traum aller botanisch interessierten Gärtner ist sicherlich die Kultur der Pflanze mit der größten Blüte im Pflanzenreich, der *Rafflesia arnoldii*. Leider wird das ein Traum bleiben, da es sich bei den Rafflesien um Vollschmarotzer handelt. Einige Pflanzen werden zu Unrecht für Schmarotzer gehalten, z.B. Epiphyten (Aufsitzerpflanzen), was sie aber nicht sind, da sie autark Fotosynthese betreiben und sich nur am Ast »festhalten«. Unsere Mistel (*Viscum album*) hingegen ist ein Halbschmarotzer, sie hat verschiedene Wirtspflanzen und verwächst mit deren Xylem, wo sie sich am Wasser und den Nährstoffen des Wirtsbaums bedient. Die Assimilate der Wirtspflanze ignoriert sie aber und betreibt selbstständig Fotosynthese.
Im Gegensatz dazu stehen die **Vollschmarotzer wie die Rafflesie**. Sie ist hochgradig wirtsspezifisch und befällt nur Pflanzen der Gattung *Tetrastigma* (gehört zu den Weinrebengewächsen). Sie lebt mit Saugorganen (Haustorien) vollständig im Inneren der Wirtspflanze und bildet keine eigenen Wurzeln, Sprosse oder Laubblätter aus. In unregelmäßigen Abständen kommen Rafflesien aber zur Blüte, dann erscheint die riesige, eingeschlechtliche Blüte (zweihäusig, diözisch) mit bis zu 3 m Durchmesser. Die Blüte ist braun mit weißen Tupfen und riecht streng nach Aas, was Fliegen anlockt, die sie bei ihrem Besuch bestäuben, sofern sie vorher eine männliche Blüte besucht haben.

WO MAN RAFFLESIEN SEHEN KANN

Da Vollschmarotzer nicht wirklich zu kultivieren sind, kann man sie eigentlich nur in der Natur bewundern. Am besten eignet sich der malaysische Bundesstaat Sarawak dafür. In Kuching werden im Touristenzentrum täglich blühende Rafflesien angekündigt und Fahrten dorthin angeboten. Da die Rafflesien nur ein bis zwei Tage blühen, bevor sich ihre Blüten in einen schwarzen, zähen Schleim verwandeln, lohnt es sich, den Service anzunehmen. In Thailand durfte ich die Blüte der »kleinen Schwester« der Rafflesien miterleben. Die Gattung *Sapria* ist gleichfalls ein Vollschmarotzer, sie befällt Pflanzen der Gattungen *Vitis* und *Tetrastigma* sowie die Art *Illigera trifoliata*. Ihre Hochblätter, die quasi die »Blütenkrone« bilden, sind radiärsymmetrisch und besitzen viele Spiegelachsen. Auch sie verströmt einen aasartigen Geruch, der Fliegen anlockt. Mit bis zu 20 cm Durchmesser bleiben ihre Blüten aber deutlich kleiner als die von *Rafflesia*. Alle Rafflesiaceen blühen in der Bodenschicht der Regenwälder.

BLÜTENSTAND DER SUPERLATIVE: DIE TITANWURZ

Die Besucher des Botanischen Gartens München kommen immer mit großem Interesse, trotzdem schafft man es selten, solche Begeisterungsstürme zu ernten oder einen Hype loszutreten, dass die Presse ständig anruft und die Besucher Schlange stehen. Mit der Blüte der Titanwurz (*Amorphophallus titanum*) gelingt genau dies. Um die Blüte in natura bewundern zu können, nehmen Besucher lange Autofahrten auf sich. Als 2016 und 2017 nach fast 30 Jahren bei uns endlich wieder eine Titanwurz blühte, war das Interesse riesig. Wir verlängerten die Öffnungszeiten bis kurz vor Mitternacht. Doch was ruft diese Begeisterungsstürme hervor? Der botanische Name bestimmt nicht, denn übersetzt bedeutet er etwa »gigantischer unförmiger Riesenpenis«. Der Geruch ist es sicherlich auch nicht, denn die Titanwurz riecht derartig streng nach Fäkalien, dass man sie am besten mit Atemschutzmaske ausgerüstet besucht. Es ist also die schiere Größe der Blume, denn die Titanwurz besitzt mit bis zu 4 m den größten Blütenstand im Pflanzenreich.

AUFBAU UND BIOLOGIE DER TITANWURZ

Das große Gebilde in der Mitte der Blume wird Spadix genannt und setzt sich von oben nach unten aus Appendix, männlichen Blüten und weiblichen Blüten an der Basis zusammen. Der Spadix wird von einem Hochblatt (Spatha) umgeben. Dieses ist weinrot und besteht aus einem festen, fleischigen Gewebe. Während der Appendix frei steht, sind die fertilen Blüten von dem Hochblatt umschlossen, man kann nur von oben in den Blütengrund schauen. Der untere Teil im Inneren des Hochblatts ist leuchtend gelb, der Blütenboden fast schwarz.

Durch Thermogenese wird der Blütenstand wärmer als die Umgebung, wodurch der Geruch noch intensiver wird. Käfer und Aaskäfer bestäuben die Blüte. Die

2

Knolle, die diesen großen Blütenstand hervorbringt, kann bis zu 120 kg schwer werden, ab etwa 9 kg erreicht sie Blühreife. In der Ruhephase im Winter sind die Knollen sehr anfällig für Fäulnis, sodass sie in dieser Zeit leicht absterben. In Mitteleuropa werden die Knollen in großen Töpfen mit bis zu 1 m Durchmesser gezogen, im Kebun Raya Bogor (siehe Seite 149) in Indonesien wachsen sie im Freien.

EXOTISCHE BÄUME MIT HÜLSENFRÜCHTEN

In ganz Südostasien begegnet man bei Wanderungen, bei den Händlern auf der Straße oder einem Besuch im Supermarkt immer wieder vielen Früchten, die man nicht kennt, da sie hier in Europa nicht erhältlich sind. Es lohnt sich wirklich, sich durch die Vielfalt der dargebotenen Früchte zu probieren, man weiß ja nie, wann man die nächste Gelegenheit dazu bekommt. Die Früchte der im Folgenden vorgestellten Hülsenfrüchtler (*Fabaceae*) stammen allesamt von Bäumen, doch ihrem äußeren Erscheinungsbild sieht man schon deutlich die Verwandtschaft zu Erbse, Bohne & Co. an.

„Frische süße Tamarinden werden häufig als Snack zwischendurch gegessen."

Die **Früchte des Tamarindenbaums** (*Tamarindus indica*) werden bei der Zubereitung vieler asiatischer Gerichte verwendet. Grundsätzlich wird in süße und saure Tamarinde unterschieden. Süße Tamarinden sind die vollausgereiften Früchte, die es mit Beginn der Trockenzeit, also von Oktober bis März, in großen Mengen in ein bis mehrere Kilogramm schweren Beuteln zu kaufen gibt. Die Früchte sind von einer harten, rauen, braunen Schale umgeben, die man aber mit den Fingern zerdrücken kann. So kommt man an das ebenfalls bräunliche, leicht klebrige Fruchtfleisch, das die schwarzen Samen umhüllt. Frische süße Tamarinden werden häufig als Snack zwischendurch gegessen, das Fruchtfleisch schmeckt angenehm säuerlich fruchtig. Bei der sauren Tamarinde handelt es sich um unausgereifte Früchte, die es das ganze Jahr über zu kaufen gibt und die für Soßen ausgekocht werden.

Tamarindenfrüchte werden sehr schmackhaft in unterschiedlichen Gerichten zubereitet, doch auch roh schmecken sie sehr gut.

Die **Röhren-Kassie** (*Cassia fistula*) ist den meisten eher unter dem Begriff »Manna« bekannt. Zusätzlich zu ihrem Nutzen als lebhaft gelb blühender Straßenbaum kann man ihre reifen Früchte roh essen. Die schwarzen röhren- bzw. stabartigen Früchte werden bis zu 60 cm lang und hängen von den Zweigen herab. Ihre Schale ist fest, aber man kann sie mit den Händen leicht auseinanderbrechen, um so an das klebrige Fruchtfleisch und die Samen zu kommen. Ihre Samen erinnern an größere Linsen und sind von schwarzem Fruchtfleisch umhüllt. Der Geruch ist angenehm und aromatisch, der Geschmack säuerlich süß. Ihm wird eine lakritzähnliche Note nachgesagt.

In eher trockenen Gebieten findet man die **Manila-Tamarinde** (*Pithecellobium dulce*), die entgegen ihres Trivialnamens aus Südamerika stammt. Ihre 15 cm langen Früchte mit der grün-rötlichen Färbung sind rundlich, wie Würste gekrümmt und in der Trockenzeit erhältlich. Die einzelnen Samen sind deutlich segmentiert. In der Schale sind die Samen von einem manchmal weißen oder pinkfarbenen fleischigen Fruchtfleisch umhüllt. Die schwarzen Samen sind sehr hart, sodass man das herbe Fruchtfleisch wie bei einer Kirsche abknabbert und die Samen ausspuckt.

1
Nutzpflanze mit hübschen Blüten: die Tamarinde (*Tamarindus indica*).

2
Die Röhren-Kassie (*Cassia fistulosa*) ziert mit ihren sonnengelben Blüten häufig Straßenränder.

3
Die Früchte der Manila-Tamarinde, ein beliebter Snack in Asien, ...

4
... entstehen aus diesen zarten, weißen duftenden Blüten.

Wachsblumen

Hoya-Arten
Hundsgiftgewächse (*Apocynaceae*)

Herkunft Die Wachsblumen sind in Südostasien, Australien und Ozeanien verbreitet; die meisten Arten (68) gibt es vermutlich auf den Philippinen.
Entdeckung Die auch heute noch häufig kultivierte *H. carnosa* war wohl schon um 1800 in europäischer Kultur, doch erst 1810 wurde ihr der bis heute gültige Gattungsname *Hoya* zuteil.
Naturstandort Wachsblumen wachsen auf Bäumen oder Steinen (epiphytisch, lithophytisch), vornehmlich in den Regenwäldern Südostasiens.
Standort in der Wohnung Robuste Arten wie *H. carnosa* mögen im Winter sogar eine kühle Phase und können im unbeheizten Wintergarten stehen. Hauptsache, es ist hell genug. Es gibt aber auch schwierige Arten mit hohen Ansprüchen.
Substrat Wachsblumen haben geringe Ansprüche an das Substrat, sie können in jede handelsübliche Blumenerde gepflanzt werden. *H. carnosa* eignet sich zudem für die Hydrokultur.
Wasserbedarf Im Sommerhalbjahr brauchen sie viel Wasser, im Winterhalbjahr halten Sie sie trockener.
Bestimmende Eigenschaft Die porzellanartigen Blüten duften sehr intensiv.
Blütezeit Wachsblumen induzieren bevorzugt an hellen Standorten, z.B. in direktem Sonnenlicht. Dann blühen sie vom Frühjahr bis zum Frühsommer.

Die Wachsblume (*Hoya carnosa*) gehört mit ihren vielen Sorten zu den schönsten Zimmerpflanzen, andere Arten sind begehrte Raritäten.

WER BESTÄUBT DIE WACHSBLUME?

Obwohl sich die Wachsblume (*H. carnosa*) bereits seit 1800 in gärtnerischer Kultur befindet, ist über sie – wissenschaftlich gesehen – erstaunlich wenig bekannt. Bislang gibt es kaum Feldbeobachtungen über Blütenbesucher, sodass man über ihre Bestäuber nur Vermutungen angestellt hat. Aus dem abendlichen Duft, dem Anbieten von Nektar sowie der weißen Blütenfarbe schlussfolgerte man, dass es sich bei den Bestäubern um Schmetterlinge, Motten oder Falter handeln müsse. Einen empirischen Beweis dafür gab es bis dato aber nicht, erst Ko Mochizuki et al. konnten 2017 etwas zur Klärung beisteuern. Die Forscher beobachteten zwei Jahre lang Blütenbesucher, fingen sie ein und untersuchten sie auf Pollenpakete (Pollinien). Dabei befanden sich Pollen von *Hoya* besonders häufig an den Füßen dreier Nachtfalter. Fast spannender als diese Beobachtung war die Erkenntnis über den Blütenbau. *Hoya* hat – wie fast alle Seidenpflanzengewächse (*Asclepiadoideae*) – ein sogenanntes Gynostegium. Dabei handelt es sich, vereinfacht gesagt, um den fünfteiligen, diamantenförmigen mittleren Teil der Blüte, der eine komplexe Verwachsung aus Staub- und Fruchtblättern ist und manchmal sogar als ein einziger Stempel angesehen wird. Umgeben wird das Gynostegium von der haarigen Nebenkrone. Die Forscher beobachteten, dass die Falter auf dem wachsartigen Gynostegium ausrutschten und sich entweder am Rand der Nebenkrone oder an den Verwachsungsrändern des Gynostegiums festhielten, wo ihnen die Pollinien an den Füßen anhafteten. Es zeigte sich, dass die Wachsblume nur über die Füße der Falter bestäubt wird.

DIE PFLEGE

Wachsblumen sind robust, einfach zu pflegen und können mehrere Jahrzehnte alt werden. Das Sommerhalbjahr ist ihre Hauptwachstumszeit, in der sie mit bis zu 3 g Volldünger pro Liter Gießwasser wöchentlich gedüngt werden sollten. Im Winter machen die Pflanzen eine Ruhephase, in der *H. carnosa* Temperaturen bis herunter auf 8 °C toleriert. In dieser Zeit sollten Sie nur wenig gießen. Bei direktem Sonnenlicht wird ab dem Frühjahr die Blütenbildung gefördert, zu hohe Temperaturen im Winter und übermäßiges Gießen halten die Pflanze in der vegetativen Phase und die Blühwilligkeit nimmt rapide ab. Auch wenn einige Arten in Hydrokultur gehalten werden können, handelt es sich um Epiphyten, die nicht zu nass gehalten werden dürfen. Abgeblühte Blütenstände sollten Sie nie abschneiden, da sich daran erneut Blüten bilden!

WISSENSWERT

Wachsblumen haben durchaus ihre Fans. Bis heute werde ich immer wieder zu einem Fernsehbeitrag angerufen, den ich dazu vor Jahren für die Sendung »Querbeet« im BR gedreht habe. Die meisten Arten führten in letzter Zeit die Gärtnereien Kakteen Haage und Kakteen Uhlig (beide mit Online-Shop). Im Handel sind Wachsblumen, bis auf *H. carnosa*, *H. bella* und *H. kerii* mit den herzblattförmigen Blättern, nur sehr selten zu finden.

Schamblume

Aeschynanthus speciosus
Gesneriengewächse (*Gesneriaceae*)

Herkunft Ihr Verbreitungsgebiet liegt im indomalaysischen Raum und reicht von Java im Süden bis nach Südchina im Norden.

Entdeckung Der Pflanzensammler T. Lobb, unterwegs für die Gärtnerei Veitch & Söhne, sammelte sie auf Java. 1847 wurde sie mit wissenschaftlichem Namen beschrieben.

Naturstandort Im Herbarium der Royal Botanic Gardens Kew gibt es einen Originalbeleg von T. Lobb, er fand die Schamblume als Aufsitzerpflanze auf einem Baum in der Provinz Bantam westlich von Jakarta.

Standort in der Wohnung Hängen Sie die Pflanze in einer Ampel an ein halbschattiges Fenster im wärmsten Raum der Wohnung.

Substrat Am besten ist ein durchlässiges Substrat aus zwei Dritteln schwach gedüngter Jungpflanzenerde und einem Drittel Perlit.

Wasserbedarf Diese Pflanzen brauchen zimmerwarmes Gießwasser. Kaltes Wasser führt zu Blattflecken und Blattfall. Auf Trockenheit reagieren sie sehr empfindlich, halten Sie den Wurzelballen immer etwas feucht.

Bestimmende Eigenschaft Die leuchtend gelborangefarbenen, flaumigen Blütenstände, die bei guter Pflege reichlich gebildet werden und bis zu 12 Einzelblüten haben, zeichnen die Pflanze aus.

Blütezeit Die Schamblume kommt in der zweiten Jahreshälfte zur Blüte.

BEUTE VON PFLANZENJÄGERN

Gartenbaulich oder botanisch Interessierte werden wiederholt auf den Namen der Firma Veitch & Söhne sowie die der Gebrüder Lobb stoßen. Mitte des 19. Jahrhunderts herrschte in Europa das Sammelfieber. Es war die Zeit der Pflanzenjäger und -sammler und viele Gärtnereien standen in direkter Konkurrenz bei der Suche nach botanischen Raritäten und Neuheiten aus aller Welt, so auch die Gärtnerei Veitch & Söhne. Sie stellte die Brüder Thomas und William Lobb von 1843–1860 als Pflanzensammler an, wobei sich W. Lobb auf Südamerika und T. Lobb auf Südostasien spezialisierte. T. Lobb besuchte Singapur und Java, die malaysische Halbinsel, Indien und Myanmar, Borneo und die Philippinen und von 1854–1856 noch einmal Borneo, und zwar Sarawak und Sabah, wo er versuchte, den Mount Kinabalu zu ersteigen. Neben lebenden Pflanzen sammelte er auch Herbarmaterial. Nur zu einem Teil ist dokumentiert, welche lebenden Pflanzen er nach England zu Veitch & Söhne brachte. Etwas übersichtlicher sind die Herbarbelege, von denen es rund 2.500 Stück gibt. Wie andere Pflanzensammler (siehe Seite 78, von Siebold) ereilte ihn das Schicksal, dass eine Sendung mit Pflanzenmaterial aus Singapur bei einem Schiffsunglück verloren ging. Nachdem er auf einer Expedition ein Bein verlor, ließ er sich bis zu seinem Tod 1894 in Devoran (England) nieder.

Während der Hauptblüte scheinen Schamblumen oft mehr Blüten als Blätter zu besitzen.

DIE PFLEGE

Die Schamblume ist sehr langlebig, wenn ihre Triebe zu lang werden, kürzt man sie um etwa ein Drittel ein. Aus dem Schnittmaterial können Sie Stecklinge machen, die auf ein bis zwei Blattpaare reduziert werden und nach etwa sechs bis acht Wochen bewurzeln und gesteckt werden können. Das Gießwasser muss immer warm sein, um Schäden an Blättern und Wurzeln zu verhindern. Im Winter sollten Sie das Gießen so lange auf ein Minimum reduzieren, bis sich die ersten Blütenknospen zeigen. Anschließend müssen Sie die Pflanze immer gut feucht halten. *Gesneriaceae* sind sehr salzempfindlich, düngen Sie darum im Sommer nur etwa einmal pro Monat mit 1–2 g eines flüssigen Volldüngers pro Liter Gießwasser, im Winter gar nicht.

WISSENSWERT

Die Gattung *Aeschynanthus* umfasst etwa 350 Arten, die sich alle recht deutlich voneinander abgrenzen lassen. Die meisten sind immergrüne Sträucher oder Halbsträucher, die oft epiphytisch wachsen. Neben der Schamblume haben auch *A. parasiticus*, *A. longicaulis* und *A. radicans* gartenbauliche Bedeutung. Nur *A. parasiticus* kann auch bei Temperaturen um die 15 °C gepflegt werden, während alle anderen Arten hohe Temperaturen brauchen.

Seychellen

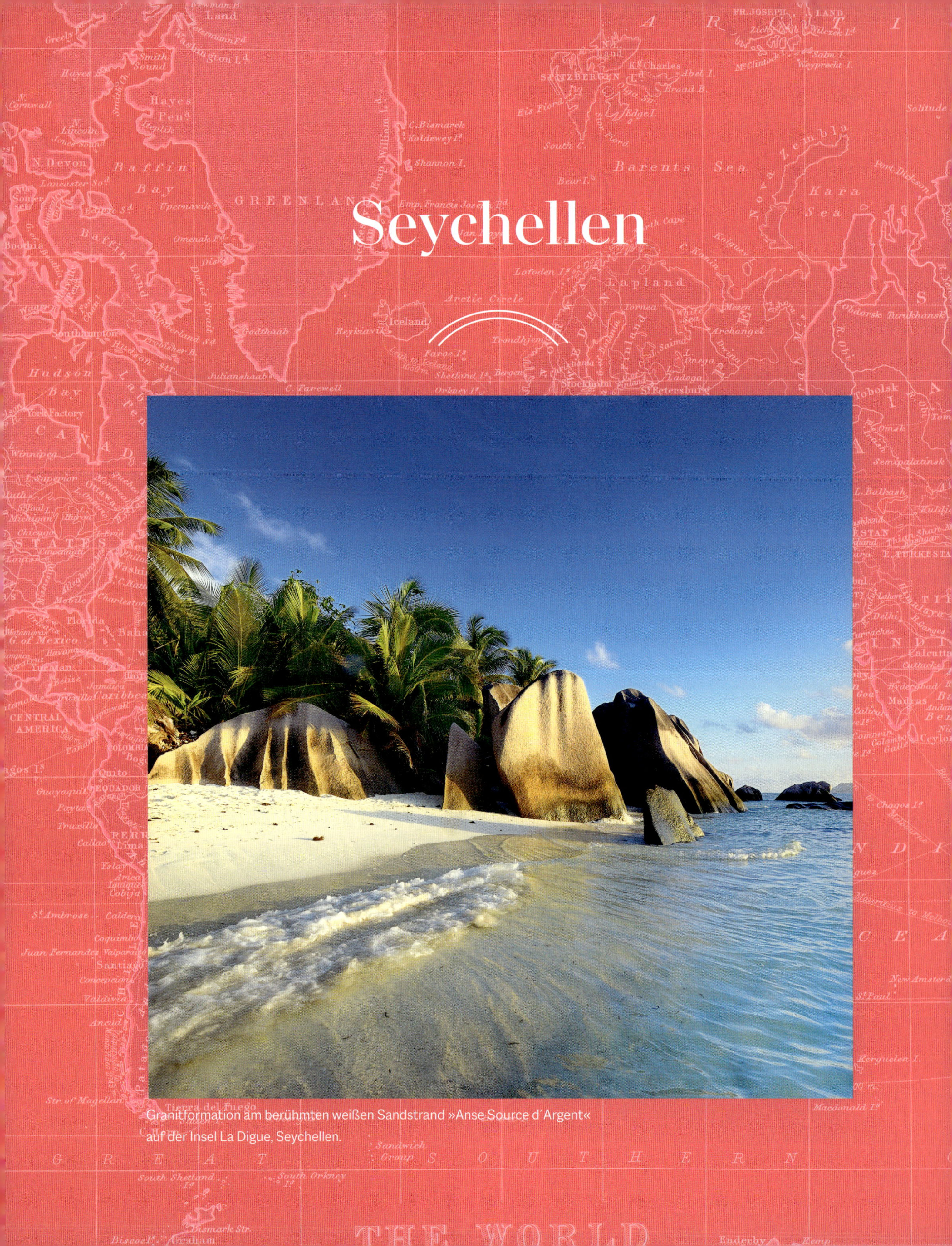

Granitformation am berühmten weißen Sandstrand »Anse Source d´Argent« auf der Insel La Digue, Seychellen.

Den meisten Menschen dürften die Seychellen wohl als Urlaubsland mit den schönsten Stränden der Welt oder als Ziel für die Flitterwochen bekannt sein, Tauchen und Schnorcheln in einer bunten Unterwasserwelt inklusive. Nicht umsonst wurden dort viele Werbespots für Genuss- und Wohlfühlprodukte unter tropischen Kokosnuss-Palmen gedreht. Die Seychellen sind ein Inselstaat, der aus 42 Granit- und 73 Koralleninseln besteht. Sie liegen vor der Ostküste Afrikas auf Höhe Tansanias, etwas südlich des Äquators. Während die **Koralleninseln** tierischen Ursprungs sind und über Tausende von Jahren gebildet wurden, sind die **Granitinseln** die Gipfel eines unter Wasser liegenden Gebirgszugs. Meist hält man sich vorwiegend auf der Hauptinsel Mahé mit der Hauptstadt Victoria, der nordöstlich gelegenen Insel Praslin oder der kleineren Insel La Digue auf. Von diesen Hauptinseln aus werden viele Tagestouren zu nahen anderen kleinen Inseln angeboten.

ZU BESUCH AUF DEN SEYCHELLEN

Nach Entdeckung der Seychellen durch Frankreich und bei der späteren Nutzung für den Anbau tropischer Kolonialpflanzen durch die Briten wurde ein großer Teil der begrenzten Landfläche für Plantagen gerodet. Die Seychellois leben heute vor allem vom Tourismus, der 70 % des Volkseinkommens ausmacht. Auf den großen Inseln Mahé und Praslin gibt es zwar Busrouten, doch wer viel sehen will, sollte sich ein eigenes Fahrzeug mieten. Viele Inseln, selbst La Digue, sind so klein, dass man sie nur mit dem Boot erreichen kann und auf der Insel selbst das Fahrrad das einzig mögliche Fortbewegungsmittel ist. Als Inselstaat sind die Seychellen auf viele Importe angewiesen, die Preise spiegeln dies wider. Da Essengehen teuer ist, ist in den meisten Unterkünften eine Küchenzeile eingebaut. Auf dem Markt in Victoria wurde mir ein großer Bund von etwa zehn frisch gefangenen lokalen Drückerfischen (*Balistidae*) angeboten. Als ich nach dem Preis fragte, nannte mir der Händler umgerechnet 10 Euro. Ich sagte ihm daraufhin, dass ich zwei Fische wollte. Seine Augen wurden groß und er gab mir zwei Bunde. Als ich ihm erklärte, dass ich nur zwei einzelne Fische brauchte, klärte sich das Missverständnis auf: der ganze Bund mit zehn Fischen kostete 10 Euro. Also nahmen meine Frau und ich einen Bund und luden Bekannte aus Victoria zum Abendessen ein.

NATUR ERLEBEN IM INSELPARADIES

Naturfreunde kommen auf den Seychellen voll auf ihre Kosten, alleine auf Mahé gibt es mehr als genug tolle Wanderrouten. Einen Besuch wert sind auch die Mont Fleuri Botanical Gardens in Victoria und der Jardin du Roi. Auf Praslin ist die Besichtigung der **Seychellennuss im Vallée de Mai** Pflicht und selbst auf La Digue gibt es viele Wanderwege, die zum Teil auch durch das Meer führen (auf Ebbe und Flut achten!). Bedenken Sie bei allen Unternehmungen: Die Sonneneinstrahlung ist sehr stark und ohne Schutz ist man in kürzester Zeit schwer gezeichnet. Dazu kommt, dass die Moskitos sofort in Scharen über einen herfallen, sobald man das Unterholz der Vegetation betritt. Der Unterwasserwelt hat leider die Korallenbleiche massiv zugesetzt.

> „Die Besichtigung der Seychellennuss im Vallée de Mai ist absolute Pflicht."

ARTENSCHUTZPROGRAMME IN DEN TROPEN

Das Artensterben geht in der Regel leise und von der Öffentlichkeit unbeobachtet vonstatten. Das liegt unter anderem daran, dass die Megadiversitätsländer von Europa weit entfernt liegen und nur bei Großkatastrophen wie Bränden kurzzeitig in den Nachrichten auftauchen, weniger bei Abholzung. Besonders isolierte Inseln mit ihrer hochspezialisierten Flora und Fauna sind äußerst anfällig für externe Einflüsse von Menschen und Neobiota. Daher sind es eigentlich Inseln, die besonderen Schutzes bedürfen. Die Seychellen sind bislang weltweit das einzige Land, das Naturschutz in seine Verfassung aufgenommen hat, 49 % der Landfläche wurden inzwischen zu Naturschutzgebieten erklärt. Das reicht aber vielen Artenschützern noch

1
Renaturierungsprojekte schützen die endemische Kannenpflanze (*Nepenthes pervillei*) …

2
… und den Seychellen-Rohrsänger, der kurz vor der Ausrottung stand.

3
Gebrauchsgegenstände aus Naturfasern sind meine Lieblingssouvenirs.

nicht. Deshalb engagieren sich neben der Regierung zahlreiche unabhängige Organisationen (NGO) für den Naturschutz. Zwar hilft bereits das Modell »Schulden-gegen-Naturschutz-Handel« (debt-for-nature-swap), bei dem Staatsschulden gegen Ausweisung von Naturschutzgebieten übernommen werden, aber langfristig gesehen muss der Unterhalt des Naturschutzes vom Staat gesichert sein.

Schaut man sich in den Tropen um, kann man in vielen Ländern erkennen, dass Botanische Gärten während der Kolonialzeit als Versuchsgärten für wirtschaftliche interessante tropische Kulturpflanzen von den Kolonialmächten angelegt wurden (vgl. Kebun Raja Bogor, Seite 149). Ihr heutiger Auftrag hat sich meist dahingehend geändert, dass diese botanischen Gärten heimische gefährdete Arten aufnehmen und schützen. Manchmal wird diese Art Schutz auch **»Arche-Projekt«** genannt. So finden sich im Botanischen Garten Victoria auf den Seychellen *Lodoicea maldivica* und andere gefährdete Arten. Zu vielen botanischen Gärten gehört auch ein Herbarium, bietet es sich doch an, neben der Lebend- auch eine Trockensammlung zu führen. Anhand der Herbarbelege lassen sich viele Informationen gewinnen, wie Population, Floren-Inventar, Verbreitungsgebiete, Phänologie und vieles mehr. Durch **Citizen-Science-Projekte**, die mit Herbarium und botanischem Garten koordiniert werden, werden Laien vor Ort geschult und helfen bei der Feldforschung, damit Vorkommen und Bestände erfasst werden können. Auf Mahé besuchte ich **Renaturierungsprojekte,** die von NGOs realisiert wurden. Nach der Entfernung von invasiven Pflanzen (siehe Seite 172, Zimt) wurden endemische Pflanzen wieder angesiedelt, mit dem Ziel, bestimmte Arten zu fördern und die endemische Vegetation wiederherzustellen. Dazu gehört beispielsweise *Nepenthes pervillei*, die nur auf Mahé und Silhouette vorkommt, oder das Aronstabgewächs *Protarum sechellarum*. Ein Teilerfolg wurde auf Cousin Island erzielt. Durch Rückwandlung einer Kokosnussplantage zu sekundärem Urwald wuchs die Population des Seychellen-Rohrsängers (*Acrocephalus seychellensis*) von 29 Tieren auf rund 1.000 Individuen an.

ALLTAGSGEGENSTÄNDE AUS NATURFASERN

Auf Reisen trifft man immer wieder auf Souvenirs, die einen neugierig machen, weil wir diese Gegenstände in Deutschland nicht haben oder weil sie aus einem Material gemacht sind, das wir nicht erwartet hätten. Wir alle kennen den Fußabstreifer aus Kokosnussfasern und meine Großeltern besaßen sogar steinharte Matratzen aus Kokosfasern.

Die **Kokosnuss** (*Cocos nucifera*) ist ein sehr ergiebiger Naturfaserlieferant. Dafür werden unreife Kokosnüsse geerntet, da bei älteren Früchten die **Außenschale** (Exocarp) und die darunterliegende **Faserhülle** (Mesocarp), die den Steinsamen schützen, einen zu hohen Holzanteil besitzen. Die Hülle der unreifen Kokosnuss wird in Sumpfbecken oder Lagunen mehrere Monate eingeweicht, anschließend werden die freigelegten Fasern gewaschen und sortiert. Für die weitere industrielle Verarbeitung werden die Fasern zu Garn versponnen, das unter dem Namen **»Coir«** gehandelt wird. Dieses wird anschließend z.B. zu Fußmatten gerollt oder verwebt. Für Souvenirs wie einen Sonnenhut werden die Kokosfasern auseinandergezogen, sodass sich Zwischenräume zwischen den Fasersträngen bilden. Anschließend werden sie in Kleber getaucht und in eine Hutform gepresst, in der sie stabil bleiben. Eine sehr moderne Verwendung kommt aus den USA, wo der Hersteller »37.5« aus Kokosfasern und Aktivkohle die **»Cocona-Faser«** produziert und daraus Funktionstextilien für namhafte Sportbekleidungsunternehmen herstellt.

Weitere Verwendungsmöglichkeiten bieten die großen **Palmwedel** der Kokosnuss. Man kann sie entweder am Blattstiel in zwei Hälften schneiden oder übereinanderlegen und sie so in mehrfachen Lagen als Dacheindeckung verwenden. Ähnlich den norddeutschen Schilfdächern werden die Lagen mit den darunterliegenden Latten verknotet und so gegen Windstöße gesichert. Bei einem halbierten Kokosnuss-Wedel kann man die einzelnen Blattfiedern gegenseitig miteinander verflechten. Auf diese Weise erhält man eine Art Matte, die man zu Tragetaschen, Fächern etc. weiterverarbeiten kann.

Aus dem Stroh verschiedener **grasartiger Pflanzen** entstehen z.B. die berühmten Strohhüte in Vietnam, teurere Modelle werden aus **Bambusfasern** geflochten. Unter dem Begriff »Chinesische Strohsandalen« bekommt man aus Reisstroh geflochtene Sandalen. Der Verkäufer auf einem lokalen Markt versicherte mir, dass seine Tasche, die aus Grasfasern geflochten war, mindestens 35 kg tragen könne. Ich habe es zwar nicht ausprobiert, doch schien sie tatsächlich recht stabil zu sein. Alle diese Gegenstände kann man einfach kompostieren, wenn sie kaputt sind, ohne der Umwelt Schaden zuzufügen.

3

Kannenpflanzen

Nepenthes-Hybriden
Kannenpflanzengewächse (*Nepenthaceae*)

Herkunft Die Kannenpflanzen kommen in der Paläotropis vor und haben ein disjunktes Verbreitungsareal, das von Afrika und den Seychellen bis nach Australien reicht. Die meisten Arten kommen auf Sumatra und Borneo vor.
Entdeckung Erste Berichte über sie sollen Mitte des 17. Jahrhunderts nach Europa gekommen sein. 1753 stellte Carl von Linné die wissenschaftlich gültige Gattung auf.
Naturstandort Kannenpflanzen sind meist terrestrische Kletterpflanzen und wachsen in der Kraut- und Strauchschicht, wo sie zum Teil Farne und Sträucher überwachsen.
Standort in der Wohnung Sie brauchen einen luftfeuchten und mäßig sonnigen Standort (kein Südfenster!). Die Pflanze sollte wegen der erforderlichen Luftfeuchte im Topf auf einem umgedrehten Untersetzer in einer wassergefüllten Schale stehen.
Substrat Blumenerde ist völlig ungeeignet für Kannenpflanzen. Am besten besorgen Sie sich eine spezielle Insektivorenmischung, die man in Insektivorengärtnereien bekommt.
Wasserbedarf Kannenpflanzen benötigen einen immer feuchten Wurzelballen, ohne direkt im Wasser zu stehen. Dabei helfen ein gutes Substrat und der Trick mit der Wasserschale.
Bestimmende Eigenschaft Sie bilden einzigartige, zu Kannen umgebildete Blätter.
Blütezeit Nur ältere Exemplare blühen, dabei sind Kannenpflanzen zweigeschlechtlich (diözisch).

FASZINIERENDE, ABER ANSPRUCHSVOLLE PFLANZE

Fleischfressende Pflanzen haben viele Liebhaber, auch wenn sie im Zimmer nicht pflegeleicht sind. Oft werden sie vom Handel enthusiastisch angepriesen: »Die Kannenpflanze ist mit ihren tiefroten Kannen ein wahrer Blickfang in jedem Wohn- und Büroraum!« oder »Die Kannenpflanze ist pflegeleicht, bleibt kompakt und eignet sich ideal als Hängepflanze in einem Hängetopf, aber auch in einem Topf mit einer Kletterhilfe. Mithilfe ihrer Kannen fängt und verdaut die Pflanze kleine Insekten.« Dazu ist dann noch eine durchgestrichene Mücke abgebildet. Bitte lassen Sie sich nicht von solchen Werbeversprechen verleiten und erwarten Sie nicht, dass auch nur irgendeines dieser Versprechen zutrifft und Sie außerdem keine Mückenstiche mehr fürchten müssen. Ich empfehle die Gesellschaft für fleischfressende Pflanzen e.V. sowie seriöse Insektivorengärtnereien, wenn Sie sich für die Kultur von Kannenpflanzen interessieren.

DIE PFLEGE

Die Kannen entwickeln sich nur bei ausreichender Luftfeuchtigkeit und einem Reiz auf die Blattranke, an deren Ende die Kanne gebildet wird. Solch ein Reiz wird ausgelöst, wenn die Ranke einen festen Halt hat oder auf dem Boden aufliegt. Die Hybriden sind meist einfacher zu pflegen als die Arten. Stellen Sie sie entweder in eine Wasserschale oder ein Terrarium und bieten Sie ihnen eine Kletterhilfe. Alle Arten wachsen an Standorten mit hoher Luftfeuchtigkeit, diese benötigen Sie auch bei der Kultur im Zimmer. In den Sommermonaten vertragen sie durchaus 1 g Volldünger pro Liter Gießwasser einmal im Monat. Hybriden können das ganze Jahr über bei Zimmertemperaturen von 22 °C wachsen. Hochlandarten brauchen eine Nachtabsenkung der Temperatur, was man eigentlich nur mit einem Gewächshaus bewerkstelligen kann. Direktes Sonnenlicht, wie z.B. am Südfenster, ist im Sommer ohne Schattierung zu kräftig. Bei älteren Exemplaren erscheinen im Sommer die rein männlichen und rein weiblichen Blütenstände mit geruchlosen, grasgrünen bzw. braunen Blüten.

Die Kannen der Kannenpflanze gehören zu den Fallgruben und sind eine Blattmetamorphose. Die ersten Europäer, die auf Kannenpflanzen stießen, hielten die Kannen irrtümlich für Blüten.

WISSENSWERT

Alle gut 100 Arten von Kannenpflanzen sind streng geschützt, da sie durch Abholzung ihrer Habitate stark gefährdet sind. Aus diesem Grund stehen alle Arten auf den Anhängen des Washingtoner Artenschutzabkommens (CITES). Kaufen oder sammeln Sie bitte keine Kannenpflanzen in anderen Ländern, da sie Ihnen spätestens am Zoll in Deutschland abgenommen werden und Sie dadurch zusätzlich noch die letzten Bestände zerstören.

Gewürzvanille

Vanilla planifolia
Orchideengewächse (*Orchidaceae*)

Herkunft Der Ursprung der Gewürzvanille liegt in Mexiko und in den Ländern Mittelamerikas.
Entdeckung Charles Plumier (1646–1704) soll sie bereits 1703 beschrieben und gezeichnet haben. Aufgrund von Verwechslungen wurde sie erst 1808 von Henry Cranke Andrews wissenschaftlich beschrieben.
Naturstandort Die Gewürzvanille ist eine Kletterpflanze, die an jungen Baumstämmen im lichten Unterholz emporrankt.
Standort in der Wohnung Sie braucht einen ganzjährig warmen und hellen Standort in der Wohnung.
Substrat Man kann sich selbst aus Blumenerde und Perlit im Verhältnis 1:1 ein durchlässiges, nährstoffreiches Substrat mischen, dem man zusätzlich Horngries beifügt.
Wasserbedarf In den Sommermonaten dürfen Sie die Vanille reichlich gießen, in den Wintermonaten sollten Sie die Wassergaben aber reduzieren.
Bestimmende Eigenschaft Neue Sorten haben gemusterte Blätter, doch ihr eigentlicher Zierwert sind die kurzlebigen Blüten.
Blütezeit Die Gewürzvanille kann den ganzen Sommer über Blüten produzieren.

Vanille kennen die meisten nur als Gewürz, doch im Handel werden seit einigen Jahren auch Pflanzen angeboten.

VON DER BLÜTE ZUM GEWÜRZ

Die Gewürzvanille ist eine der wichtigsten Nutz- und Aromapflanzen der Welt. Ihr Inhaltsstoff, das Vanillin, begegnet uns täglich, angefangen von aromatisierten Speisen über Parfüms bis hin zu Kosmetikprodukten. Ein Querschnitt der bis zu 10 cm großen, aber nur einen Tag haltbaren Blüten zeigt, dass sich beide Geschlechter durch ein Schnäbelchen (Rostellum) getrennt im Zentrum der Blüte befinden. Am Blütenausgang sitzt das Androeceum mit dem Pollen, dann kommt das Schnäbelchen und im Blütenschlund befindet sich das Gynoeceum (nicht mit dem Gynostegium der *Hoya* zu verwechseln). In der Natur werden die Blüten von Bienen oder Kolibris bestäubt. Ohne sie muss die Bestäubung von Hand erledigt werden, denn für die Gewinnung von Vanillin braucht man Früchte. Zur **Handbestäubung** entfernt man das Rostellum und drückt das Androeceum händisch auf das Gynoeceum. Die Frucht ist botanisch eine Kapselfrucht, keine Schote, wie man sie im Volksmund nennt. Das Vanillin bildet sich durch Fermentation. Dazu legt man die noch grünen Früchte in ein Wasserbad, der Fermentationsprozess findet anschließend bei hohen Temperaturen statt. Die Früchte färben sich dunkelbraun, werden seidig glatt und schrumpeln dabei nicht ein. Am Ende der Fermentation hat sich bis zu 6 % Vanillin in der Kapsel gebildet, was man deutlich riechen kann. Im Botanischen Garten München haben wir einen Bestäubungserfolg von fast 80 % mit der Hand, doch beim Fermentieren scheitern wir regelmäßig, da die Kapsel meist bald anfängt zu schimmeln.

DIE PFLEGE

Die Gewürzvanille ist eine sehr wärmeliebende Pflanze, die am besten in einem sehr warmen Zimmer bei Temperaturen von 22–28 °C gedeiht. Sie ist lichthungrig und braucht einen hellen, aber nicht vollsonnigen Standort. Als Kletterpflanze wächst sie am besten an einem Klettergerüst, denn nur so können ihre Luftwurzeln, die Sie niemals wegschneiden sollten, ins Substrat wurzeln. Im Gegensatz zu den meisten Orchideen hat sie einen hohen Nährstoffbedarf, den Sie durch das Substrat und wöchentliche Gaben von 2 g Volldünger pro Liter Gießwasser im Sommer abdecken können. Im Winter kann die Temperatur auf bis zu 17 °C abgesenkt werden, in dieser Zeit reicht eine monatliche Düngung.

WISSENSWERT

Die Vanille war in Mittelamerika bereits eine alte Kulturpflanze, bevor die spanischen Eroberer sie nach Europa brachten. Schnell wurde sie auch in der Alten Welt eine begehrte Nutzpflanze. Nachdem das Monopol der Spanier gefallen war und andere Kolonialmächte in den Besitz von Vanillepflanzen kamen, wurden sie besonders auf den Inseln im Indischen Ozean angebaut. Bis heute werden Vanilleschoten unter dem Namen Bourbon-Vanille gehandelt, in Anlehnung an die Inseln Madagaskar und La Réunion (ehemals Bourbon).

1
Für die Zimternte wird eine Bastschicht des Stammes geerntet und getrocknet, wodurch sie sich zusammenrollt.

2
Den Florettseidenbaum (*Ceiba speciosa*), mit den großen Stacheln am Stamm und seinen auffälligen Blüten können Sie auch auf Madeira entdecken.

GEWÜRZPFLANZEN AUF DEN SEYCHELLEN

Die Seychellen wurden erst 1768 dauerhaft durch die Franzosen besiedelt, die zu diesem Zeitpunkt bereits große Kolonien auf Mauritius und Madagaskar unterhielten. Obwohl die Seychellen bereits um 1500 vom Portugiesen Vasco da Gama (1469–1524) »entdeckt« wurden, blieb diese Entdeckung ohne Konsequenzen und die unbewohnten Seychellen wurden gegen 1742 durch Lazare Picault (1700–1748) auf dem Weg von Mauritius nach Indien erneut entdeckt. In der Folge begann dieses Mal allerdings die Besiedlung und die Franzosen nutzten die Seychellen, um Kolonialpflanzen wie Vanille, Muskat und Zimt anzubauen. Als 1794 die Briten die Seychellen okkupierten, zerstörten die Franzosen alle Plantagen, um den Briten keine Ressourcen zu überlassen. Das hätte auch das Ende der Kolonialpflanzen sein können, doch hatte die Natur bereits andere Wege gefunden. Die Spuren der Kolonialisierung zeichnen die Seychellen und ihre Vegetation daher bis heute deutlich.

INVASIVER ZIMT

Einige Kolonialpflanzen, etwa die Vanille und der Zimt, wurden zu Neophyten mit invasivem Charakter. Das invasive Potenzial der Vanille ist geringer, sie vermehrt sich meist vegetativ und überwuchert nicht die umgebende Flora. Der Zimt (*Cinnamomum verum*) ist deutlich aggressiver. Er gehört zu den Lorbeergewächsen (*Lauraceae*) und kann zu Bäumen von bis zu 18 m Höhe heranwachsen. Ähnlich unserer Brombeere (*Rubus fruticosus*) werden die Früchte von Vögeln gefressen und die Samen so über weite Strecken verbreitet. So geschehen auf den Seychellen, denn die heimischen Myna-Vögel hatten bereits die dunkelvioletten, süßen Steinfrüchte des Zimts als Nahrung erkannt und durch ihren Kot verbreitet. In den letzten 200 Jahren haben sich die Vögel so an die süßen Früchte des Zimts als Nahrung gewöhnt, dass diese ihre Hauptfutterquelle geworden sind. Für das Ökosystem der Seychellen ist das ein doppelt harter Schlag: Auf der einen Seite wird der Zimt stark verbreitet, und da er keine Feinde in der heimischen Tierwelt hat und er konkurrenzstärker als die heimische Flora ist, besiedelt er immer mehr Habitate. Zum anderen werden endemische Früchte, die weniger »gut« als die Zimtfrüchte schmecken, nicht mehr gefressen und verbreitet. Immer wieder wurde in der Vergangenheit versucht, stark befallene Gebiete durch Brandrodung vom Zimt zu säubern, doch ist dies ein schier aussichtsloses Unterfangen. Auf einigen Inseln wie der Hauptinsel Mahé wird es vermutlich nicht mehr möglich sein, den Zimt zu eliminieren, doch kann man nur hoffen, dass andere Inseln nicht auch von den Vögeln erreicht werden und sich der Zimt weiter ausbreitet.

STRASSENBÄUME IN UND AUS AFRIKA _

Straßenbäume sollen überall auf der Welt gut mit dem Stadtklima zurechtkommen, aber auch schöne Blüten haben. In Afrika, z.B. auf Inseln wie den Seychellen, aber auch dem afrikanischen Festland, werden einige wunderschöne Arten besonders häufig gepflanzt.
In strahlendem Orange sieht man die Blüten des **Afrikanischen Tulpenbaums** (*Spathodea campanulata*) schon aus der Ferne leuchten. Mit 25 m kann er ein sehr großer Baum mit einer kompakten Krone werden. Er gehört zu den Trompetenbaumgewächsen (*Bignoniaceae*) und an den Blütenständen reifen Kapseln, die in Form und Größe an eine Zigarre erinnern. In den Früchten befinden sich geflügelte Samen, die vom Wind verbreitet werden.
Ebenfalls aus der Familie der Trompetenbaumgewächse stammt der vermutlich auffälligste Straßenbaum aus Afrika, der **Palisanderholzbaum** (*Jacaranda mimosifolia*). Mit 20 m Höhe und Kronendurchmesser wächst er zu einem Riesen heran. Während seiner zweimonatigen Blütezeit erscheinen an seinen Blütenständen Tausende blasslila Einzelblüten. Nach dem Verblühen fallen die lila Blütenkronen herab, man läuft dann auf einem richtigen Blütenteppich.
Wegen seiner Früchte wird *Kigelia africana*, ebenfalls ein Trompetenbaumgewächs, auch **Leberwurstbaum** genannt. Seine Baumkrone ist mit 20 m gleichfalls sehr ausladend und an bis zu 1 m langen Blütenständen erscheinen die dunkelroten Blüten, die von Fledermäusen bestäubt werden.

Der **Florettseidenbaum** (*Ceiba speciosa*, syn. *Chorisia speciosa*) stammt zwar aus Südamerika, ist aber sicherlich einer der auffälligsten Straßenbäume Afrikas und der Seychellen. Sein junger Stamm ist dicht mit großen, festen Stacheln besetzt, später verdickt sich der Stamm an der Basis flaschenartig. Insgesamt wird er mit bis zu 15 m ein recht stattlicher Baum, dessen Krone aber wenig ausladend ist. Am auffälligsten sind seine rosa gesprenkelten Blüten. Früher wurden die Wollbaumgewächse (*Bombacoideae*) als eigenständige Familie gezählt, inzwischen ist es eine Unterfamilie der Malvengewächse (*Malvaceae*). Nach der Befruchtung reifen die Blüten zu ovalen handtellergroßen, grünen Früchten heran, die bei Reife aufplatzen und die Samen, die von watteartigen Filamenten umgeben sind, freigeben, damit sie vom Wind verbreitet werden können.

2

DIE SEYCHELLENNUSS IM VALLÉE DE MAI

Die Palmenart *Lodoicea maldivica* ist umgangssprachlich als Doppelte Kokosnuss oder Seychellennuss bekannt. Ein einzelner Samen kann bis zu 25 kg wiegen und ist damit der größte Samen im Pflanzenreich. Ein keimfähiger Samen soll bis zu 10.000 Euro kosten, man sollte aber, egal zu welchem Preis, nie einen kaufen, da es sich um eine stark gefährdete Art handelt. Wer möchte, kann sich als Souvenir einen abgestorbenen Samen mit einem entsprechenden Siegel kaufen. Die Seychellennuss ist eine endemische Art, die nur im Nationalpark Vallée de Mai auf Praslin und auf der kleinen Insel Curieuse vorkommt. Dadurch ist das Vallée de Mai, in dem noch rund 5.000 Seychellennüsse vorkommen, auch das größte existierende Reservat und Habitat.

SEHEN UND STAUNEN

Als ich im botanischen Garten in Kandy (Sri Lanka) zum ersten Mal eine Allee mit Seychellennüssen sah, stand mir der Mund offen. So etwas Imposantes hatte ich in meinem Leben noch nicht gesehen. Die Stämme waren groß und fest und ragten 10–15 m in die Höhe. Noch aufregender war das Blätterdach. Die Seychellennuss hat typische handförmige Palmenblätter, aber allein der Blattstiel wird bis zu 3,60 m lang. An diesen schließt sich wiederum die Blattspreite an, die bis zu 5,40 m lang und 3,60 m breit wird. Ein einzelnes Blatt kann somit 10 m lang werden. AbgestorbeneBlätter fallen nicht direkt ab, sondern biegen sich nach unten und umhüllen den Stamm. Erst nach vielen Monaten fällt ein Blatt herunter. Durch sein immer noch großes Gewicht gibt es einen lauten Aufschlag und alles, was im Bodenbereich wächst, wird umgerissen. Etwa alle neun Monate bildet sich ein neues Blatt, eine gesunde Pflanze hat etwa 20 frische Blätter gleichzeitig. Im Vallée de Mai auf der Insel Praslin kann man erleben, wie es ist, in einem ganzen Wald dieser gigantischen Pflanzen zu stehen. Der Eintritt in den Nationalpark kostet etwa 25 Euro und man wird in einer Gruppe in den Park geführt. Der Guide erklärt an verschiedenen Stationen Einzelheiten über die Seychellennuss und viel zur Geschichte des Nationalparks und seinen Pflanzen. Vor allem im Eingangsbereich bilden die Seychellennüsse einen dunklen, dichten Wald, in dem es kaum andere Arten gibt und nur wenig Tageslicht bis auf den Boden gelangt. Auf den Granitfelsen hat sich im Laufe der Zeit eine Schicht aus mineralischem Verwitterungsgestein und Humus aus alten Blättern gebildet, in dem die Seychellennüsse wachsen. Das Klima ist sehr heiß und luftfeucht. Nach der Führung von ca. 45 Minuten kann man auf eigene Faust die Wege im Dickicht auf über 20 ha erkunden. Dabei trifft man auch auf Keimlinge, deren Keimblatt schon rund 2 m groß ist.

> »Steht man neben diesen Giganten, kommt man sich wirklich sehr klein vor.«

FAKTEN UND MYTHEN ZU BLÜTEN UND FRÜCHTEN

Die massiven Blütenstände beider Geschlechter – die Seychellennuss ist zweihäusig – kann man sehen, wenn man in das Palmendach oder auf den Boden blickt, wo sie nach der Blüte liegen. Die Seychellennuss setzt nach rund 20 Jahren das erste Mal Blüten an, erst dann kann man ihr Geschlecht erkennen. Das Art-Epitheton (*maldivica*) bezieht sich auf die Malediven, wo man an Stränden angespülte Früchte fand. Die schwerste jemals gefundene Frucht wog 48 kg. Man vermutete, dass die Früchte von Bäumen stammten, die unter Wasser wuchsen, deshalb gaben ihr die Portugiesen den Namen **Coco de Mer.** Da die Form der Samen an einen weiblichen Po erinnert, wurden ihnen aphrodisierende Kräfte zugeschrieben. Das Vallée de Mai wurde 1768 bei einer Expedition des Schiffes »La Curieuse« entdeckt. Der Kapitän sah das finanzielle Potenzial, kehrte im folgenden Jahr zurück, belud das Schiff und verkaufte die Samen teuer. Der Handel damit florierte, bis die Franzosen das Gebiet militärisch abschirmten. In »Coco de Mer: Myth and Eros of the Sea Coconut« von Fischer und Fleischer-Dogley kann man mehr darüber lesen.

Auf schmalen Pfaden kann man Seychellennüsse und ihre Dimensionen in einem der letzten Habitate der Welt, dem Vallée de Mai, erleben.

GREENLAND
Iceland
British
Columbia
Vancouver I.
Sandwich Is
Equator
Rio de Janeiro

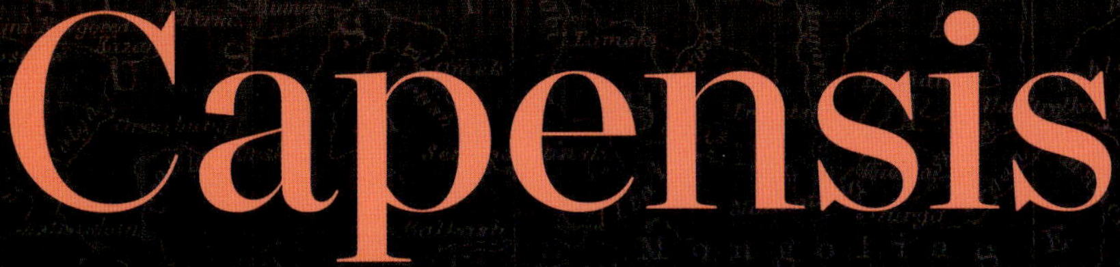

Capensis

Gegenüber der Holarktis und der Paläotropis ist die Capensis, das kleinste Florenreich, geradezu winzig. Nach Süden hin wird sie durch den Atlantik im Westen und den Indischen Ozean im Osten begrenzt, im Norden durch die Wüsten Karoo und Namib.

Politisch umfasst die Kapflora (Capensis) Südafrika sowie das kleine Lesotho, Eswatini und schließlich den südlichen Teil von Namibia. Zwar ist ihre Fläche verglichen mit den anderen Florenreichen klein, doch ist die Artenanzahl pro Fläche in der Kapregion am größten, sodass die Capensis zu den Megadiversitätsregionen der Erde und damit zu den Hotspots der Biodiversität gehört. Fast 70 % der Blütenpflanzen sind endemisch und kommen nur in der Capensis vor. Das Florenreich ist stark von seiner erdgeschichtlichen Entstehung geprägt, weist es doch die größte Ähnlichkeit zur Antarktis und Australis auf. Da das Florenreich der Antarktis nicht nur den Kontinent Antarktika, sondern auch die Südspitze Südamerikas sowie, je nach Autor, auch die Südinsel Neuseelands umfasst, erklären sich die floristischen Überschneidungen zur Capensis durch das einstige Gondwanaland. So liegt beispielsweise das südlichste Verbreitungsgebiet der Steineiben (*Podocarpus*-Arten) in der Capensis und den beiden vorab genannten Gebieten. Auf Antarktika selbst gibt es nämlich nur zwei endemische Blütenpflanzen: Ein Nelkengewächs (*Colobanthus crassifolius*) sowie ein Süßgras (*Deschampsia antarctica*). So kommen z.B. auch die Silberbaumgewächse (*Proteaceae*) hauptsächlich in der Capensis und Australis vor.

» In der Capensis gibt es viele Pflanzen, die sich an Busch- und Waldbrände angepasst haben. «

DAS KLIMA

Das Klima Südafrikas unterscheidet sich von Region zu Region stark. Die westliche Küstenzone ist eher arid geprägt, während es an der Südküste bereits semiarid ist, was durch das Aufeinandertreffen von warmen und kalten Meeresströmen (Atlantik und Indischer Ozean) bedingt ist. Um Kapstadt herum ist das Klima mediterran und im Osten des Landes ist es semihumid. Das Landesinnere ist schließlich vollarid und geprägt von Steinwüsten und Savannengebieten. Aufgrund der geografischen Lage sind die Jahreszeiten denen Europas entgegengesetzt, d. h., im europäischen Sommer ist es in Südafrika Winter und umgekehrt.

ANPASSUNG AN BUSCH- UND WALDBRÄNDE

Ähnlich der Australis gibt es in der Capensis viele Pflanzen, die sich an Busch- und Waldbrände angepasst haben (Pyrophyten) und in Feuerökosystemen leben. Pyrophyten zeichnen sich durch verholzende Früchte aus, die sich erst bei starker Hitze öffnen, oder sie reichern besonders viele Samen im Erdreich an. Büsche wie die Königsprotee (*Protea cynaroides*) bilden sogenannte Lignotuber aus, das sind holzige Verdickungen am Bodengrund, die den Pflanzen helfen, Buschfeuer zu überstehen.

Die allgemeine Baumarmut der Kapflora leitet sich aus den periodischen Buschfeuern ab, die ein Aufkommen von Bäumen unterdrücken. Trotzdem gibt es z.B. mit dem Afrogelbholz (*Afrocarpus falcatus*), das bis zu 60 m hoch werden kann, auch Großbäume. Allgemein ist die kapländische Flora aber arm an Bäumen, Palmen fehlen ganz und natürliche Wälder, die nicht von den europäischen Siedlern abgeholzt wurden, finden sich nur noch in wenigen Schutzgebieten. Die letzten Baumarten wurden Anfang des 21. Jahrhunderts unter Schutz gestellt, da sie wie die Breitblättrige Steineibe (*Podocarpus latifolius*) Lebensraum für die seltenen Kap-Papageien sind, die ausschließlich in ihnen leben.

PRÄGENDE PFLANZEN

Je nach Autor wird die Capensis in eine oder mehrere Pflanzengemeinschaften unterteilt, die bekannteste ist der Fynbos, der aus Sträuchern und anderen niedrigen Pflanzen besteht.

Die bestimmenden Pflanzenfamilien der Capensis sind die Mittagsblumengewächse (*Aizoaceae*), Silberbaumgewächse (*Proteaceae*), die grasähnlichen Restionaceen, Stilbaceen und Heidekrautgewächse (*Ericaceae*). Eine botanische Besonderheit sind die Bruniaceen, die entwicklungsgeschichtlich bis auf das frühe Tertiär und die späte Kreidezeit zurückgehen und somit zu den ältesten Pflanzenfamilien gehören.

Südafrika

Im September beginnt an der Küste Südafrikas, entlang der Garden Route, der Frühling mit frischem Grün und reicher Blüte.

Durch seinen Artenreichtum ist Südafrika ein Reiseland, das jeden Naturliebhaber und alle, die gerne im Freien unterwegs sind, von der ersten Minute an begeistert. Die Region um Kapstadt sowie die ganze Garden Route bis nach Port Elizabeth sind vor allem recht sicher zu bereisen, was man von anderen Landesteilen nicht immer behaupten kann. Wegen der großen Distanzen und der größeren Flexibilität bietet es sich an, sich in Kapstadt ein Auto zu mieten. In **Kapstadt** selbst kann man ein paar wundervolle Tage damit verbringen, den Tafelberg, das Wahrzeichen Kapstadts, zu besteigen oder mit der Seilbahn den Nationalpark auf dem Berg zu erkunden. Es führen verschiedene Routen hinauf und wieder herunter, insgesamt ist die Wanderung aber nicht zu schwer und man sieht dabei jede Menge interessante Pflanzen. Daneben lohnt sich der Besuch im **Botanischen Garten Kirstenbosch,** selbst von dort führt ein Wanderweg auf den Tafelberg: der Skeleton Gorge Trail, der etwa 5 km lang ist. Unverzichtbar sind auch das **Kap der Guten Hoffnung** und der zugehörige Nationalpark, in dem viele Strauße frei herumlaufen. Hier kann man wandern und erste Zuckerbüsche (*Protea*) sehen. Etwas nordwestlich von Kapstadt bietet sich der **West-Coast-Nationalpark,** der mehr ein Naturschutzgebiet als ein Nationalpark ist, für eine Visite an. Im Frühling weiß man hier gar nicht, wo man hintreten soll, da alles ein einziger Blütenteppich ist.

> ›› Wer kann, sollte einen kleinen Abstecher ins Nature's Valley machen. ‹‹

Bevor man sich auf der **Garden Route** Richtung Osten aufmacht, schaut man sich am besten noch gleich das **Kap Agulhas** an, wo Atlantik und Indischer Ozean aufeinandertreffen. Der umgebende Nationalpark ist von Dünen- und Küstenvegetation geprägt, in der das Rundblättrige Dickblatt (*Cotyledon orbiculata*) manchem als nahe Verwandtschaft zum Geldbaum (*Crassula ovata*) auffallen wird.

DIE GARDEN ROUTE

Je weiter man auf der Garden Route vorankommt, umso mehr ändert sich die Vegetation und die **Fynbos-Vegetation** wird mit Heidekrautgewächsen, Proteen und anderen auffälligen Blütensträuchern wie *Berzelia lanuginosa* immer deutlicher. Wer kann, sollte einen kleinen Abstecher ins Nature's Valley machen, es ist ein wunderschöner Ort. Weiter westlich kommt man dann bald in den **Tsitsikamma-Nationalpark.** Dort tummeln sich jede Menge **Klippschliefer,** welche die Touristen als ergiebige Futterquellen ausgemacht haben und sich bereitwillig füttern lassen, was man eigentlich nicht machen sollte. Klippschliefer, auch Klippdachse genannt, erinnern im Aussehen ein wenig an ein Meerschweinchen oder ein kleines Murmeltier. Sie gehören zu den Schliefern, einer eigenständigen monotypischen Tierordnung mit drei Gattungen. Sie leben tagaktiv in Kolonien von bis zu 80 Tieren in zerklüfteten, felsigen Landstrichen und ernähren sich rein pflanzlich.
Die meisten Besucher beenden die Garden Route mit einem Besuch des Addo-Elephant-Nationalpark.
Bei Port Elizabeth endet die klassische Garden Route, auch wenn die Nationalstraße N2, die Kapstadt mit Eswatini verbindet, noch weiterführt. Von Kapstadt bis nach Port Elizabeth hat man durch viele Abstecher die direkte Strecke von 800 km meist um ein Vielfaches erweitert und war mindestens drei bis vier Wochen unterwegs. Auf alle Fälle bietet die Garden Route wunderschöne Eindrücke von der vielfältigen und rauen Natur Südafrikas.

DER FYNBOS

Der Fynbos ist vielen ein Begriff für Pflanzendiversität, ungewöhnliche Vegetation sowie die schiere Schönheit der Pflanzen bzw. der Natur. Als Fynbos wird der gesamte Südwesten Südafrikas bezeichnet, beginnend mit der Stadt Vanrhynsdorp im Westen bis nach Port Elizabeth im Osten. Er bedeckt etwa die Hälfte der Capensis. In Zahlen ausgedrückt umfasst der Fynbos eine Fläche von 90.000 km^2, auf der rund 9.000 verschiedene Arten vorkommen, was ihn zu einer der artenreichsten Gegenden der Welt und Südafrika zu einem Megadiversitätsland macht.

DIE EUROPÄER UND DER FYNBOS

Protea neriifolia war eine der ersten Pflanzen aus dem Fynbos, die im 17. Jahrhundert Europa erreichten. Als in den Niederlanden auch noch Zwiebelpflanzen wie Hyazinthen, Iris und Amaryllis zur Blüte kamen, entwickelte sich in Europa eine große Leidenschaft für Fynbos-Pflanzen. Der Schwede Anders Sparrman (1748–1820) bereiste als einer der ersten Botaniker im April 1772 Südafrika. Er beschrieb den Fynbos mit den Worten: »Zu Beginn sammelten wir jeden Tag viele der seltensten und schönsten Pflanzen; bei jedem Schritt, den wir machten, entdeckten wir eine oder mehrere neue Arten.« Und das, obwohl er zu einer Zeit unterwegs war, in der in Südafrika Herbst war und nur wenige Pflanzen blühten. Der Begriff Fynbos, abgeleitete aus dem holländischen Wort »fijnbosch« für feingliedriges Gebüsch, wurde im frühen 20. Jahrhundert geprägt, er ist als immergrüne strauchige Vegetation ohne Bäume definiert. Diese grobe Definition wird mehrfach verfeinert, z.B. nach den Hauptpflanzen.

DAS KLIMA UND DAS FEUER

Das Klima des Fynbos ist mit hoher Luftfeuchtigkeit und gemäßigter Temperatur ozeanisch geprägt und zeichnet sich durch Winterregen aus. Manchmal wird es auch als mediterran bezeichnet, z.B. bei der Pflanzenpflege, denn viele südafrikanische Pflanzen lassen sich gut zusammen mit mediterranen Pflanzen kultivieren. Die Böden sind sehr karg, die Niederschlagssummen liegen zwischen 250 und 1.000 mm im Jahr. Es stellt sich also die Frage, wie solch eine Artenvielfalt ausgerechnet unter diesen limitierenden Bedingungen zustande kam?

Eine Erklärung dafür lautet: Durch örtlich schnell wechselnde Bedingungen haben sich die Pflanzen auf kleine Habitate spezialisiert. Allerdings ließen sich keine signifikanten Unterschiede zwischen den Mikrohabitaten feststellen. Der Fynbos ist außerdem von saisonalen Feuern geprägt, die in sehr heißen, trockenen Jahren regelmäßig auftreten. Das führt dazu, dass sich die Pflanzen angepasst haben (Pyrophyten), und

Die Kapregion Südafrikas ist eine raue, zerklüftete Landschaft, die einen der größten Pflanzenschätze der Erde beheimatet.

erklärt, warum es keine Bäume gibt. Die Vegetation ist selten älter als 20 Jahre. Andererseits werden durch die Brände den kargen Böden wieder Nährstoffe zugeführt. Die Samen vieler krautiger Pflanzen überdauern im Boden bis zum nächsten Feuer, das in ihnen die Keimung auslöst, sodass sie nach einem Brand schnell ihren Lebenszyklus vollenden können, bevor sie von Sträuchern überwachsen werden.

ANPASSUNGEN AN SUBOPTIMALE BEDINGUNGEN

Viele Fynbos-Pflanzen haben sich durch Adaptionen an ihren Lebensbereich angepasst. So sind die Wurzeln einiger Pflanzenfamilien **mit Bodenpilzen oder Bakterien vergesellschaftet**, die die Nährstoffaufnahme verbessern (z.B. *Ericaceae*). *Protea* hingegen besitzt die Fähigkeit, an der Bodenoberfläche nach Regenfällen ein **dichtes Wurzelgeflecht** auszubilden, welches Wasser und Nährstoffe innerhalb kürzester Zeit aufnimmt und nach wenigen Monaten wieder abstirbt. Ihre Blätter sind gut gegen Transpiration geschützt, **Öle und Tannine wehren Schädlinge** ab. Im Fynbos blühen viele Pflanzen im Frühjahr, von September bis Oktober, wenn zahlreiche Insekten für die Bestäubung unterwegs sind. Zu anderen Zeiten dominieren Blüten, die von Säugetieren und Vögeln bestäubt werden.

KIRSTENBOSCH UND DIE LETZTEN IHRER ART

Durch die Ausweitung der Agrarflächen und den Zuwachs von Kapstadt ist der Fynbos bedroht. Viele Pflanzen sind bereits ausgestorben und über 1.000 Arten gelten als vom Aussterben bedroht. Der berühmte Botanische Garten Kirstenbosch in Kapstadt erhielt 1913 den Auftrag, die einzigartige Artenvielfalt der Kapregion zu erhalten. Diese Bestimmung gilt bis heute und ist wegen der Bedrohung des Fynbos aktueller denn je. In Kirstenbosch wächst die am Naturstandort ausgestorbene *Encephalartos woodii* als letzte ihrer Art. Da 1980 Seitentriebe von Dieben abgehackt und gestohlen wurden, sind nun alle Cycadeen in Kirstenbosch aufwendig gesichert. Es sollen rund 500 Pflanzen in botanischen Sammlungen

Die wunderschöne *Erica verticillata* galt in Südafrika schon als ausgestorben. In botanischen Gärten weltweit fanden sich Exemplare für eine Wiederansiedlung.

weltweit wachsen, leider stammen sie alle von dieser einen ab und sind daher männlich, weil Cycadeen zweigeschlechtlich sind. Für diese Art gibt es deshalb wohl leider keine Zukunft mehr, doch ihr Schicksal soll helfen, andere Arten vor dem Aussterben zu bewahren. Kirstenbosch engagiert sich weit über die Landesgrenzen hinaus und ist Mitinitiator der Globalen Strategie zum Schutz der Pflanzen (GSPC). In diesem Sinn engagiert sich Kirstenbosch in lokalen Programmen zur Renaturierung und dem Erhalt natürlicher Habitate. Aufregend war etwa die Wiederentdeckung von *Erica verticillata*, die in Südafrika als ausgestorben galt. In Kew Gardens, London, in einem Stadtgarten in Pretoria und in Kirstenbosch selbst spürte man je ein Exemplar dieser Pflanze auf. Zufällig stellte sich heraus, dass über 20 Exemplare aus den 1780er-Jahren in Schönbrunn in Wien wuchsen. Kirstenbosch schaffte es, von all diesen Exemplaren welche nach Südafrika zu bringen, die Pflanzen zu vermehren und auszupflanzen. Inzwischen hat sich aus diesen eine stabile Population in der Wildnis etabliert.

Gasterien

Gasteria-Arten
Grasbaumgewächse (*Xanthorrhoeaceae*)

Herkunft Man findet sie in südlichen und westlichen Regionen Südafrikas.
Entdeckung Die Gattung *Gasteria* wurde von Henri-Auguste Duval 1809 erstmals wissenschaftlich gültig beschrieben.
Naturstandort Viele Arten besiedeln niedrige Lagen, auch von Gebirgshängen, und wachsen auf kargem Boden im Unterholz oder auf freien Flächen.
Standort in der Wohnung Gasterien haben ein sehr weites Spektrum und vertragen kühle bis warme und absonnige bis sonnige Standorte, nur keinen Schatten.
Substrat Gasterien wachsen in allen Substraten, die eine gute Wasserdurchlässigkeit aufweisen.
Wasserbedarf Gießen Sie im Sommer reichlich, reduzieren Sie die Wassergaben im Winter aber auf ein Minimum, sodass sie gerade nicht vertrocknen.
Bestimmende Eigenschaft Bereits die Blätter der meisten Arten sind eine Zierde, die kleinen, glockenförmigen Blüten mit unterschiedlichen Farben mindestens genauso.
Blütezeit Gasterien haben keine klare Blütezeit, meistens erscheinen die Blütenstände ab dem frühen Sommer und halten für einige Wochen.

ROBUSTE ZIMMERBEWOHNER

Gasterien sind sehr pflegeleichte Zimmerpflanzen, was ihnen in den 1980er-Jahren zu großer Beliebtheit verholfen hat. Sie werden so gut wie nie von Schädlingen befallen und im Alter treiben sie von der Basis her viele Kindel, die man von der Mutterpflanze trennen kann. Im Winter vertragen sie tiefere Temperaturen bis etwa 7 °C. Niedrige Temperaturen fördern den Blütenansatz. Während des Wachstums im Sommer düngen Sie die Pflanze mit 1 g Volldünger pro Liter Gießwasser einmal monatlich. Da Gasterien ein sehr variables Erscheinungsbild haben und leicht hybridisieren, ist die Zahl von Synonymen sehr hoch. Je nach Autor werden zwischen 16 und 26 Arten unterschieden.

Geldbaum

Crassula ovata
Dickblattgewächse (*Crassulaceae*)

Herkunft Der Geldbaum ist an der Ostküste Südafrikas bis nach Mosambik verbreitet.
Entdeckung Eine erste Beschreibung erfolgte 1768 durch Philip Miller, doch den heute gültigen wissenschaftlichen Namen vergab George C. Druce erst 1917.
Naturstandort Der Geldbaum wächst im Dickicht von Tälern und Schluchten und kommt dort auf trockenen und steinigen Abhängen vor.
Standort in der Wohnung Er kann mit Ausnahme des tiefen Schattens, etwa an einem beschatteten Nordfenster oder in der Raummitte, an jedem Platz in der Wohnung wachsen.
Substrat Sie können jede handelsübliche Blumenerde verwenden.
Wasserbedarf Sukkulenten haben im Allgemeinen keinen hohen Wasserbedarf, man kann den Geldbaum fast nicht vertrocknen lassen, höchstens übergießen. Im Winter reduzieren Sie das Gießen stark.
Bestimmende Eigenschaft Den Geldbaum zeichnen seine vielfältige Verwendung (Zimmerpflanze, Bonsai, Kübelpflanze) und seine Pflegeleichtigkeit aus.
Blütezeit Er blüht im Winter, meist ab Dezember. Der Blütenstand ist eine Thyrse (ein traubiger Blütenstand mit durchgehender Achse) mit vielen kleinen, weißen, duftenden, sternförmigen Einzelblüten.

Ein Leben lang kann man an einem langsam wachsenden Geldbaum (*Crassula arborescens*) Freude haben.

STARKE ANPASSUNG, STARKE ÜBERLEBENSCHANCE

Die Dickblattgewächse sind eine kosmopolitische Pflanzenfamilie, die bis auf Australien und Südamerika auf allen Kontinenten verbreitet ist. Die größte Artenvielfalt ist in Südafrika zu finden. *Crassula ovata* ist durch eine dicke Wachsschicht und den CAM-Stoffwechsel (Crassulacean Acid Metabolism, siehe unter »Wissenswert«) an semiaride Standorte angepasst. Daneben hat die Pflanze ein besonderes Wurzelwerk, das sehr viele Feinwurzeln aufweist, die sich knapp unter der Erdoberfläche ausbreiten (Homorhizie). Auf diese Weise kann sie die wenigen Niederschläge sehr effektiv aufnehmen. Der dicke Stamm dient als Wasser- und Nährstoffspeicher (Caudex). Das Wachstum geht nicht von einem Leittrieb, sondern von mehreren Achsen aus, was zu einer stark verzweigten Krone führt, die durch die vielen Blätter viel assimilieren kann. Das hohe regenerative Potenzial abbrechender Zweige dient der schnellen Besiedlung größerer Flächen.

DIE PFLEGE

Der Geldbaum macht fast alles mit und kann sehr alt werden, 70 Jahre sind keine Seltenheit. Er wird dabei nicht zu groß und lässt sich gut über Blatt- oder Triebstecklinge vermehren. Leider ist der Geldbaum für viele Haustiere giftig. Seine fleischigen, glänzenden Blätter sind außerdem richtige Staubmagneten (er reinigt dadurch auch die Zimmerluft). Waschen Sie ihn deshalb jedes Jahr im Sommer einmal ordentlich im Freien ab. Wenn Sie ihn den Sommer über im Freien lassen wollen, braucht er anfangs einen Sonnenschutz, da seine Blätter sonst leicht Sonnenbrand bekommen. Umtopfen müssen Sie ihn nur, wenn er sehr kopflastig wird und leicht umfällt, sonst reicht es, alle fünf Jahre umzutopfen. Im Sommer düngen Sie wöchentlich mit 1–2 g eines Volldüngers pro Liter Gießwasser, im Winter reicht es, einmal im Monat zu düngen. Wem der Geldbaum zu unspektakulär ist, findet mit *C. arborescens* eine hübsche Alternative. Die Pflanze ist von ähnlicher Gestalt, aber ihre Blätter sind bläulich bereift. Die Blattränder färben sich an hellen Standorten zusätzlich rot. Ihre Blüten sind rosa überhaucht.

WISSENSWERT

Der CAM-Metabolismus soll 1813 von Benjamin Heyne (1770–1819) beim Verspeisen der Blätter entdeckt worden sein. Im Gegensatz zu anderen Pflanzen (C3-Pflanzen genannt), läuft der Metabolismus von Sukkulenten und Kakteen etwas anders ab. Sie fixieren das CO_2 nachts, weil die Spaltöffnungen an heißen Standorten nur nachts ohne Verdunstungsverluste Gase (O_2, CO_2) austauschen können. Die Pflanze bindet das CO_2 als Äpfelsäure (Malat) und speichert es in ihren Zellvakuolen als CO_2-Vorrat für den lichtabhängigen Fotosyntheseteil (Lichtreaktion) am Tag. Durch die nächtliche Malatanreicherung schmecken die Blätter von Sukkulenten morgens sauer. Mit der Fotosynthese am Tag wird das Malat wieder abgebaut und das CO_2 freigesetzt, woraus die Pflanze den notwendigen Traubenzucker bildet. Bis zum Abend ist kaum noch Malat da und der saure Geschmack ist verschwunden.

Aloen

Aloe-Arten
Grasbaumgewächse (*Xanthorrhoeaceae*)

Herkunft Die Gattung *Aloe* hat ihr natürliches Verbreitungsgebiet von Afrika über die arabische Halbinsel bis nach Indien.
Entdeckung Aloen waren bereits im Mittelalter geschätzte Heilpflanzen, trotzdem ist bis heute der Ursprung von *Aloe vera* unklar. 1753 benannte Carl von Linné die Gattung *Aloe* wissenschaftlich und übernahm dabei die Bezeichnung von Caspar Bauhin aus dem Jahr 1620.
Naturstandort Aloen besiedeln magere Standorte, sie kommen an Berghängen und unter Sträuchern und Bäumen vor.
Standort in der Wohnung Sie brauchen einen hellen, aber nicht vollsonnigen Standort. Im Winter vertragen sie kühle Temperaturen besser als warme.
Substrat Aloen wachsen in vielen Substraten gut, die wasserdurchlässig sind und nicht zum Vernässen neigen, etwa Blumenerde mit einem guten Anteil Perlit.
Wasserbedarf Im Sommer können Sie die Pflanze reichlich gießen oder ansprühen, im Winter reduzieren Sie die Wassergaben.
Bestimmende Eigenschaft Viele Arten haben attraktives Laub, besonders auffällig sind die Arten mit sehr bunten Blüten.
Blütezeit Aloen sind bei uns auf der Nordhalbkugel typische Winterblüher, ihre Blütezeit erstreckt sich von Oktober bis März.

BELIEBTES HAUTPFLEGEMITTEL

Kaum eine andere sukkulente Pflanze erfreut sich solch einer Beliebtheit wie *Aloe vera*. Ihre Heilkräfte sind seit Langem bekannt: Ein frisches Blatt, das man auf Sonnenbrand verreibt, hilft der Haut bei der Regeneration. Der eingedickte Saft aus den Blättern von *A. ferox* wurde bereits im Mittelalter therapeutisch eingesetzt, bis heute ist der Saft Bestandteil von Bitterlikören und -spirituosen. Die schönsten kleinen Aloen für das Zimmer sind *A. aristata* mit weißen Stacheln und *A. variegata* mit weißen Streifen. Meist dauert es viele Jahre, bis Aloen im Zimmer zur Blüte kommen. Ist es dann so weit, trübt leider der reichliche Nektar der Blüten, der auf Fensterbrett und Boden tropft, die Freude.

Kalanchoen

Kalanchoe-Arten
Dickblattgewächse (*Crassulaceae*)

Herkunft Die Kalanchoen sind fast in der ganzen Paläotropis und Capensis verbreitet, also von Afrika bis auf die Philippinen und Indonesien. Besonders viele Arten kommen auf Madagaskar vor.
Entdeckung Zwar beschrieb 1763 Michel Adanson Pflanzen der Gattung Kalanchoe, der heute wissenschaftlich akzeptierte Name geht aber auf Augustin-Pyrame de Candolle aus dem Jahr 1802 zurück.
Naturstandort Kalanchoen wachsen häufig im Unterholz und besiedeln Höhenlagen genauso wie Habitate an Gewässern.
Standort in der Wohnung Kalanchoen stellen keine hohen Ansprüche, die Temperatur darf aber nicht unter 8 °C absinken.
Substrat Sie können sie in jede handelsübliche Blumenerde pflanzen. 20 % Perlit unterzumischen erleichtert die Wasserführung.
Wasserbedarf Kalanchoen vertragen temporäre Trockenheit besser als zu viel Wasser. Bei niedrigen Temperaturen und einem sehr feuchten Wurzelballen fault der Stamm leicht ab.
Bestimmende Eigenschaft Das Spektrum reicht von Blattpflanzen bis zu Dauerblühern. In letzter Zeit sind besonders Kalanchoen mit überhängenden Blütenständen und glockenförmigen Blüten beliebt.
Blütezeit Viele Kalanchoen sind Kurztagpflanzen und induzieren während der Wintermonate. Die Blütenstände erscheinen im darauffolgenden Frühjahr.

MADAGASKAR FÜR ZUHAUSE

Die meisten *Kalanchoe*-Arten aus Südafrika sind eher Pflanzen für Liebhaber. Nur wenige davon sind im Einzelhandel erhältlich. Dort bekommt man meistens die madagassischen Arten. Am bekanntesten ist das Flammende Käthchen (*K. blossfeldiana*) mit modernen gefüllt blühenden Sorten. Sehr bekannt sind auch die Brutblätter (*K. daigremontiana*) und die Goethe-Pflanze (*K. tubiflora*), an deren Blatträndern sich neue kleine Pflänzchen bilden (Viviparie). Mit bronze- oder silberfarben behaarten Blättern kennt man *K. beharensis*. Unter dem strittigen Namen *K. manginii* kann man eine zarte Pflanze erstehen, an deren roten Blütenstielen rote, glockenförmige Blüten hängen.

Wachs-Heide

Erica ventricosa
Heidegewächse (*Ericaceae*)

Herkunft Als ihr Heimatgebiet wird die Kapregion in Südafrika angegeben.
Entdeckung Carl P. Thunberg beschrieb sie 1785 mit ihrem wissenschaftlichen Namen, der bis heute gültig ist.
Naturstandort Sie wachsen an Berghängen in Paarl und Stellenbosch auf bis zu 300 m Meereshöhe.
Standort in der Wohnung Die Wachs-Heide braucht einen kühlen, sehr hellen Platz im Haus, ein ungeheiztes Zimmer ist optimal. Während der Blüte kann man sie in wärmere Zimmer stellen.
Substrat Alle Heidegewächse wachsen auf sauren, humusreichen Böden, Substrate mit ähnlichen Eigenschaften lassen sich durch Rhododendron-Erde, der man 10–20 % sauren Sand untermischt, selbst herstellen.
Wasserbedarf Die Wachs-Heide braucht einen immer feuchten Wurzelballen, bei Trockenheit verliert sie ihre nadelförmigen Blätter.
Bestimmende Eigenschaft Die großen, leuchtend pinkfarbenen Blüten, die an der oberen Hälfte der Triebe erscheinen.
Blütezeit Die Heidegewächse aus der Kapregion sind alle Winterblüher, weshalb sie auch als Winterheiden bezeichnet werden.

WEITERE HEIDE-ARTEN AUS SÜDAFRIKA

Neben der Wachs-Heide werden im Handel immer wieder weitere Heide-Arten aus Südafrika wegen ihrer auffälligen Blüten angeboten. Umgangssprachlich als Winter-Heide bezeichnet, handelt es sich bei *E. × hiemalis* um einen rein botanisierten Namen einer Hybride mit unklarer Herkunft. Die Blüten der Winter-Heide sind lachsorange, an den Enden gelb. Es gibt viele *Erica*-Hybriden, deren genaue Züchtungsgeschichte im Dunklen liegt. Während einige Autoren Frankreich als Ausgangsort vermuten, gehen Ernest Charles Nelson und Edward George Hudson Oliver in ihrer Arbeit »Understanding *Erica × willmorei,* a ninetheenth century English garden hybrid« von England aus.

Blutblumen

Haemanthus-Arten
Amaryllisgewächse (*Amaryllidaceae*)

Herkunft Die Blutblumen sind vornehmlich im ganzen südlichen Afrika mit einem Schwerpunkt im Fynbos und der Kapregion Südafrikas verbreitet.
Entdeckung Sie wurden bereits im frühen 17. Jahrhundert beschrieben, Carl von Linné stellte die Gattung 1753 wissenschaftlich gültig auf.
Naturstandort Blutblumen wachsen oft in großen Gruppen an den mit Sträuchern besiedelten Küstengebieten oder an felsigen Abhängen.
Standort in der Wohnung Blutblumen können Sie an ein Ost- oder Westfenster stellen, im Sommer auch ins Freie.
Substrat Sie können sie auch in reine Blumenerde pflanzen, doch ich finde, dass sie in einer Mischung aus Blumenerde und Perlit besser gedeihen und leichter zu pflegen sind.
Wasserbedarf Im Sommer können Sie die Blutblume reichlich gießen, lassen Sie die Erde aber zwischendurch auch wieder abtrocknen.
Bestimmende Eigenschaft Die puderquastenartigen Blütenstände gibt es in dieser Form nur bei *Haemanthus* und *Scadoxus*.
Blütezeit Ihre fast kreisrunden Blütenstände erscheinen in den Sommermonaten.

DIE ZWEI ARTEN IN KULTUR

Von der Blutblume befinden sich eigentlich nur die weiß blühende *H. albiflos* und die orangerot blühende *H. coccineus* in Kultur. Die Weiße Blutblume ist bereits seit mindestens 200 Jahren eine beliebte Zimmerpflanze. Während es kaum sichtbare Unterschiede zwischen ihren Zwiebeln gibt, besitzt *Scadoxus* im Vergleich zu *Haemanthus* dünnere Laubblätter, die sich zum Blattgrund verschmälern, mit einem klar ausgeprägten Hauptnerv in der Mitte. Der eindeutige Unterschied ist, dass die Blätter von *Haemanthus* rosettig aus der Zwiebel entspringen, während das Laub bei *Scadoxus* einen Scheinstamm bildet. Auch *Scadoxus* wird umgangssprachlich Blutblume genannt.

Der südafrikanische Fynbos ist eine außergewöhnliche Vegetation, aus der die Blüten der Proteen noch besonders hervorstechen.

EXOTISCHE SCHNITTBLUMEN AUF DEM BALKON SELBER ZIEHEN

Viele exotische, in Blumenläden geläufige Schnittblumen kommen ursprünglich aus Südafrika. Das Selberziehen von Schnittblumen ist in den letzten Jahrzehnten allerdings etwas in Vergessenheit geraten, dabei sind manche Schnittblumenpflanzen deutlich einfacher zu pflegen als beispielsweise Kübelpflanzen. Die meisten kann man im Herbst auf den Dachboden oder in den Keller bringen, wo man sie bis zum Frühjahr vergessen darf. Einige der Pflanzen auf den folgenden Seiten eignen sich dafür.

Die beste Zeit, um sich mit Blumenzwiebeln und Knollen einzudecken, ist im späten Frühjahr. Kauft man sie zu früh, z.B. auf Frühjahrsmärkten im Februar, läuft man Gefahr, sie wegen Platzmangels einfach irgendwo zu lagern, wo man sie leicht vergisst. Ab April kann man die meisten Zwiebeln und Knollen gleich eintopfen.

DIE ANZUCHT

Zum Glück stellen viele der Schnittblumenkulturen nur geringe Ansprüche an das Substrat. Wenn Sie nicht so viel Aufwand betreiben wollen, können Sie dafür handelsübliche Blumenerde verwenden. Wenn Sie sich etwas mehr Mühe geben wollen, mischen Sie ca. 20 % Sand oder Perlit darunter. Besonders bei der Überwinterung hilft so eine Mischung, Fäulnis zu verhindern. Die Töpfe müssen ausreichend groß sein: sechs bis acht Pflanzen passen in einen 20 cm Topf. Pflanzen Sie zu eng, nehmen sich die Pflanzen gegenseitig die Nährstoffe weg und Pflanzen sowie Blüten werden klein. Füllen Sie den Topf etwa zur Hälfte mit Substrat. Streuen Sie großzügig, aber nach Dosierempfehlung auf der Packung, umhüllten Langzeitdünger oder Horngries darauf, damit die Pflanzen den Sommer über mit Nährstoffen versorgt sind. Decken Sie den Dünger mit 1–2 cm Substrat ab, damit die jungen Wurzeln später keinen direkten Kontakt zum Dünger bekommen. Knollen und Rhizome legen Sie auf diese Schicht und füllen Sie anschließend den Topf mit Substrat auf, sodass sie etwa 3–5 cm dick mit Substrat bedeckt sind. Zwiebeln werden so hoch gepflanzt, dass mindestens ihre Spitze aus dem Substrat lugt.

Anschließend stellen Sie die frisch bepflanzten Töpfe ins Freie und gießen Sie so lange an, bis das Wasser unten herausläuft.

ERNTE UND ÜBERWINTERUNG

Ab den Sommermonaten können Sie dann eigene Schnittblumen vom Balkon oder der Terrasse ernten. Ab dem späten Herbst, noch vor den ersten strengen Frösten, holen Sie die Töpfe ins Haus, wo sie auf dem Dachboden oder im Keller bis zum nächsten Frühjahr »vergessen« werden können. Sollten die Wurzelballen sehr feucht sein, kann es während der Winterruhe zu Fäulnis kommen. Daher kann es sich lohnen, Rhizome, Knollen und Zwiebeln auszutopfen, nachdem das Laub eingezogen ist, und grob von Erde zu befreien. Legen Sie sie in Zeitungspapier eingewickelt in Holzkisten oder Ähnliches, wo sie bis zum Frühjahr überdauern.

Wie die südafrikanischen Freesien lassen sich im Sommer viele Schnittblumen in Töpfen auf der Terrasse ziehen.

Zimmerkalla

Zantedeschia aethiopica
Aronstabgewächse (*Araceae*)

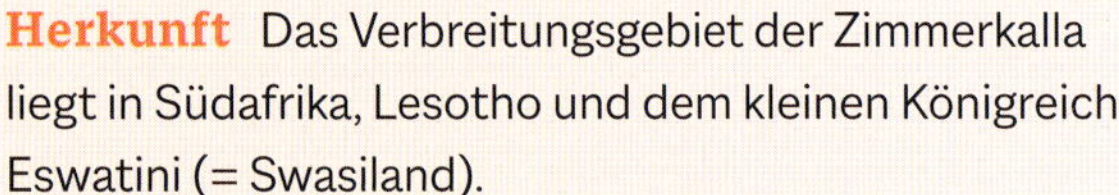

Herkunft Das Verbreitungsgebiet der Zimmerkalla liegt in Südafrika, Lesotho und dem kleinen Königreich Eswatini (= Swasiland).

Entdeckung Laut einiger Autoren soll die Zimmerkalla bereits zwischen 1687 und 1731 nach Europa eingeführt worden sein. Ihren wissenschaftlich gültigen Namen bekam sie aber erst 1826 von Curt Sprengel.

Naturstandort Die Sumpfstaude wächst in ihrer Heimat an Tümpeln, temporär austrocknenden Wasserflächen oder in sumpfigen Bereichen. Unter anderem besiedeln sie auch feuchte Felsspalten in Küstennähe.

Standort in der Wohnung Sie sollte nicht zu warm, aber hell stehen.

Substrat Man kann sie in Blumenerde pflanzen, besser gedeiht sie in einer Mischung aus Blumenerde und Perlit.

Wasserbedarf Während der Vegetations- und Blütezeit dürfen Sie sie reichlich gießen.

Bestimmende Eigenschaft Ihr schneeweißes Hochblatt (Spatha) bzw. bei Hybriden die farbigen Hochblätter machen ihren Reiz aus.

Blütezeit Die Zimmerkalla ist eigentlich ein typischer Winterblüher, allerdings können angetriebene Pflanzen auch zu anderen Jahreszeiten blühen.

ARTEN UND HYBRIDEN

Achten Sie beim Kauf einer Zimmerkalla genau auf die Art, denn danach richtet sich ihre Ruhezeit. *Z. aethiopica* ist grünlaubig, blüht im Winter mit weißer Spatha und besitzt Rhizome. Das irritierende Art-Epitheton *aethiopica* bedeutet übrigens übersetzt »Südrand der Erde«, und nicht »aus Äthiopien stammend«. *Z. albomaculata* hat weiße Flecken auf dem Laub und eine weiße Spatha, *Z. elliottiana* ein geflecktes Blatt, doch eine gelbe Spatha, *Z. rehmannii* ein grünes Blatt und eine rosa Spatha. Von diesen vier Arten stammen die Hybriden mit Blüten in allen Regenbogenfarben ab. Alle Hybriden besitzen Knollen statt Rhizome, und da sie sehr lichthungrig sind, liegt ihre Hauptblütezeit im Sommer und Herbst. Wenn Sie Zimmerkalla für die Vase kaufen, wählen Sie Stiele, bei denen die Spatha noch nicht ganz entfaltet ist, denn sie reifen nach. Wenn sich schon Pollen auf dem Kolben (Spadix) zeigt, sollten Sie sie nicht mehr kaufen. Damit die Blüten gut halten, geben Sie ein Frischhaltemittel ins Wasser.

Gewährt man der Zimmerkalla keine Ruhephase, geht sie früher oder später ein, vergeilt oder wird von Blattläusen oder Roter Spinne befallen.

DIE PFLEGE

Die Zimmerkalla benötigt nach ihrer Blüte im Winter eine Ruhephase. Stellen Sie ab Mitte Mai das Gießen ein, die Blätter sterben dann ab. Ende Juni ist die Ruhezeit beendet und Sie können die Rhizome umtopfen. Wollen Sie die Pflanze vermehren, können Sie jetzt die Rhizome teilen. Die Pflanze kann sommers auch im Garten stehen, denn sie ist recht schneckenfest. Die Zimmerkalla ist die nährstoffbedürftigste Pflanze, die ich kenne. Daher mischen Sie vor dem Topfen einen Langzeitdünger ins Substrat und geben Sie dem Gießwasser während ihrer Vegetationsphase 4–5 g Volldünger pro Liter hinzu. Solange die Zimmerkalla grünes Laub hat, sollte immer etwas Wasser im Untersetzer stehen, dann verträgt sie sogar Mittagssonne. Ab Oktober sollte sie wieder im Haus bei mindestens 8 °C stehen. Sobald sich die ersten Blütenknospen zeigen, stellt man sie in ein warmes Zimmer. Bei den Hybriden erfolgt die Pflege nach dem gleichen Schema, nur machen sie ihre Ruhezeit nach der Blüte im Sommer oder Herbst durch und werden im Frühjahr umgetopft und angetrieben.

WISSENSWERT

Die Zimmerkalla wird im Handel als Rhizom oder Knolle zum Antreiben, als Topfpflanze oder Schnittblume angeboten. Im Gegensatz zu den bunten Hybriden lässt sich die reine Art *Z. aethiopica* am einfachsten kultivieren. Die Hybriden stellen höhere Pflegeansprüche. Leider ist der Pflanzensaft allergen und kann Blasen auf der Haut hervorrufen. Passen Sie also besonders bei Schnittblumen auf. Für Haustiere kann der Verzehr giftig sein, beim Menschen wird Übelkeit und Erbrechen verursacht.

Gerbera

Gerbera jamesonii
Korbblütler (*Asteraceae*)

Herkunft Die Gerbera kommt in Südafrika, Lesotho, dem Königreich Eswatini (= Swasiland), Zimbabwe und Botswana vor.
Entdeckung Sie soll 1884 während einer Exkursion von Robert Jameson entdeckt worden sein, im gleichen Jahr wurde sie wissenschaftlich beschrieben.
Naturstandort Ihr Naturstandort ist das »Veld«, womit das Busch- und Savannenland des Plateaus bis 900 m Meereshöhe im Landesinneren von Südafrika und angrenzenden Ländern bezeichnet wird.
Standort in der Wohnung Gerbera im Topf brauchen einen Platz an einem hellen, aber nicht vollsonnigen Fenster in einem warmen oder mäßig warmen Zimmer.
Substrat Gerbera kann in jede handelsübliche Blumenerde getopft werden, bei niedrigen pH-Werten (5,0–5,5) werden die Blätter auch nicht chlorotisch.
Wasserbedarf Gerbera reagieren sehr empfindlich auf Staunässe oder Trockenheit, deshalb sollte der Wurzelballen immer etwas feucht sein. Gießen Sie also regelmäßig und moderat.
Bestimmende Eigenschaft Bei der Gerbera geht es nur um die Blüte, die Pflanze ähnelt ansonsten eher dem Löwenzahn.
Blütezeit Während Schnittblumen das ganze Jahr über angeboten werden, kommen die Topfgerbera von Frühjahr bis Sommer zur Blüte.

PFLANZE MIT LANGER ZÜCHTUNGSGESCHICHTE

In ihrem Buch »Hauptkulturen im Zierpflanzenbau« beschreiben Zimmer et al. ausführlich die Züchtungsgeschichte der Gerbera, auch die Internetseite www.gerbera.org liefert viele Informationen. Erste Pflanzen kamen durch Englands Verbindungen zu den Kolonien in die Botanischen Gärten in Kew und Cambridge. In Letzterem wurden durch den Kurator Richard I. Lynch bereits erste preisgekrönte Hybriden gezüchtet. Die Gärtnerei Adnet in Südfrankreich legte mit den Aufzeichnungen ihrer Kreuzungen den Grundstein für die ersten systematisch gezüchteten Hybriden. Gärtnereien in ganz Nordeuropa begannen, Gerbera zu hybridisieren, neben belgischen und englischen besonders auch deutsche Gärtnereien. Durch den Ersten Weltkrieg kam die Züchtungsarbeit von Zierpflanzen jedoch fast vollständig zum Erliegen. Erst in den 1920er-Jahren wurde die Gerberazüchtung wieder aufgenommen. Bis weit in die 1990er-Jahre war es nicht gelungen, samenechte Sorten, die rein über Aussaat vermehrt werden, zu züchten. Zwar gibt es inzwischen saatgutvermehrbare Gerbera zu kaufen, doch nach wie vor werden Pflanzen für Schnittblumen vegetativ vermehrt.

Gerbera sind im Vergleich sehr anfällige Pflanzen, die auch dem Erwerbsgärtner viel Erfahrung abverlangen. Daher ist es einfacher, Topfpflanzen oder Schnittblumen zu kaufen.

DIE PFLEGE

Gerberasamen können Sie im Gartencenter kaufen, sie bringen aber sehr heterogene Pflanzen hervor. Ihre Kultur dauert etwa vier bis fünf Monate und die Pflanzen werden nur ein Jahr alt. Sie eignen sich als saisonale Topfpflanzen oder für den Balkonkasten im Sommer. Säen Sie die Samen ab Februar aus, sie keimen bei Zimmertemperatur (18–22 °C) bereits nach wenigen Wochen. Gerbera benötigen Substrate mit einem schwach sauren pH-Wert von 5,0. Nach etwa vier bis sechs Wochen können die Keimlinge in Einzeltöpfe pikiert und nach weiteren vier bis sechs Wochen in 12 cm große Töpfe mit schwach gedüngter Erde gepflanzt werden. Indirektes Gießen über den Untersetzer verhindert Fäule. Vermeiden Sie hartes Gießwasser, sonst entstehen Chlorosen. Gerbera sind salzempfindlich, daher reicht 1 g Volldünger pro Liter Gießwasser einmal monatlich.

WISSENSWERT

Die Entdeckungsgeschichte der Gerbera ist verworren. Als einer der ersten soll sie Anton Rehmann (1840–1917) 1879 entdeckt haben. Robert Jameson (1832–1908) fand sie 1884 erneut, genau wie 1886 Harry Bolus (1834–1911). Erst als mehrfach Material nach Kew Gardens in London geschickt worden war, wurde sie 1889 unter dem Namen *G. jamesonii* wissenschaftlich beschrieben. Allerdings nennt R. I. Lynch schon 1885 in der Zeitschrift »The Garden« eine Pflanze *G. jamesonii.*

Chasmanthe

Chasmanthe floribunda
Schwertliliengewächse (*Iridaceae*)

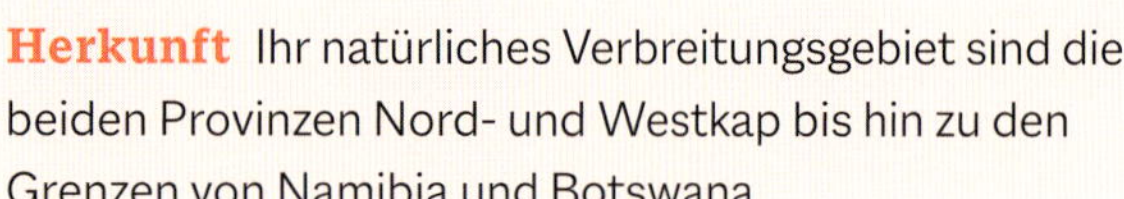

Herkunft Ihr natürliches Verbreitungsgebiet sind die beiden Provinzen Nord- und Westkap bis hin zu den Grenzen von Namibia und Botswana.
Entdeckung Erstmals wurde sie 1759 als *Antholyza aethiopica* beschrieben, ihren heute gültigen Namen erhielt sie erst 1932.
Naturstandort Chasmanthen wachsen in Küstengegenden und dem dahinter gelegenen Inland auf Sandstein- und Granitböden unter Gestrüpp und Büschen.
Standort in der Wohnung Im Sommer braucht sie einen vollsonnigen Platz, am besten draußen. Im Winter kann sie trocken und dunkel verstaut werden.
Substrat Am besten passt handelsübliche Blumenerde, der man etwa 20 % Sand oder Perlit zur Auflockerung untermischt.
Wasserbedarf Im Sommer kann sie reichlich gegossen werden, den Winter überdauern ihre Knollen trocken. Werden die Knollen im Winter zu feucht gehalten, faulen sie.
Bestimmende Eigenschaft Chasmanthen bilden auffällig gelbe, rote oder zweifarbige Blütenstände, die ihr Laub überragen.
Blütezeit Ihre Blütezeit reicht von Juli bis September.

VOGELBESTÄUBTE BLÜTEN

Weil Botaniker Pflanzen häufig anhand von Herbarbelegen oder Barcoding bestimmen und Feldbeobachtungen von Blütenökologen vor Ort nicht immer möglich sind, wird durch Abstrahieren von Blütendetails eine erste Vermutung über die Bestäuber festgelegt. Details wie lebhafte Farben wie Gelb, Orange und Rot, Pollen- und Nektarangebot, ein röhrenförmiger Blütenbau, Pollen, der tagsüber reift, und das Fehlen von Duft sind typische Merkmale einer vogelbestäubten Blüte, da Vögel den gelb-roten Lichtbereich besser wahrnehmen. Die Röhre lässt außerdem nur einen langen, dünnen Schnabel hinein, Vögel benötigen Pollen und Nektar zur Ernährung und sind nur tagsüber unterwegs. Auch wenn die Indizien deutlich sind, lassen sich Annahmen erst durch Beobachtungen verifizieren. Damit zwischen Blütenbesucher und Bestäuber zweifelsfrei unterschieden werden kann, muss man die Blütenbesucher einfangen, bestimmen und auf ihr Potenzial als Bestäuber untersuchen. Im Falle der Chasmanthe sind Nektarvögel (*Cinnyris* spec.) die bestätigten Bestäuber. Allerdings ist die Blütenbestäubung ein »hartes Geschäft« für beide: Nektarräuber wie Bienen, Hummeln und andere Vögel beißen die Blütenkrone an der Basis an und stehlen den Nektar. Wird ein Nektarvogel nun aber mehrfach getäuscht, lernt er, dass bei dieser Art von Blüte nichts zu holen ist und besucht sie weniger, wodurch die Chasmanthe nicht bestäubt wird.

Chasmanthe aethiopica, auch Kobralilie genannt, kommt in stabilen Beständen in den Provinzen Ostkap und Westkap vor.

DIE PFLEGE

Topfen Sie die Knollen im Frühjahr in eine nährstoffreiche, aber durchlässige Erde. Durch das Angießen wird ihre Ruhephase beendet. Nach nur wenigen Wochen treibt sie aus, und sobald keine Nachtfröste mehr zu erwarten sind, können Sie die Pflanzen ins Freie an einen sonnigen Platz stellen. Meistens reichen die Nährstoffe in der Erde für eine Vegetationsperiode aus. Bei Bedarf können Sie mit 1–2 g Volldünger pro Liter Gießwasser einmal in der Woche nachdüngen. Vom Frühsommer bis in den Herbst zeigen sich immer neue Blüten. Holen Sie die Pflanze Ende Oktober ins Haus, wo sie trocken, dunkel und kühl, aber frostfrei überwintern kann, das Laub stirbt dabei ab.

WISSENSWERT

Es werden nur drei Arten von Chasmanthe anerkannt: *C. aethiopica*, *C. floribunda* und *C. bicolor*. *C. bicolor* ist mit ihrer gelbroten Blütenkrone die spektakulärste Art, *C. floribunda* ähnelt *C. aethiopica* sehr, hat aber einen größeren und verzweigten Blütenstand mit wechselständigen Blüten. Von *C. floribunda* gibt es eine gelb blühende Variante, die manchmal als Sorte oder als var. *duckittii* vermarktet wird, obwohl es nicht eindeutig ist, ob es sich wirklich um eine solche handelt.

Gartengladiolen

Gladiolus × hortulanus
Schwertliliengewächse (*Iridaceae*)

Herkunft Gartengladiolen sind rein durch Züchtung entstandene Pflanzen. Wilde Gladiolenarten haben ihr natürliches Verbreitungsgebiet in ganz Afrika bis hinauf nach Südeuropa.
Entdeckung Die ersten Gartengladiolen waren Kreuzungen aus den beiden südafrikanischen Arten *G. cardinalis* und *G. tristis*.
Naturstandort Die Wildgladiolen Südafrikas besiedeln häufig sandige, offene Flächen.
Standort in der Wohnung Gartengladiolen werden gezielt im Garten oder im Haus als Schnittblumen im Topf herangezogen, die Knollen werden im Haus überwintert.
Substrat Man kann die Gartengladiole direkt auspflanzen oder in eine handelsübliche Blumenerde mit 20 % Sand oder Perlit in einen Topf pflanzen.
Wasserbedarf Im Sommer darf man sie reichlich gießen, den Winter überdauern ihre Knollen trocken.
Bestimmende Eigenschaft Bis auf das reine Blau blühen die Hybriden in allen Farben des Regenbogens.
Blütezeit Sie blühen unermüdlich den ganzen Sommer über.

GALIONSFIGUR DER SELBSTPFLÜCKFELDER

In den letzten Jahrzehnten ist die Selbstpflücke von Schnittblumen zu einem Trend geworden und mit einer Ehrlichkeitsrate von 70–90 % auch für die Landwirte lukrativ. Die Selbstpflücke bietet große Vorteile: Die Blumen sind extrem frisch und damit gut haltbar und wegen der kurzen Wege bzw. dem regionalen Anbau wird die Umwelt durch weniger CO_2-Ausstoß geschont. Besonders Gladiolen sind zur Standardblume der Selbstpflückfelder geworden, denn kaum jemand kann widerstehen, wenn man an einem Feld vorbeifährt, das in allen Farben des Regenbogens leuchtet. Im Jahresverlauf bieten die Felder verschiedene Pflanzen, die zu unterschiedlichen Jahreszeiten blühen. Meist geht es mit Narzissen im Frühling los, dann folgen Iris und Nelken, im Sommer die Gladiolen, schließlich die Sonnenblumen und mit Kürbissen endet die Selbstpflücke im Herbst. Gute Felder bieten nicht nur eine einzelne Pflanzenart an, sondern mehrere gleichzeitig, die sich zu Sträußen zusammenstellen lassen. Besonders lange halten Leberbalsam (*Ageratum*), Rudbeckien und Zinnien. Mit Platterbsen (*Lathyrus*), Levkojen und Schwarzkümmel (*Nigella*) werden daraus schöne Landsträuße. Eine prächtige Kombination erzielt man mit Astern, Dahlien, Gladiolen, Sonnenblumen (*Helianthus*) und Löwenmäulchen (*Antirrhinum*).

DIE PFLEGE

Am besten deckt man sich erst im späten Frühjahr mit Gladiolenknollen ein. Ab April kann man sie pflanzen. Ich verwende für sechs bis acht Knollen einen 20 cm großen Topf, was sehr eng gepflanzt ist. Durch versetztes Pflanzen haben sie mehr Platz. Eine Schicht mit Langzeitdünger versorgt die Pflanzen den ganzen Sommer über mit ausreichend Nährstoffen (siehe Seite 268 f.). Stellen Sie die Töpfe auf den Balkon oder die Terrasse, wo sie sich in voller Sonne gut entwickeln und so gut wie nie von Schädlingen oder Schnecken befallen werden. Bei schwarzen Töpfen müssen Sie vorsichtig sein, da sich ihre sonnenzugewandte Seite bis auf 60 °C erwärmt und die Wurzeln bzw. Knollen auf dieser Seite absterben können. Im Sommer können Sie sich dann die prächtigen Blütenstände für die Vase schneiden. Vor den ersten Frösten holen Sie die Töpfe ins Haus und überwintern Sie die Knollen trocken und dunkel.

Sobald die Nächte frostfrei bleiben, kann man Gladiolen eintopfen, um den Sommer einzuleiten.

WISSENSWERT

Die südafrikanischen Mutterpflanzen für die Gartengladiolen kamen bereits im 17. Jahrhundert nach Europa. Eine der ersten Hybriden war *G. × colvillei*, deren Elternteile *G. cardinalis* und *G. tristis* waren. Schon bald entstanden in England, Holland, Nordamerika und Deutschland durch Hybridisierung massenweise neue Sorten. Da nicht immer bekannt ist, was wie gekreuzt wurde, lassen sich die unzähligen Hybriden nur grob nach Wuchshöhen in Nanus-Gruppe, Primulinus-Gruppe und Grandiflorus-Gruppe einteilen.

DIE KÖNIGSPROTEE

Eine der wohl auffälligsten Blütenpflanzen der Welt ist die Nationalblume Südafrikas, *Protea cynaroides*, die in Europa eigentlich nur als Schnittblume bekannt ist. Bei der Königsprotee, wie sie auch genannt wird, handelt es sich um einen bis zu 3 m groß und breit werdenden Strauch, der in der ganzen Kapregion Südafrikas verbreitet ist. Er wächst dort an Abhängen und felsigen Bereichen und blüht das ganze Jahr über, mit einem Höhepunkt im südafrikanischen Winter (von Mai bis September). Wenn die Blüte vollständig erblüht ist, hat sie einen Durchmesser von 30 cm und wiegt bis zu 500 g. Die rosaroten Hochblätter (Brakteen) umranden die silbrig weißen Staubfäden. Eigentlich handelt es sich bei ihren Blüten um einen Blütenstand nach dem Prinzip der Korbblütler. Die äußeren Hochblätter übernehmen die Lockfunktion für die Bestäuber und im Zentrum der Blüte befinden sich die vielen zwittrigen Blüten. Am Blütenboden produziert die Königsprotee sehr viel Nektar, der von Vögeln, die die Blüten bei ihrem Besuch bestäuben, getrunken wird.

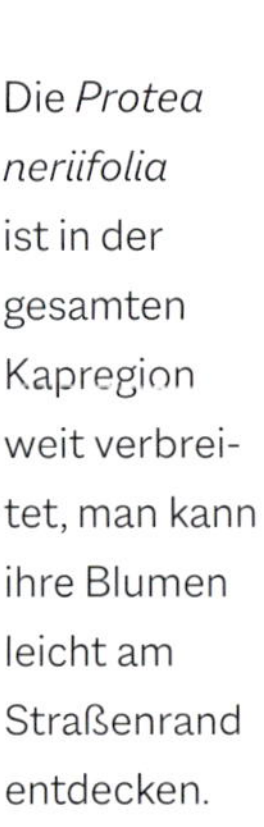

Die *Protea neriifolia* ist in der gesamten Kapregion weit verbreitet, man kann ihre Blumen leicht am Straßenrand entdecken.

Die *Proteaceae* sind eine sehr alte Pflanzenfamilie, ihre Existenz geht bis auf Gondwana vor 80 Millionen Jahren zurück, eine Annahme, die durch ihr heutiges Verbreitungsgebiet (Südamerika, Afrika, Asien und Australien) bestärkt wird. Eine rezente *Proteaceae* ist die neuseeländische *Knightia excelsa*, deren Blütenstände noch gestreckt und unverwachsen sind. Pollenfunde zeigten, dass diese Gattung bereits vor 40 Millionen Jahren in Neuseeland existierte.

PROTEEN IN EUROPA

Die Königsprotee kann in Mitteleuropa als Kübelpflanze kultiviert werden, wie einige andere Pflanzen der Capensis, die ich im Folgenden vorstelle. Die leicht erhältlichen Samen der Königsprotee werden im Herbst ausgesät, damit die Keimlinge im kommenden Frühjahr bessere Wachstumsbedingungen haben. Sie verlangen eine mineralische, drainierende Substratmischung aus saurem Sand, Lehm und etwas Kompost. Der pH-Wert sollte um 5,0 liegen. Aus Südafrika wird berichtet, dass generativ vermehrte Pflanzen nach etwa vier bis fünf Jahren zur Blüte kommen, in Mitteleuropa dauert es meist zehn Jahre und mehr. In den ersten Jahren bildet die Königsprotee den Lignotuber aus, das ist eine hölzerne Verdickung an der Sprossbasis, die ihr hilft, Feuer zu überdauern.

DIE PROTEE ALS SCHNITTBLUME

Inzwischen werden Königsproteen nicht nur in Südafrika, sondern auch in Australien, Neuseeland, den Kanaren, Südamerika und Hawaii als Schnittblumen angebaut. Frisch geschnitten halten sie sich bis zu sechs Wochen in entkarbonisiertem Vasenwasser (pH-Wert zwischen 3,0 und 3,5), wenn man die Stiele immer wieder frisch anschneidet. Außerdem eignen sich die Blüten hervorragend für die Trockenfloristik. Das Buch »Protea« von Lewis J. Matthews gibt nützliche Kulturtipps und stellt auch viele Sorten vor.

Die Königsprotee (*Protea cynaroides*) ist nicht nur die Nationalblume Südafrikas, sondern auch eine beliebte Schnittblume.

Schmucklilie

Agapanthus praecox
Amaryllisgewächse (*Amaryllidaceae*)

Herkunft Die Schmucklilie ist von der Kapregion Südafrikas an der Ostküste bis zum Grenzgebiet zu Mosambik verbreitet.
Entdeckung Die Gattung *Agapanthus* wurde bereits 1788 aufgestellt, *A. praecox* wurde 1809 beschrieben.
Naturstandort Sie wächst auf Abhängen und felsigem Untergrund in Küstennähe unter Sträuchern im Fynbos bis hoch ins montane Grasland.
Standort in der Wohnung Die immergrüne Schmucklilie (*A. praecox*) können Sie bei uns als Kübelpflanze ziehen. Im Sommer sollte sie im Freien stehen, im Winter hell und kühl überwintert werden.
Substrat Es bietet sich eine strukturstabile Kübelpflanzenerde mit Lavabruch an, da Schmucklilien erst dann umgetopft werden, wenn ihr Topf schon zu zerbersten droht.
Wasserbedarf Da *A. praecox* immergrün ist, muss sie auch im Winter immer etwas gegossen werden. Im Sommer können Sie reichlich gießen.
Bestimmende Eigenschaft Ihre lilablauen Blütenstände, die je nach Unterart oder Sorte weiß gemustert sind.
Blütezeit Die Schmucklilie blüht vom Hochsommer bis in den Herbst hinein, ihre Blüten halten sich mehrere Wochen.

IN-VITRO-VERMEHRUNG ALS ARTENSCHUTZMASSNAHME

Obwohl die natürlichen Bestände der Schmucklilien als stabil eingestuft werden, macht man sich besonders in Südafrika viele Gedanken über den Artenschutz. Ein großes Problem dabei ist der Erhalt des Lebensraums der Pflanzen. Ist ein Habitat erst einmal zerstört, ist eine Renaturierung alles andere als einfach. Ein zusätzlicher Knackpunkt bei der Renaturierung ist auch die Gendiversität, damit nach erfolgreicher Bestäubung wieder eine starke Population entstehen kann. Trotzdem geht Südafrika den Weg der In-vitro-Mikrovermehrung. Neben der Schmucklilie wurden viele weitere Pflanzen auf ihre Klonbarkeit untersucht. Doch wie der Name Klon bereits sagt, kann man durch die Mikrovermehrung zwar viele Pflanzen reproduzieren, aber diese Pflanzen besitzen keinen diversen Genpool. Auf der anderen Seite hat das Klonen den großen Vorteil, z.B. interessante Mengen für den ökonomischen Markt produzieren zu können. Bis heute werden viele Pflanzen für Liköre oder Medizinprodukte aus der Natur entnommen. Von der Mikrovermehrung könnten die kommerzielle Verwendung sowie die Zierpflanzenproduktion stark profitieren. In einem nächsten Schritt will man versuchen, das genetische Problem in den Griff zu bekommen, wovon auch Programme zur Renaturierung profitieren würden.

DIE PFLEGE

Die Schmucklilie ist eine typische Kübelpflanze, die Sie im Winter hell und kühl, aber frostfrei, und im Sommer im Freien halten. Streuen Sie nach der Winterruhe entweder Langzeitdünger zwischen die Triebe auf die Substratoberfläche oder düngen Sie mit 2 g Volldünger pro Liter Gießwasser im wöchentlichen Rhythmus. Nach Verlassen des Winterquartiers braucht sie einige Wochen an einem halbschattigen Platz. Nach dieser Abhärtungsphase kann sie auch volle Sonne vertragen. Ab dem Sommer erscheinen die Blütenstände, die sogar von heimischen Insekten bestäubt werden. Die Schmucklilie hybridisiert schnell mit verwandten Arten in der Nähe, sodass die Samen, die man gleich nach der Ernte aussäen kann, interspezifische Hybriden sind.

Bei Schmucklilien genügen relativ enge Gefäße für große Exemplare, sie müssen selten umgetopft werden.

WISSENSWERT

Nach langem nomenklatorischem Durcheinander wurde die Gattung nun auf sechs Arten geschrumpft. Ein wichtiges Unterscheidungsmerkmal ist die Farbe des Pollens, der purpurn oder gelb sein kann. *A. praecox* und *A. africanus* sind in Europa am häufigsten. Im Botanischen Garten München haben wir die Erfahrung gemacht, dass *A. praecox* im Winter das Laub behält, während *A. africanus* zwar etwas Laub verliert, aber nicht komplett einzieht. Dafür ist *A. africanus* deutlich wüchsiger, hat breitere Blätter und sehr viel größere Blütenstände als *A. praecox*.

Zimmerlinde

Sparrmannia africana
Malvengewächse (*Malvaceae*)

Herkunft Die Zimmerlinde hat ihr natürliches Verbreitungsgebiet von Riversdale am Westkap bis nach Port Elizabeth am Ostkap und auf Madagaskar.

Entdeckung Beschrieben wurde die Zimmerlinde erstmals 1782 von Carl von Linné jr., dem Sohn Carl von Linnés.

Naturstandort Sie wächst zusammen mit anderen Sträuchern in offenen Baumgesellschaften.

Standort in der Wohnung In der Wohnung braucht sie einen hellen, luftigen und kühlen Platz. Direkte Heizungsluft im warmen Wohnzimmer bekommt ihr gar nicht.

Substrat Zimmerlinden können Sie in eine handelsübliche Blumenerde topfen, besonders ältere Exemplare sollten Sie nur noch nach mehreren Jahren umtopfen.

Wasserbedarf Bei Trockenstress färben sich ihre Blätter schnell gelb und fallen ab, ihr Wurzelballen sollte daher immer etwas feucht sein.

Bestimmende Eigenschaft Ihre samtig behaarten Blätter fassen sich sehr angenehm an und ihre weißen Blüten mit den vielen Staubfäden sind sehr auffällig.

Blütezeit Ihre Hauptblütezeit liegt in den Wintermonaten von November bis März, während denen sich immer neue Blütenstände bilden.

VON TIPPFEHLERN UND FASERGEWINNUNG

Lange Zeit galt die Zimmerlinde als Lindengewächs (*Tiliaceae*), doch wurde ihre Gattung aufgrund von Ergebnissen molekularer Untersuchungen in die Malvengewächse integriert. Außerdem findet man in älteren Büchern immer noch die Schreibweise *Sparmannia*, mit einem »r«. Dies geht auf die Typusbeschreibung von Carl von Linné jr. zurück, der sie einmal mit zwei und einmal nur mit einem »r« schrieb. Erst 1989 verständigte man sich darauf, dass es sich um einen Tippfehler handeln musste, weil mit der Gattung *Sparrmannia* der schwedische Botaniker Anders Sparrman (1748–1820) geehrt werden sollte. Dieser begleitete nämlich James Cook auf seiner zweiten großen Reise von 1772–75 und kehrte 1775 nach Kapstadt zurück, wo er bis 1776 blieb, um Pflanzen zu sammeln. Unter den gesammelten Pflanzen, die er mit nach Europa brachte, war auch die Zimmerlinde. Im Englischen wird sie trivial als »African hemp« bezeichne, allerdings geht diese Bezeichnung nicht auf Halluzinogene, sondern die Fasern des Hanfs zurück. Ende des 19. Jahrhunderts gewann man Pflanzenfasern aus den Stämmen der Zimmerlinde und verarbeitete sie zu Stricken und Garn. Wegen der besseren Qualität der Jute wurde dieses Verfahren eingestellt.

DIE PFLEGE

Für die Zimmerlinde muss man etwas Platz haben, denn sie wird auch im Topf um die 2,50 m groß. Ältere Exemplare kann man zwar durchaus um zwei Drittel einkürzen, sie werden dadurch aber schnell unansehnlich. Gewinnen Sie bei einem solchen Rückschnitt besser Stecklinge und fangen Sie wieder mit einer kleinen Pflanze an. Nach der Blüte versetzen Sie die Pflanze von Mai bis Juni in eine Ruhephase, in der Sie sie kaum gießen und nicht düngen. Falls dabei die Blätter abfallen, ist das nicht schlimm, denn sie treibt wieder durch. Nach der Ruhephase können Sie sie umtopfen oder wieder anfangen, zu gießen und mit 2–3 g pro Liter Gießwasser wöchentlich zu düngen, damit sie genügend Nährstoffe für ihr rasches Wachstum bekommt. Sie darf dann auch ins Freie. Im Winter kommt sie in einem kühlen Zimmer im Haus zur Blüte. Bei schlechter Nährstoffversorgung werden ihre Blätter chlorotisch, nur bei guter Versorgung bleiben ihre Blätter saftig grün und schön groß.

Das hellgrüne weich behaarte Laub gefällt im Sommer, im Winter erscheinen die weißen Blüten mit den gelben Staubfäden.

WISSENSWERT

Schnelle Pflanzenbewegungen sind faszinierend, wie zum Beispiel bei der Mimose (*Mimosa pudica*) oder der Venusfliegenfalle (*Dionea muscipula*). Bei der Zimmerlinde wird ein Bewegungsreiz durch Erschütterung ausgelöst (Seismonastie): Die Staubblätter bewegen sich nach außen, um Pollen an einen Blütenbesucher anzuheften. Diese Bestäubungsstrategie klingt einzigartig, ist aber auch von Berberitzen (*Berberis*) oder Feigenkakteen (*Opuntia*) bekannt. Im Englischen spricht man von einem Berührungsreiz (Haptonastie) statt von Erschütterungsreiz. Aus eigener Erfahrung tendiere ich eher zur englischen Bezeichnung.

Katzenschwanzpflanze

Bulbine frutescens
Grasbaumgewächse (*Xanthorrhoeaceae*)

Herkunft Die Katzenschwanzpflanze ist in weiten Bereichen des Nord-, West- und Ostkaps, mit den meisten Arten im Ostkap, verbreitet.
Entdeckung Ihr gültiger botanischer Name geht auf die Beschreibung von Carl L. Willdenow von 1809 zurück.
Naturstandort Sie bevorzugt trockene, sandige oder steinige Böden in Tälern, wo sie zusammen mit anderen sukkulenten Pflanzen vorkommt.
Standort in der Wohnung Die Katzenschwanzpflanze braucht viel Licht und damit einen Platz an einem hellen Fenster.
Substrat Verwenden Sie eine stark mineralische Kakteenerde, da die Katzenschwanzpflanze in Blumenerden zu mastig wird und leicht fault.
Wasserbedarf Gießen Sie die sukkulente Pflanze auch im Sommer nur mäßig, im Winter sogar nur sehr sparsam.
Bestimmende Eigenschaft Ihre schönen, orangefarbenen Blüten erheben sich über das sukkulente Laub.
Blütezeit Ihre Blüte beginnt zwischen dem Ende des Winters und dem zeitigen Frühjahr und wird von viel Licht positiv beeinflusst.

PFLANZE FÜR LIEBHABER

Die Katzenschwanzpflanze findet man nur selten in Gartencentern oder anderen Einzelhandelsgeschäften. Hin und wieder wird sie als bedingt frosthart von Staudengärtnereien angeboten, doch überlebt sie die kalten europäischen Winter meist nicht. In mediterranen Ländern trifft man allerdings häufig auf sie, denn dort ist sie ein pflegeleichter, teppichbildender und trockenheitsverträglicher Bodendecker. Verblühte Blütenstände werden weggeschnitten, um neue Blüten anzuregen. An sonnigen Standorten blüht sie üppiger, kühle Temperaturen im Winter fördern gleichfalls die Blütenbildung. Im Sommer können die Pflanzen ins Freie, sind aber anfällig für Schneckenfraß.

Klivie

Clivia miniata
Amaryllisgewächse (*Amaryllidaceae*)

Herkunft Die Klivie ist entlang der Ostküste ganz Südafrikas, also von der Kapregion bis zur Grenze nach Eswatini (= Swasiland) verbreitet.
Entdeckung William J. Burchell (1781–1863) soll bereits um 1813 eine größere Sammlung von Klivien aus der Natur am Ostkap kultiviert haben, aber erst 1864 bekam die Pflanze ihren heute anerkannten wissenschaftlichen Namen.
Naturstandort Klivien wachsen in der Krautschicht von Wäldern, wo sie an Abhängen bis auf 1.500 m Meereshöhe vorkommen.
Standort in der Wohnung Am besten geeignet ist ein Platz in einem eher kühl temperierten Zimmer bei 12–18 °C.
Substrat Klivien können in jede handelsübliche Blumenerde gepflanzt werden. Mischen Sie Langzeitdünger ins Substrat, da sie erst umgetopft werden müssen, wenn der Topf beinahe gesprengt wird.
Wasserbedarf Sie tolerieren schadlos wechselhafte Bedingungen, im Winter reduzieren Sie das Gießen auf ein Minimum.
Bestimmende Eigenschaft Die Klivie glänzt durch ihre schönen Blüten.
Blütezeit Ihre Blütezeit beginnt im zeitigen Frühjahr. Damit sie Blüten bilden, müssen Klivien hungrig, trocken und kühl gehalten werden. Ohne eine Ruhephase im Winter erscheinen kaum Blüten.

INTERESSANTE NEUE KREUZUNGEN

Bereits in den 1960er-Jahren wurde die Klivie als altmodisch abgestempelt, was sicherlich daran lag, dass es nur sehr wenige Sorten gab. Leider muss man bis in die Heimat der Klivie fahren, um an interessante Kreuzungen zu kommen. Das Buch »Grow Clivias« von Graham Duncan zeigt, dass es viel mehr als die orange blühende Art oder die gelb blühende *C. miniata* var. *citrina* gibt. Besonders in Japan hat man in den letzten Jahrzehnten viele interspezifische Züchtungen aus *C. miniata* und *C. caulescens* oder *C. mirabilis* mit neuen Blütenfarben und -formen sowie marmorierten und panaschierten Blättern gezüchtet. Klivien sind wirklich alles andere als altmodisch.

1
Die »normale« orangefarben blühende Klivie ist etwas aus der Mode gekommen. Suchen Sie doch einmal im Internet noch neuen Sorten wie 'Longwood Debutante' mit pastellgelben Blüten.

2
Die himmelblauen Blüten der Bleiwurz glimmen geradezu in der Dämmerung, damit sie von bestäubenden Faltern besser wahrgenommen werden.

Bleiwurz

Plumbago auriculata
Bleiwurzgewächse (*Plumbaginaceae*)

Herkunft Das Verbreitungsgebiet der Bleiwurz erstreckt sich von Südafrika bis nach Mosambik.
Entdeckung Ihren wissenschaftlichen Namen bekam die Bleiwurz bereits 1786.
Naturstandort In der Natur wächst sie im Gestrüpp und Dickicht, wo junge Triebe klettern und an anderen Pflanzen hochranken. Erst später wachsen die Triebe zu einem Stamm heran.
Standort in der Wohnung Zwar wird die Bleiwurz manchmal als Zimmerpflanze angeboten, doch ist sie mit ihrer Größe und ihrem Pflegeanspruch eine Kübelpflanze.
Substrat Topfen Sie die Bleiwurz im Alter nur alle paar Jahre um, es empfiehlt sich daher eine strukturstabile Kübelpflanzenerde mit Lavabruch-Anteilen.
Wasserbedarf Vom Frühjahr bis zum Herbst sollten Sie die Bleiwurz reichlich gießen, im Winter aber trockener halten.
Bestimmende Eigenschaft Es heißt, die Bleiwurz wäre nur was für fleißige Gärtner, da ihre porzellanblauen Blüten in der Dämmerung glimmen würden, was man nur sehe, wenn man lange im Garten arbeite.
Blütezeit Ab dem Hochsommer treten die vielen hellblauen Stieltellerblumen auf, sie können den ganzen Strauch bedecken.

KLASSISCHE KÜBELPFLANZE

In der Natur werden die Stieltellerblüten von Schmetterlingen bestäubt, auch in unseren Breiten werden sie von ihnen angeflogen. Doch Hummeln haben die Blüten ebenfalls entdeckt. Sie beißen sie an der Röhrenbasis an und stehlen den Nektar, dabei knickt die zarte Blüte um. Im Winter verliert die Bleiwurz für gewöhnlich viel Laub, was kein Grund zur Aufregung ist, denn sie treibt im Frühjahr kräftig durch. Schneiden Sie sie kräftig zurück, bevor Sie die Pflanze ins Freie räumen. Im Herbst kommt sie zusammen mit anderen Kübelpflanzen ins Winterquartier an einen hellen, aber kühlen Platz (7 °C). Es gibt eine rein weiße Sorte, 'Alba', die aber nicht so auffällig ist wie die hellblau blühende Art.

Ruhmeskrone

Gloriosa superba
Zeitlosengewächse (*Colchicaceae*)

Herkunft Die Ruhmeskrone hat ein sehr großes Verbreitungsgebiet, das sich von Afrika bis nach Südostasien erstreckt. In vielen anderen Ländern, etwa Australien oder Ozeanien, ist sie verwildert.
Entdeckung Carl von Linné beschrieb sie 1753 wissenschaftlich gültig, dabei gab er aber als Verbreitungsgebiet nur den Bundesstaat Kerala in Südindien an.
Naturstandort Die Ruhmeskrone wächst im tropischen Dschungel, in Wäldern, in der Strauchvegetation, in Graslandschaften sowie auf mageren Böden auf bis zu 2.500 Höhenmetern.
Standort in der Wohnung Sie ist eine lichthungrige Kletterpflanze, die direkt am Fenster stehen sollte. Im Sommer kann man sie auch ganz gut auf dem Balkon ziehen.
Substrat Pflanzen Sie die Ruhmeskronenknollen nach dem Überwintern jedes Frühjahr neu in eine Blumenerde mit 10 % Sandanteil und Langzeitdünger nach Dosierungsangabe.
Wasserbedarf Sobald die Knollen im Frühjahr getopft wurden, sollten Sie den Topfballen immer etwas feucht halten.
Bestimmende Eigenschaft Ihre auffälligen und ungewöhnlichen Blüten sind die Eyecatcher.
Blütezeit Ihre Blüten erscheinen vom Frühsommer bis in den Herbst hinein.

Mit ihren auffälligen und ungewöhnlichen Blüten ist die *Gloriosa superba* eine attraktive Zimmerpflanze.

DIE DOSIS MACHT DAS GIFT

Die Ruhmeskrone ist zwar in allen Teilen giftig, dennoch ist sie eine begehrte Heilpflanze in der Volksmedizin, besonders in Indien. Im indischen Bundesstaat Orissa sowie in Sri Lanka ist die Pflanze vom Aussterben bedroht, da ihre Knollen dort intensiv gesammelt werden. Ihre Samen werden gegen rheumatische Beschwerden, Schmerzen sowie zur Muskelentspannung eingesetzt, während die Knollen in geringer Dosis gegen eine Vielzahl von Beschwerden verwendet werden: Entzündungen, Geschwüre, Hämorrhoiden, Hauterkrankungen, Lepra, Schlangenbisse, Verdauungsstörungen, Wurminfektionen, Fieber, Haarausfall und vieles mehr. Eine Überdosierung kann allerdings schnell eine Vergiftung hervorrufen. Symptome dafür sind Erbrechen, Magenschmerzen und Durchfall. Zur Gewinnung ihres Wirkstoffs Colchicin wird die Ruhmeskrone heute auch gezielt angebaut. Colchicin hemmt die Zellteilung, was man sich in der Pflanzenzüchtung zunutze macht. Außerdem wird es in der Medizin unter anderem gegen Gicht, Krebs und aktuell zur Therapie bei COVID-19 angewendet.

DIE PFLEGE

Wenn Sie im Frühjahr Ruhmeskronenknollen gekauft haben, werden Sie bei genauer Betrachtung feststellen, dass die Knollen an einem zentralen Punkt miteinander verwachsen sind. An dieser Stelle entspringen später die Wurzeln, der gegenüberliegende Teil enthält die Vegetationspunkte. Achten Sie beim Eintopfen gut auf diese, denn brechen sie ab, ist die Knolle wertlos, da sie nicht mehr wachsen wird. Topfen Sie die Knolle etwas schräg ein, sodass die Vegetationspunkte nur mit möglichst wenig Substrat überdeckt sind. Gießen Sie die Knolle an und treiben Sie die Pflanze auf dem Fensterbrett bei 18–24 °C an. Bereits nach wenigen Wochen zeigen sich die ersten Blätter, die Sie am besten an eine Rankhilfe anlehnen. Obwohl die Pflanze sehr fragil wirkt, kann sie im Sommer auch ins Freie. Aber Vorsicht: Schnecken fressen sie sehr gerne. Haben Sie dem Substrat keinen Langzeitdünger untergemischt, geben Sie dem Gießwasser im Sommer 1 g Volldünger pro Liter zu. Schon bald zeigen sich dann die aparten Blüten, die anfangs grün, dann gelb und rot und später nur noch rot sind. Überwintern Sie die Knollen trocken bei 15 °C und topfen Sie sie jedes Frühjahr neu, dann werden Sie jahrelang Freude an der Pflanze haben.

WISSENSWERT

Es gibt zehn verschiedene *Gloriosa*-Arten, die alle in Afrika, Indien und Südostasien beheimatet sind. Dort werden sie von Nektarvögeln und Schmetterlingen bestäubt. Zum Teil gelingt es auch bei uns, die Samen können Sie aussäen. Lange wurde *G. superba* auch als *G. rothschildiana* verkauft, doch ist Letzteres inzwischen ein Synonym bzw. wird als rubinrote Sorte geführt. Auffällig ist die Sorte 'Citrina', deren zitronengelbe Blüten rote Streifen besitzen.

GREENLAND
Iceland
Hudson Bay
British Columbia
Vancouver I.
Sandwich
Falkland Iᵈ
Tierra del Fuego

Australis

Der australische Kontinent, inklusive des südlichen Tasmaniens, stellt mit seiner geografischen Abgeschiedenheit und seiner besonderen Entstehungsgeschichte ein sehr eigenes und besonderes Floren- und Faunenreich dar.

Die Einzigartigkeit Australiens zeigt sich schon darin, dass im Nordwesten des Landes fossile biogene Sedimentgesteine (Stromatolithen) gefunden wurden, die weltweit zu den ältesten Fossilien und damit zum Nachweis von Leben gehören. Die Entwicklung der Flora geht bis auf Gondwanaland zurück, das sich aus den heutigen Kontinenten Südamerika, Afrika, Antarktika und Australien sowie dem Subkontinent Indien zusammensetzte und vor etwa 40 Millionen Jahren durch die Kontinentaldrift zerfiel. Dabei spaltete sich Australien von der Antarktis ab. Seit Millionen von Jahren ist Australien damit von den anderen Kontinenten isoliert, sodass Flora und Fauna sehr lange Zeit hatten, um sich selbstständig in einem begrenzten Gebiet zu entwickeln. Die Folge: 80–90 % der Samenpflanzen sind endemisch. Eine botanische Besonderheit stellen die einzigartigen Xeromorphosen dar, das sind wie zu nadelförmigen Blättern umgewandelte Blattstiele.

DAS KLIMA DER AUSTRALIS

Mit der Kontinentaldrift veränderte sich auch das Klima massiv, sodass Australien heute der zweittrockenste Kontinent ist. Durch hohe Sonneneinstrahlung und geringe Niederschläge wird viel Wasser von den Böden verdunstet (Evaporation), und da zwei Drittel des Landes nur 250 Liter Regen pro Quadratmeter im Jahr erhalten (vgl. Durchschnitt Deutschland 789 l/m^2), ist der größte Teil des Landes stark arid. Durch den Monsun, der sich vor allem an der Ostküste und in Tasmanien abregnet, entstanden dort tropische Regenwälder, während das Zentrum kaum Niederschläge bekommt. Insgesamt ist Australien in drei Florenregionen mit sehr unterschiedlichen Ausprägungen unterteilt (zusätzlich unterscheidet man noch zwei kleinere Florenelemente, das Tumbuna- und Irian-Element): Die **Torres-Region** erstreckt sich von Ost nach West entlang der Nordküste und umfasst tropische Eukalyptus- und laubwerfende Monsunsavannen. Die **Bassische Region** erstreckt sich entlang der Ostküste Australiens, Tasmaniens und der Südküste im Westen, das Klima ist hier mediterran. Die Bassische Region enthält Tumbuna-Elemente, die Relikte des Eozän-Regenwaldes wie etwa Scheinbuchen (*Nothofagus*) aufweisen. Die **Eyre-Region** bildet das trockene Zentrum Australiens.

PRÄGENDE ARTEN

Die Australis ist besonders durch Eukalyptusarten (600 Arten) und Akazien (1.000 Arten) geprägt, die auch außerhalb Australiens vorkommen. Neben endemischen Familien wie den Speerblumen (*Doryanthaceae*), Wasserkruggewächsen (*Cephalotaceae*) und den Grasbäumen (*Xanthorrhoeaceae*) gibt es viele subendemische wie die Kasuarinengewächse (*Casuarinaceae*), Goodeniengewächse (*Goodeniaceae*) oder die früheren Epacridaceen, die heute in den Heidekrautgewächsen (*Ericaceae*) geführt werden.

NEUSEELAND

Neuseeland wird nicht komplett zur Australis gezählt, weil die beiden Südinseln viele Florenelemente der Antarktis aufweisen und deshalb auch zu diesem Florenreich gehören. Somit gehört eigentlich nur die Nordinsel Neuseelands zur Australis. Ähnlich wie Australien besitzt auch Neuseeland als Inselguppe einen sehr hohen Endemitenanteil von 85 Prozent. Der Mensch hat jedoch stark in die Vegetation eingegriffen, z.B. durch Abholzung der natürlichen Wälder, deren Leitbäume rezente Nadelbäume wie Steineiben (*Podocarpus*) oder Kauri-Bäume (*Araucaria*) sind, die zusammen mit Laubbäumen wie Scheinbuchen (*Nothofagus*) auftreten. Deshalb stehen die verbliebenen Bereiche – etwa ein Drittel der Fläche Neuseelands – als Nationalparks unter Naturschutz. Verschiedene Eisenholzbaum-Arten (*Metrosideros*) sind gemeinsame Vertreter mit Australien. Neuseeland ist berühmt für seine Baumfarne (*Cyatheales*), die oft landschaftsprägend sind. Mit bis zu 20 m Höhe sind sie die größten Vertreter der an rezenten Arten reichen Vegetation, die mehrere Hundert Vertreter von Farnen, Bärlappgewächsen, Moosen und Flechten aufweist. Bei einem Spaziergang durch von Farnen geprägte Wälder kann man sich wirklich sehr gut vorstellen, wie die Flora zu Zeiten der Dinosaurier im Trias/Kreide ausgesehen haben muss, als es noch kaum Samenpflanzen gab.

Australien

Der majestätische Uluru, heiliger Berg der Aborigines, leuchtet im Abendrot im Uluru and Kata Tjuta National Park, Australien.

Australien und Neuseeland haben für Touristen eines gemeinsam: Durch die Abgeschiedenheit dieser Länder gibt es dort einige Krankheiten, Neobiota und Infektionen nicht und am Zoll achtet man durch strenge Kontrollen sehr darauf, dass das auch so bleibt. Deshalb wird man bei der Einreise sehr genau befragt, was man ins Land bringt. Hat man Pflanzen oder ein nicht erlaubtes Produkt dabei, werden Bußgelder erhoben. Vermutlich reisen die meisten Besucher Australiens über eine große Stadt an der Südküste ein. Die Südküste ist durch ein temperiertes Klima gekennzeichnet und die südöstliche Flora könnte einem Vergleich mit Südafrikas Flora standhalten: Neben Eukalyptuswäldern kann man Proteen, Akazien und Myrtengewächse sehen. Grundsätzlich betrachtet ist der Anteil an Endemiten (Pflanzen, die nur regional vorkommen) in ganz Australien mit 80–90 % sehr hoch und man findet häufig unbekannte Pflanzen. In wirklich vielen Bereichen ähneln sich die Capensis und die Australis sehr.

> ›› Im Blue Mountains Nationalpark nahe Sydney bieten sich spektakuläre Aussichten. ‹‹

SYDNEY UND UMGEBUNG

Australien bereist man wegen der großen Distanzen am besten mit einem Auto, wodurch man sehr viel flexibler in seiner Reiseplanung und -gestaltung wird. Besuchen Sie in Sydney unbedingt die 30 ha großen Royal Botanic Gardens. Sie liegen nicht weit vom Opernhaus entfernt, dessen Dach in Form von Lotosblüten (*Nelumbo nucifera*) gestaltet ist. Die Geschichte des Botanischen Gartens ist wechselhaft. Als eine der ersten wissenschaftlichen Institutionen Australiens wurde er 1816 als Kolonialgarten gegründet und unterlag vielen Einflüssen der Royal Botanic Gardens Kew in London. Er ist wunderschön an der Hafenbucht von Farm Cove und der Woolloomooloo Bucht gelegen, wodurch er vielen Bewohnern Sydneys als Erholungs- und Freizeitort dient. Der Garten ist wie ein englischer Landschaftsgarten gestaltet, der von der Großstadtkulisse Sydneys eingerahmt wird. Das auffälligste Gebäude ist vermutlich das Palmenhaus, das in Form einer vierseitigen Pyramide gestaltet ist. Auch die rezente *Wollemia nobilis* gibt es zu sehen. Sie wurde in den angrenzenden Blue Mountains gefunden, die genaue Lage des Fundortes wird aber geheim gehalten. Als im Jahr 2019 starke Brände die Region heimsuchten, wurde tatsächlich eine Gruppe Feuerwehrleute abgestellt, die die Schlucht der Wollemien erfolgreich vor dem Feuer beschützte. Von Sydney aus bietet sich ein Ausflug in den Blue-Mountains-Nationalpark an. Hier ermöglichen die Wanderwege nicht nur spektakuläre Aussichten über Schluchten und Täler, sondern man läuft auch unter einem Wasserfall durch. Auf dem Cliff Top Track erreicht man erste Eukalpytuswälder. Weiter die Ostküste hinauf, in Brisbane, gibt es im Stadtzentrum die Brisbane City Botanic Gardens von 1855 zu besuchen und ein wenig außerhalb die Brisbane Botanic Gardens von 1970.

TASMANIEN

Folgt man einer Reiseroute in den Süden, sollte man unbedingt einen Abstecher nach Tasmanien machen (Visumpflicht beachten!). Denn Tasmanien beherbergt bis heute viele Arten, die auf dem australischen Festland ausgestorben und nur noch hier zu finden sind. Tasmanien ist vegetativ zweigeteilt: Während der Osten trockener ist und sich die dortige Flora mit Vertretern von Akazien- und Eukalyptusarten stark an Australien anlehnt, ähneln die feuchten Wälder im Westen mit ihren Baumfarnen denen Neuseelands oder Chiles.

DIE SILBERBAUMGEWÄCHSE IN AUSTRALIEN

Die Vertreter der Silberbaumgewächse (*Proteaceae*) sind alle sehr auffällige Blütenpflanzen, doch die meisten und vielleicht spektakulärsten Arten kommen in der Capensis und Australis vor. Während in der Capensis viele Angehörige der Gattung *Protea* zu finden sind, sind in Australien viele andere Gattungen vertreten, von denen *Banksia*, *Grevillea* und *Hakea* die meisten Arten beinhalten.

Die **Gattung *Banksia*** wurde zu Ehren des Naturforschers Sir Joseph Banks (1742–1820) benannt und kommt bis auf eine Art nur in Australien vor, wo sie an den Küstengebieten und in Tasmanien verbreitet ist. Mit wechselständigen, festen Blättern, die sogar nadelförmig sein können, sind Banksien an trockene Standorte angepasst (Xerophilie). Die festen, meist zylinderförmigen Blütenstände bestehen aus mehreren Hundert Einzelblüten. Diese enthalten viel Nektar, der von Insekten, Vögeln oder kleinen Beuteltieren gesammelt wird, die alle auch als Bestäuber fungieren. Nach der Blüte bilden sich Balgfrüchte, die an der Infloreszenz verwachsen sind. Das ganze Gebilde sieht wie ein Klumpen aus und ist komplett verholzt – mit Ausnahme der Samen. Bei Drechslern bekannt und manchmal auch als exotischer Weihnachtsschmuck auf Weihnachtsmärkten im Angebot sind die Fruchtstände von *B. grandis*.

Die Blüten der **Grevilleen** (*Grevillea*) werden wegen ihrer Erscheinung in Australien im Volksmund als Spinnenblumen bezeichnet. Auch bei den Grevilleen handelt es sich um Blütenstände, die aus vielen Einzelblüten zusammengesetzt sind. Die langen, fadenförmigen Gebilde, die der Blüte das spinnenähnliche Aussehen verleihen, sind botanisch gesehen die Griffel der Fruchtblätter. Griffel und Narbe können bei ihnen lebhaft gefärbt sein und dienen der Anlockung von bestäubenden Vögeln.

Den Grevilleen sehr ähnlich ist der Blütenbau der **Hakeen** (*Hakea*). Auch bei ihnen übernehmen farbige Griffel die Lockfunktion für Vögel. Der größte Unterschied zwischen den beiden Gattungen sind die Flügel, die die Früchte bei Hakeen umgeben und die bei den Grevilleen fehlen.

Viele der australischen Silberbaumgewächse befinden sich fast nur in botanischen Gärten in Kultur, denn nur wenige Arten sind für private Gärten geeignet. Doch es gibt immer wieder mal Samen zu kaufen oder es werden Hybriden im Internet angeboten. Wenn man es versuchen will, sind die Sträucher und kleinen Bäume etwa wie Oleander zu pflegen: Im Winter brauchen

1
Grevilleen (hier *Grevillea johnsonii*) werden in Australien wegen ihrer langen Griffel auch als Spinnenblumen bezeichnet.

2
Banksien (hier *Banksia coccinea*) haben stabile Blütenstände, damit Beuteltiere oder Vögel sie bestäuben können.

sie es kühl (um die 8 °C) und hell, im Sommer kann man sie in den Garten stellen. Da sie immergrün sind, sollte man sie auch im Winter vorsichtig gießen.
Die Macadamianüsse (*Macadamia integrifolia* und *M. tetraphylla*) aus Australien sind die einzigen Silberbaumgewächse mit wirtschaftlicher Bedeutung.

TROCKENFLORISTIK AUS DOWN UNDER

Bei meiner Tätigkeit im Botanischen Garten München werde ich immer wieder Zeuge der Neugierde von Hobbygärtnern. Häufig säen zum Beispiel Leute Samen aus Trockensträußen aus und freuen sich, wenn etwas keimt. Doch was haben sie da eigentlich erfolgreich vermehrt? Im Folgenden stelle ich daher verschiedene Pflanzen vor, die oft in Trockensträußen oder -gestecken verwendet werden, denn interessanterweise sind viele davon in Australien heimisch.

Die getrockneten Blütenstände von **Trommelstöckchen** (*Pycnosorus globosus*), **Strohblume** (*Helichrysum bracteatum*) und **Herzblättriger Strohblume** (*Ozothamnus cordatus*) behalten mehr oder weniger ihre Farbe, was diese drei Korbblütler aus Australien für die Trockenfloristik so interessant macht. Während die ersten beiden Pflanzen nur kurzlebig sind und ein- oder zweijährig für das Beet- und Balkonpflanzensortiment gezogen werden, ist die Herzblättrige Strohblume ein mehrjähriger Strauch. Während aus den beiden Strohblumen keine keimfähigen Samen zu gewinnen sind, hat man beim Trommelstöckchen manchmal etwas mehr Glück. Es kann vorkommen, dass noch Samen in den kleinen Korbblüten stecken, die man durch Ausklopfen gewinnen und im Frühjahr säen kann.
Ab und an werde ich auch nach den Früchten des **Flaschenbaumes** (*Brachychiton populneus*) gefragt.

Schon im Kindergarten lernte ich Strohblumen (*Helichrysum bracteatum*) kennen – als Material für Trockensträuße oder für Klebebilder.

Die Samen in den trockenen Früchten des Flaschenbaums (*Brachychiton populneus*) keimen recht willig, doch wird die Pflanze schnell zu groß für das Wohnzimmer.

Besonders im Winterhalbjahr kommen seine halb geöffneten holzigen Balgfrüchte mit den vielen Samen in die Floristikgeschäfte. Die Früchte öffnen sich an einer Seite und geben den Blick auf die Samen frei, die von Haaren auf der Innenseite der Hülle umgeben sind. Die Samen keimen in der Regel sehr leicht und schnell entwickelt sich ein kleiner Strauch aus ihnen. Der Flaschenbaum bildet verschiedene Blätter aus (Heterophyllie). In jungen Jahren sind seine Blätter häufig drei- bis fünflappig handförmig, im Alter sind sie eiförmig bis rundlich. Bereits nach drei Jahren hat der Keimling eine Höhe von 3 m und spätestens damit die Decke der Wohnung erreicht. Da er ein bis zu 20 m großer Baum werden will, ist er in seinem Wachstum kaum zu bremsen. Er hat ein breites Toleranzspektrum gegenüber der Temperatur, doch eigentlich kommt er in einem kühlen Raum besser durch den Winter als im beheizten Zimmer.

Fast wie ein Wiesenknopf (*Sanguisorba officinalis*) sehen die schachtelhalmähnlichen Zweige mit den zapfenartigen Fruchtständen aus, die zum **Strand-Keulenbaum** (*Casuarina equisetifolia*) gehören. Die Pflanze ist inzwischen in sehr vielen Ländern Südostasiens verbreitet, da sie ein sehr genügsamer Großbaum ist, der auch auf sehr trockenen und mageren Böden gut wächst. Seine Geschlechtlichkeit ist recht variabel, so kann er einhäusig (eingeschlechtlich) oder zweihäusig (zweigeschlechtlich) sein. Die holzigen, ährigen Fruchtstände bilden sich direkt an den Zweigen, weshalb meist ganze Zweigstücke für die Trockenfloristik geerntet und verwendet werden.

Als Weihnachtsdekoration oder in der Trockenfloristik werden schnurartige grüne Gebilde angeboten, bei denen es sich um Zweige mit Blättern handelt. Die Blätter sind schuppig-spitz und spiralig um den Zweig angeordnet und fassen sich weich und glatt an. Diese Zweigstücke gehören zur **Zimmertanne** (*Araucaria heterophylla*), die von der Norfolkinsel stammt, bei uns aber auch als Zimmerpflanze angeboten wird. Da es sich um Zweigstücke mit Blättern handelt, lässt sich daraus natürlich nichts aussäen.

Steinharte, hellbraune, matte oder glänzende, 10 cm große Früchte, deren Form an eine vierseitige Bischofsmütze erinnern, gehören zur **Barringtonie** (*Barringtonia asiatica*). Die Barringtonie stammt aus dem Nordosten Australiens, wo sie eine verbreitete Küstenpflanze

1
Die Früchte der Barringtonie (*Barringtonia asiatica*) erinnern an eine vierseitige Bischofsmütze.

2
Feuer zerstört nicht nur: Im Vordergrund sieht man die durch Feuer geöffneten Früchte einer Banksie, dahinter ihren austreibenden Lignotuber.

ist. Sie siedelt sich im Brackwasser der Mangroven an, wird aber auch gezielt an Uferpromenaden oder Stränden angepflanzt, weil sie bald breiter als hoch wird, was sie zu einem prima Schattenspender für Strandbesucher macht. Ihre weißen, duftenden Blüten mit den weit überstehenden, roten Staubfäden (Pinselblume) erklären zusätzlich ihre Beliebtheit. Häufig liegen ihre Früchte am Strand oder werden vom Meer angespült. Leider enthalten nur frische Früchte keimfähige Samen. Samen aus der Trockenfloristik lassen sich nicht mehr vermehren. Sie würden bei Erfolg auch viel zu schnell zu groß für die Wohnung werden.
Auch die australischen Proteen sind wegen ihrer bizarren, holzigen Früchte in der Trockenfloristik sehr beliebt. Von *Banksia* werden trockene Blätter und Balgfrüchte verwendet, von *Dryandra* kommen belaubte Zweige mit trockenen Blütenständen zum Einsatz, von *Hakea* und *Helicia* sind es Zweige mit holzigen, runden Früchten. Bei *Stirlingia latifolia* erstaunen die silbrigen Fruchtstände und die weißen, verholzten Früchte der Holzbirne (*Xylomelum pyriforme*) sehen wie gerillte Ostereier aus. Zwar sind in der einen oder anderen Frucht noch Samen enthalten, doch Proteen sind nicht einfach auszusäen und keimen von Haus aus schlecht.

FEUERPFLANZEN

Waldbrände und Feuer werden von uns meistens mit Zerstörung und Katastrophen verbunden. Für viele Ökosysteme dieser Erde ist das auch zutreffend, da es sich bei den Feuern meistens um Brandrodung oder anderweitig vom Menschen verursachte Katastrophen handelt. Doch es gibt auch Ökosysteme, die sich evolutionär an wiederkehrende Feuer angepasst haben, ihre Pflanzen werden Pyrophyten (Feuerpflanzen) genannt. Feuerpflanzen findet man in Nordamerika, z.B. die Riesenmammutbäume (*Sequoiadendron giganteum*) und die Venusfliegenfalle (*Dionea muscipula*), aber auch die südafrikanische und australische Flora sind zum großen Teil Feuerökosysteme. In der Capensis und Australis treten besonders die Silberbaumgewächse (*Proteaceae*) und Myrtengewächse (*Myrtaceae*) als Pyrophyten in Erscheinung.

FEUER IST NICHT GLEICH FEUER

Brände können in der Natur sehr unterschiedlich verlaufen. Es können rasende Oberflächenfeuer sein, die sich schnell über weite Gebiete verbreiten. Diese verbrennen nur leicht brennbares Material wie trockene Gräser oder Laub, und viele Pflanzen können sie überleben. Schwere Schäden hingegen richten Bodenfeuer an. Sie brennen nur langsam, entwickeln eine große Hitze und verbrennen dadurch alles organische Material bis hin zu den Humusanteilen in der Erde. Da Bodenfeuer tief in die Erde gelangen, brennen sie lange, sind schwer zu löschen und entzünden sich wiederholt, was dazu führt, dass der Boden keinen Schutz mehr für die Wurzeln bietet.

ADAPTIONEN AN DAS FEUER

Pyrophyten haben sich durch verschiedene Metamorphosen an Oberflächenfeuer adaptiert. Die australischen Grasbäume (*Xanthorrhoea*) schützen ihre Stämme, indem nur die Blattspreiten abbrechen und sich aus den Blattstielen eine dichte, schützende Ummantelung bildet. Der nordamerikanische Mammutbaum hat eine sehr dicke Borke. Viele Pflanzen wie die südafrikanische Königsprotee (*Protea cynaroides*) bilden einen Lignotuber aus, das ist eine holzige Verdickung am Boden, aus der nach einem Feuer schlafende Augen zu neuen Trieben austreiben. Ähnlich funktioniert es bei Gräsern und anderen horstigen oder rosettenbildenden Pflanzen. Viele Feuerpflanzen haben auch innen liegende Leitbündel, wodurch sie bei Feuer nicht so schnell Schaden nehmen. Schließlich hebt das Feuer aber auch bei einigen die Keimhemmung auf. Viele Pyrophyten bewahren ihre Samen lange auf. Das beste Beispiel ist der Zylinderputzer (*Callistemon*), dessen rund um die Zweige angeordnete, harte Kapseln ungeöffnet viele Jahre hängen bleiben. Da er nur einen Trieb im Jahr schiebt, entsprechen Früchte quasi Jahresringen. Unter dem Einfluss von Hitze und Rauchgasen öffnen sich die Kapseln und geben die Samen frei. Diese finden anschließend gute Wachstumsbedingungen vor und nach drei Monaten sieht man die Feuerschäden fast nicht mehr. Für weitere Informationen zum Thema Feuerökologie empfehle ich die Bücher des Forstwissenschaftlers Johann G. Goldammer.

2

Mit ihren verschiedenen Anpassungen sind Grasbäume (*Xanthorrhoea* spec.) in der Lage, Oberflächenfeuer zu überstehen. Sie sind bereits nach wenigen Monaten wieder grün.

Myrtenheiden

Melaleuca-Arten
Myrtengewächse (*Myrtaceae*)

Herkunft Die Myrtenheiden sind von Indien über Südostasien und die malaiische Halbinsel bis nach Australien verbreitet. Von den rund 200 Arten kommen über 140 in Australien vor.
Entdeckung Die Gattung *Melaleuca* wurde von Carl von Linné 1767 wissenschaftlich aufgestellt.
Naturstandort Sie besiedeln viele verschiedene Habitate, die von sumpfig bis zu arid reichen.
Standort in der Wohnung Die Myrtenheiden sind alleine wegen ihrer Größe reine Kübelpflanzen, die im Haus nur kühl überwintert werden und ansonsten draußen stehen.
Substrat Da besonders ältere Exemplare nur alle fünf Jahre oder mehr umgetopft werden müssen, bewährt sich eine strukturstabile mineralische Kübelpflanzenerde.
Wasserbedarf Die meisten Arten sind trockenheitsverträgliche Pflanzen, können aber trotzdem im Sommer reichlich gegossen werden, solange das Wasser ablaufen kann. Im Winter reduziert man das Gießen stark.
Bestimmende Eigenschaft Außer den hübschen Pinselblumen haben diese Pflanzen je nach Art noch viele weitere Besonderheiten.
Blütezeit Als Kübelpflanze kommen sie bald nach der Winterruhe im frühen Sommer zur Blüte, wobei die Blütezeit leider bereits im Hochsommer schon wieder endet.

DIE PFLANZE HINTER DEM TEEBAUMÖL _

Myrtenheiden sind nicht ganz leicht zu bekommen, weil es definitiv Liebhaberpflanzen sind, die auch eine gewisse Erfahrung erfordern. Bekommt man doch einmal Samen, dann handelt es sich meist um die weiß blühende *Melaleuca armillaris* oder die rot blühende *M. coccinea*. Heißbegehrt ist der Teebaum (*M. alternifolia*) wegen seiner ätherischen Öle, die nicht nur in der Aromatherapie, sondern auch im Alltag angewendet werden. Leider werden auch von dieser Myrtenheide nur selten Samen angeboten und wenn sie schon älter sind, keimen sie nicht mehr. Besonders im Jungpflanzenstadium sind Myrtenheiden sehr anfällig für übermäßiges Gießen, ihre Wurzeln faulen dann schnell ab.

Südseemyrte

Leptospermum scoparium
Myrtengewächse (*Myrtaceae*)

Herkunft Ihr natürliches Verbreitungsgebiet befindet sich im südöstlichen Australien und in Neuseeland.
Entdeckung Die Südseemyrte wurde 1776 wissenschaftlich gültig beschrieben, sie ist die Typusart für die ganze Gattung.
Naturstandort In Australien besiedelt sie sehr trockene, sandige Habitate, die sie sich mit Gräsern und anderen kleinen Sträuchern teilt, in Neuseeland kommt sie bis in subalpine Regionen vor.
Standort in der Wohnung Zwar bleibt die Südseemyrte klein und könnte so auf ein Fensterbrett passen, doch bevorzugt sie im Winter kühle Temperaturen um die 8 °C.
Substrat Die Südseemyrte braucht ein humoses, schwach saures, durchlässiges Substrat, das man selbst aus Blumenerde und 20 % Sand mischen kann.
Wasserbedarf Ihre festen, nadelförmigen Blätter zeigen an, dass sie sparsam gegossen werden will. Bei zu großer Trockenheit rieseln allerdings ihre Blätter, genauso im Winter, wenn sie zu feucht gehalten wird.
Bestimmende Eigenschaft Sie hat hübsche, rosa Blüten mit dunklen Staubfäden im Zentrum.
Blütezeit Ihre Blüte fängt bereits im späten Winter an und dauert bis zum Sommer, zum Teil erscheinen auch im frühen Winter immer mal wieder Blüten.

ZIMMERPFLANZE AUF ACHTERBAHNFAHRT

Die Südseemyrte hat als Zimmerpflanze ein Auf und Ab erlebt. So soll sie bereits 1772 in Europa kultiviert worden sein, wurde aber in den 1980er-Jahren wieder als Neuheit angeboten. Nach kurzer Zeit verschwand sie allerdings wieder so sehr vom Markt, dass man sie kaum noch finden konnte. In den letzten Jahren hat ihre Beliebtheit wegen ihrem ätherischen Öl (Manukaöl) wieder zugenommen, doch ist sie immer noch nicht einfach zu bekommen. Zwar ist sie kältetolerant, doch bestimmt nicht winterhart, womit manchmal geworben wird. Neben der rosa blühenden Art gibt es eine Sorte 'Alba' mit weißen Blüten.

Zylinderputzer

Callistemon citrinus
Myrtengewächse (*Myrtaceae*)

Herkunft Der Zylinderputzer ist in den drei australischen Ostterritorien Queensland, New South Wales und Victoria verbreitet.

Entdeckung Erstmals wurde er 1794 als *Metrosideros citrina* durch William Curtis beschrieben, der Name *Callistemon* geht auf das Jahr 1913 und die Beschreibung von Homer C. Skeels zurück. Dieser Name ist aber auch umstritten, zugunsten von *Melaleuca citrina*.

Naturstandort Er besiedelt viele Habitate: von Wasserläufen und Sümpfen bis hin zu trockenen, steinigen Böden in den Blue Mountains.

Standort in der Wohnung Der Zylinderputzer ist eine beliebte Kübelpflanze, die im Sommer die volle Sonne verträgt und im Winter einen hellen, aber kühlen Platz im Haus braucht.

Substrat Verwenden Sie ein strukturstabiles Kübelpflanzensubstrat.

Wasserbedarf Während der Vegetationszeit sollten Sie den Ballen immer feucht halten, besonders wenn die Pflanze in der vollen Sonne steht. Trockenschäden erkennt man erst spät, wodurch dann schon Zweige absterben.

Bestimmende Eigenschaft Der Strauch bildet rote Pinselblumen, die rund um die Neutriebe der Zweige angeordnet sind, wie bei einer Flaschenbürste.

Blütezeit Er blüht im Hochsommer von Juni bis Juli.

EIN PYROPHYT ALS KÜBELPFLANZE

Der Zylinderputzer ist vermutlich die bekannteste australische Zimmerpflanze in Europa, er wird seit vielen Jahrzehnten in größeren Stückzahlen angeboten. Als eine der ersten australischen Pflanzen überhaupt soll er bereits 1770 durch Sir Joseph Banks von dessen Reise nach England mitgebracht worden sein. Das Artepitheton geht auf den zitronigen Geruch zurück, der beim Zerreiben der Blätter entsteht. Besonders Jungpflanzen verzweigen sich durch wiederholtes Zurückschneiden zu buschigen Pflanzen, was zu mehr Blüten im Folgejahr führt. Die Samenkapseln der Feuerpflanze bleiben viele Jahre ungeöffnet an den Ästen hängen und öffnen sich erst unter großer Hitze oder Feuer.

Blauer Hibiskus

Alyogyne huegelii
Malvengewächse (*Malvaceae*)

Herkunft Seine natürliche Verbreitung reicht vom Westen bis in den Süden Asutraliens.
Entdeckung Erstmals wurde er 1837 als *Hibiscus huegelii* beschrieben, seit 1968 wurde er zur Gattung *Alyogyne* gestellt, die vier Arten umfasst.
Naturstandort Er besidelt sehr viele Habitate und wächst auf verschiedensten Böden. Man findet ihn in Küstennähe, aber auch im Unterholz und in offenen Landschaften.
Standort in der Wohnung Am besten eignet er sich als Kübelpflanze, die man im Sommer ins Freie stellt. Im Winterhalbjahr verliert er drinnen viel Laub, je weniger Laub er behält, desto dunkler kann er stehen.
Substrat Wie am Naturstandort stellt er keine besonderen Ansprüche an das Substrat, sodass Sie jede handelsübliche Blumenerde verwenden können.
Wasserbedarf Der Blaue Hibiskus verträgt Hitze zwar sehr gut, doch unregelmäßige Wassergaben verzeiht er nicht. Lassen Sie seinen Wurzelballen daher nicht austrocknen und leeren Sie nach Gewittern das Wasser aus Untersetzern oder Übertöpfen aus.
Bestimmende Eigenschaft Die bis zu 10 cm großen Blüten in strahlendem Blau werden Sie den ganzen Sommer über begeistern.
Blütezeit Sonne fördert den Blütenansatz, daher blüht er hauptsächlich im Hochsommer.

DANKBARE SELTENE KÜBELPFLANZE

Der Blaue Hibiskus ist noch eine Seltenheit in unseren Gärten, doch gewinnt er derzeit an Aufmerksamkeit. Eigentlich wächst er zu einem Halbstrauch heran, auch wenn er eher den Eindruck einer Staude vermittelt und im Topf meist kaum größer als 2 m wird. Tatsächlich braucht er mehr Wasser, als man vermutet, doch mag er die sommerliche Hitze und will nur mäßig gedüngt werden. Um die Verzweigung und damit die Blütenfülle zu fördern, schneiden Sie ihn nach der Überwinterung zurück. Auch wenn er bei der Überwinterung im Haus fast das gesamte Laub verliert, sollte sein Wurzelballen niemals ganz austrocknen. Schädlinge kommen nur selten vor, und wenn, dann stellen sich im Frühjahr Blattläuse an den Neuaustrieben ein, die aber verschwinden, sobald die Pflanze im Freien steht.

1
Die Südseemyrte wird auch wegen des als Heilmittel geltenden Manuka-Honigs, der aus ihrem Nektar entsteht, geschätzt.

2
Beim Zylinderputzer übernehmen die roten Staubfäden die Lockfunktion.

3
Das Öl des Teebaums (*Melaleuca alternifolia*) ist in der Aromatherapie begehrt.

4
Die Blüten des Blauen Hibiskus sind je nach Betrachtungswinkel blau, violett oder rosa.

1
Eukalyptus kann nicht über Stecklinge, sondern nur über Samen vermehrt werden, die er aber in der Natur reichlich ansetzt.

2
Eukalyptus ist eine wichtige Forstpflanze, doch der weltweite Anbau in Plantagen ist stark umstritten.

EUKALYPTUS: TAUSENDSASSA MIT VOR- UND NACHTEILEN

Mit Eukalyptus verbinden vermutlich die meisten Europäer Medizinprodukte und den Koala, der neben dem Känguru wahrscheinlich das bekannteste und publicityträchtigste Tier Australiens ist. Das liegt sicherlich an seinem putzigen Aussehen und den Kampagnen, die ihn in Australien und der Welt publik machten. Koalas sind dafür bekannt, dass sie sich ausschließlich von Eukalyptus ernähren, ihre Spezialisierung geht sogar so weit, dass sie fast nur auf einem einzigen Baum leben. Solch eine enge Spezialisierung hat natürlich ihren Preis, denn wird dem Koala die Futterpflanze entzogen, ist auch sein Leben in ernsthafter Gefahr. Dabei enthalten die Eukalyptusblätter Monoterpene (sekundäre Pflanzenstoffe), die den Baum eigentlich vor Fraß schützen sollen und die tatsächlich für die meisten Tiere giftig sind. Die Koalas fressen meist nur alte Blätter, deren Anteil an sekundären Pflanzenstoffen relativ gering ist. Eine andere Gefahr geht für den Koala vom Eukalyptus selbst aus. Die Pflanze ist mit seiner Morphologie und Ökologie (Samenverbreitung nach Feuer, Lignotuber) als Feuerpflanze (Pyrophyt) angepasst und übersteht auch ein Buschfeuer. Da alte Äste beim Eukalyptus leicht abbrechen und am Boden liegen bleiben, genauso wie alte Blätter, deren ätherische Öle zusätzlich das Feuer anfachen, gibt es rund um einen Eukalyptusbaum viel brennbares Material.

DAS EUKALYPTUS-ÖL

Die ätherischen Öle aus den Eukalyptusblättern werden besonders bei Erkältungen, Schnupfen und Husten in Form von konzentrierten Lösungen zum Gurgeln oder als Halsbonbons für die Selbstmedikation verwendet. Die ätherischen Öle, die durch Wasserdampfdestillation aus den Blättern und Zweigen von *Eucalyptus globulus* gewonnen werden, werden auch in der Aromatherapie angewendet. Sie helfen, die Atemwege freizubekommen und von Hustenreiz zu befreien, wirken antiseptisch und steigern die Konzentrationsfähigkeit. Eukalyptusöl ist für Kinder zu stark, für sie empfiehlt Peter Germann in seinem Buch »Pflanzen der Aromatherapie« die Öle der verwandten *Corymbia citriodora* (ehemals *E. citriodora*). Das reine ätherische Eukalyptusöl besitzt einen kampferartig herben Geruch, daher wird es für die Inhalation, z.B. als Aufguss in der Sauna, gern mit anderen Holzölen wie denen von Zeder, Kiefer und Myrte kombiniert. Für Massagen wird das Eukalyptusöl mit dem von *Melaleuca cajuputi*, Lavendel, Melisse und Zitruspflanzen gemischt.

WELTWEIT WICHTIGE FORSTPFLANZE

Die größte wirtschaftliche Bedeutung kommt dem Eukalyptus jedoch als Forstpflanze zu. Er wird in den Tropen, Subtropen und gemäßigten Breiten wegen seiner hohen Holzerträge und der Fähigkeit, diese auf mageren Böden zu bilden, geschätzt und angebaut. Durchschnittliche Holzerträge sind dabei 10 t pro Hektar und Jahr. Das führt dazu, dass der Eukalyptus zu einem der wichtigsten Forstbäume geworden ist, im Jahr 2015 betrug seine weltweite Anbaufläche 20 Millionen Hektar. Bei einer gesamten Fläche aufgepflanzter Wälder von 278 Millionen Hektar entspricht dies 7 % der gesamten Forstfläche der Erde. Neben der holzwirtschaftlichen Nutzung gewinnt Eukalyptus zunehmend als Energiepflanze an Bedeutung, was seinen verstärkten Anbau in Plantagen fördert. Schon jetzt werden immer weniger heimische Baumarten als Mischwälder aufgepflanzt. Mit dem Eukalyptus bilden Teakbaum (*Tectona grandis*), Kiefer (*Pinus*) und Akazien die vier Gehölze, die am häufigsten in Monokulturen aufgepflanzt werden.

GRÜNE WÜSTE

Kritiker nennen diese Form der Plantagenwirtschaft »green desert« (grüne Wüste), da sie keinen Lebensraum für andere Tiere und Pflanzen bietet. Besonders Eukalyptus ist eine konkurrenzstarke Pflanze und seine Fähigkeit, auf mageren Böden zu wachsen, führt zu einem wahren Auslaugen der Böden, da er ihnen auch noch die letzten Ressourcen entzieht. In einigen Ländern wird er ironisch als Fieberbaum bezeichnet – nicht etwa, weil er ein wirksames Heilmittel darstellt, sondern weil er auch noch den letzten Wassertümpel trockenlegt und so den Malariamücken die Lebensgrundlage entzieht. Als Monokultur erodiert er die Böden und unterdrückt andere Pflanzen (Allelopathie), deshalb ist es nach seiner Kultur nur schwer möglich, wieder andere Bäume anzupflanzen. Der Verein Deutscher Holzeinfuhrhäuser in Hamburg unterteilt in seinem »Informationsdienst Holz« Eukalyptushölzer in die Kategorien »aus Plantagen« und »nicht aus Plantagen«. Das Plantagenholz stammt meist von den schnellwüchsigen *E. camaldulensis*, *E. robusta* und *E. saligna* und hat in Abhängigkeit von den Umweltbedingungen variable Eigenschaften wie ein geringes Gewicht. Ihr Holz wird für die Herstellung von Kleinmöbeln, aber meistens als Industrie- und Konstruktionsholz (Arbeitsplatten, Paletten, Verpackungen, Holzschnitzel u. v. m.) verwendet. Das Eukalyptusholz, das nicht aus Plantagen, sondern von Wildhölzern aus Australien stammt (*E. diversicolor* oder *E. regnans*), ist äußerst fest, witterungsbeständig, sehr schwer und erinnert an helles Eichen- oder rotes Mahagoniholz. Es wird ausschließlich für hochwertige Möbel verwendet. Eukalyptusarten können nicht vegetativ durch Stecklinge, sondern nur durch Aussaat vermehrt werden. Als Myrtengewächs reifen ihre Samen in verholzenden, becherförmigen Kapselfrüchten heran, die auch in der Trockenfloristik gerne verwendet werden (*E. calophylla*, *E. globulus*, *E. lehmannii*, *E. marginata* oder *E. pyriformis*). Doch auch frische Triebe von *E. globulus* oder dem recht kälteresistenten *E. gunnii* sind in Sträußen oder Kränzen sehr begehrt.

Eisenholzbaum

Metrosideros excelsa
Myrtengewächse (*Myrtaceae*)

Herkunft Der Eisenholzbaum stammt von der Nordinsel Neuseelands und ist inzwischen auch auf den Norfolk-Inseln verwildert.

Entdeckung Im Jahr 1788 wurde er erstmalig durch den Botaniker Joseph Gärtner wissenschaftlich beschrieben.

Naturstandort Er besiedelt vornehmlich die Küstenregionen Neuseelands, wo er entweder einzeln vorkommt oder auch kleine Wälder bildet.

Standort in der Wohnung Der Eisenholzbaum entwickelt sich bei uns zu einer kompakten Kübelpflanze, die bis zu 2 m hoch wird.

Substrat Am besten eignet sich ein strukturstabiles Kübelpflanzensubstrat mit mineralischen Zuschlagstoffen.

Wasserbedarf Er ist eine robuste Pflanze, die auch mal kurzzeitigen Trockenstress verzeiht. Während Sie im Sommer kräftig gießen können, sollten Sie den Ballen im Winter nur leicht feucht halten.

Bestimmende Eigenschaft Die roten Pinselblumen hüllen ihn zur Vollblüte in ein rotes Kleid.

Blütezeit Bereits ab dem Frühsommer erscheinen seine vielen Pinselblumen über dem dichten Laub.

PFLANZE IN BEDRÄNGNIS

Sein Trivialname ist eine wörtliche Übersetzung von *Metrosideros* (griech. *metra* = Inneres der Pflanze und *sideros* = Eisen) und sehr zutreffend: Wenn man einen Ast in der Hand hält, fällt gleich die Schwere des Holzes auf. Als die Europäer nach Neuseeland kamen, rodeten sie große Bestände der bis zu 25 m groß und 1.000 Jahre alt werdenden Bäume als ergiebige Holzquellen für den Schiffbau. Bereits im 19. Jahrhundert ging man davon aus, dass die Bestände um 90 % abgenommen hatten, nachdem zusätzlich zum Schiffbau Bestände für Agrarflächen gerodet worden waren. Die heutigen Bestände sind daher stark fragmentiert und nehmen weiter ab.

Es wird berichtet, dass verwilderte Possums (baumkletternde Beuteltiere), die ursprünglich als Pelztiere gehalten wurden, ihre frischen Knospen fressen und sie so zum Absterben bringen. Die letzten natürlichen Bestände des Eisenholzbaumes sind ernsthaft gefährdet und es gibt Zweifel, ob sich die Art überhaupt noch in situ erhalten lässt, da sich die Bestände einfach nicht erholen. Honigfresser-Vögel (*Meliphagidae*) sind die natürlichen Blütenbestäuber, doch auch Neozoen wie Honigbienen, Vögel aus Europa und Asien, Geckos und Fledermäuse besuchen seine Blüten und fungieren als Bestäuber. Trotzdem nehmen die natürlichen Bestände ab, sodass man annahm, dass die Bestäubung durch die Neozoen ineffektiv war oder heimische Bestäuber verdrängt wurden. Gabriele Schmidt Adam et al. konnten in ihrer wissenschaftlichen Arbeit im Jahr 2000 zeigen, dass dem nicht so ist. Warum sich die Eisenholzbaum-Bestände nicht regenerieren, muss also noch weiter erforscht werden.

Durch Abholzung ist der Eisenholzbaum in der Natur stark in Bedrängnis geraten, als Kübelpflanze wird er zwar nur 2 m groß, aber viele Jahrzehnte alt.

DIE PFLEGE

Den Eisenholzbaum können Sie ähnlich wie mediterrane Kübelpflanzen pflegen. Im Sommer kann er ins Freie, wo er gegen starke Sommersonne geschützt wird, und im Winter sollte er hell, aber kühl (8 °C) stehen. Seine jungen Triebe und Blätter, die im Frühjahr erscheinen, sind von vielen Haaren bedeckt. Später fallen diese oberseits aus und dann werden die Blätter auch ledrig fest. Da die Pflanze nur einen einzigen Jahrestrieb bildet, fällt dieser umso besser aus, wenn beim Austrieb ausreichend Nährstoffe zur Verfügung stehen. Mischen Sie daher schon im Frühjahr alle zwei Wochen 1–2 g Volldünger pro Liter ins Gießwasser. Da er im Winter sein Laub nicht verliert, braucht er neben kühlen Temperaturen einen hellen Platz, um auch im Winter wachsen zu können. Während dieser Zeit sollten Sie nur wenig gießen. Steht er zu dunkel oder trocken, verliert er rasch alle Blätter, erholt sich aber meist wieder. Er verzweigt willig und muss kaum geschnitten werden.

WISSENSWERT

Der Eisenholzbaum ist hierzulande vornehmlich in botanischen Sammlungen und weniger in Privatgärten zu finden. Es ist sehr bedauerlich, dass er immer noch als Liebhaberpflanze gilt. In Kalifornien erfreut er sich einer so großen Beliebtheit, dass er inzwischen einer der häufigsten Straßenbäume ist. Sein Verwilderungspotenzial hierzulande ist sehr gering, denn er ist nicht frosthart.

Silber-Akazie

Acacia dealbata
Hülsenfrüchtler (*Fabaceae*)

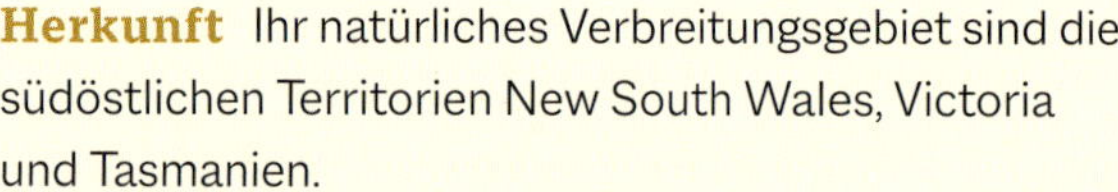

Herkunft Ihr natürliches Verbreitungsgebiet sind die südöstlichen Territorien New South Wales, Victoria und Tasmanien.

Entdeckung Sie wurde 1822 durch Johann H. F. Link wissenschaftlich beschrieben.

Naturstandort Die Silber-Akazie ist eine Pionierpflanze, die auf kargen Böden unter schützenden Kleinbäumen wächst, allerdings ist sie nur eingeschränkt trockenheitsresistent.

Standort in der Wohnung Sie ist eine schöne Kübelpflanze, die im kühlen Zimmer im Winter blüht und im Sommer nach draußen darf.

Substrat Am besten ist ein Kübelpflanzensubstrat mit einer zusätzlichen Drainageschicht. Denn die Silber-Akazie benötigt besonders in den Sommermonaten sehr viel Wasser, ihr ausgeprägtes Wurzelwerk verstopft aber ohne Drainage leicht das Abzugsloch des Gefäßes, sodass sie dann an Staunässe eingeht.

Wasserbedarf Im Sommer, besonders wenn sie in der Sonne steht, benötigt sie äußerst viel Wasser, auch im Winter sollte der Wurzelballen immer etwas feucht sein.

Bestimmende Eigenschaft Die Hunderte von kleinen goldgelben kugelförmigen Blütenständen duften charakteristisch.

Blütezeit Die Silber-Akazie blüht vom Spätwinter bis ins Frühjahr.

VIKTORIANISCHES ERBE

Akazien werden in Mitteleuropa immer noch als ganz besondere Pflanzen wahrgenommen, die etwas »Herrschaftliches« ausstrahlen. Sie gehörten in jede viktorianische Pflanzensammlung und verströmten dort den Reiz des Unbekannten und der exotischen Ferne. Akazien sind aber auch wirklich interessante Zierpflanzen, bei denen nicht nur das Laub und dessen Metamorphosen optisch attraktiv sind, sondern deren Blütenfülle mit »überbordend« beschrieben werden kann. Wenn in den Wintermonaten Hunderte, vielleicht sogar Tausende der Blütenstände aufblühen, sieht man zum Teil kaum noch das Laub. Die Pflanze erfüllt ihren Umkreis dann mit einem angenehm süßen, aber nicht aufdringlichen Duft. Allerdings benötigt man dafür einen kühlen Standort für die Pflanze, das Wohnzimmer ist also leider nicht ideal.

DIE PFLEGE

In den ersten Jahren schießt sie regelrecht in die Höhe und wächst bis zu 1 m pro Jahr, später verlangsamt sich ihr Wachstum aber. Sie auf »Diät« zu setzen, um ihre Wüchsigkeit zu bremsen, endet in der Regel mit massivem Blattfall, abgestorbenen Ästen und wenig Blüten. Allerdings leben Akazien in Symbiose mit luftstickstoffbindenden Wurzelbakterien, sodass Sie ganzjährig nur mit wenig Stickstoff düngen und lieber einen kaliumbetonten Dünger einsetzen sollten. Die Pflanze eignet sich optimal für einen unbeheizten Wintergarten, in dem man auch ihre winterliche Blüte genießen kann. Auch im Winter muss sie ausreichend gegossen werden, denn Trockenheit quittiert die Akazie mit sofortigem Fall der unzähligen Fiederblättchen. Sie benötigt niedrige pH-Werte, weshalb man weiches Gießwasser wie Regenwasser und in Gegenden mit hoher Wasserhärte kein Leitungswasser verwenden sollte. Schnittmaßnahmen beschränken sich auf das Nötigste. Es sind viele Sorten im Angebot, wobei selbst Jungpflanzen schon hochpreisig sind. Akazien lassen sich nur sehr schwer über Stecklinge vermehren und auch die Samen keimen selbst nach einer Vorbehandlung nur unregelmäßig. Aus diesem Grund werden die meisten Akaziensorten veredelt.

In Regionen, in denen es keinen Frost gibt, bildet die Silber-Akazie im Winter, wenn sonst nichts blüht, mit ihren strahlend gelben Blüten einen tollen Blickfang.

WISSENSWERT

Wegen ihrer doppelt gefiederten Blätter wird sie oft fälschlich als Mimose bezeichnet, mit der sie aber nur entfernt verwandt ist. Sie ist auch nicht zu verwechseln mit *Robinia pseudoacacia*, die ein winterharter Baum und keine Kübelpflanze ist. Australien beheimatet die meisten der 950 echten Akazienarten, einige kommen auch in Indonesien, Malaysia und Papua sowie in Madagaskar vor. Häufig werden Akazien auch mit Afrika assoziiert, doch sind die Pflanzen dort, genau wie die in Indien und Südamerika, vom Menschen eingeführt.

Neotropis

Die Neotropis ist das Pendant zur Paläotropis und umfasst quasi ganz Südamerika – mit Ausnahme der Südspitze, die zur Antarktis gezählt wird – und Mittelamerika. Sie grenzt in Nordmexiko, Kalifornien und Florida an die Holarktis.

Erdgeschichtlich war die Neotropis lange von Nordamerika getrennt, eine Verbindung gibt es durch die mittelamerikanische Brücke. Nur an der Florengrenze zur Holarktis finden sich auf kurze Distanz Florenüberschneidungen, was bestätigt, wie eigenständig sich die Floren dieser beiden Florenreiche entwickelt haben. Obwohl Südamerika zur Zeit Gondwanalands direkt neben Afrika lag, belegen nur gemeinsame pantropische Pflanzenfamilien diese alte Verbindung. Die Unterteilung in Regionen orientiert sich mehr an tiergeografischen Aspekten als an floralen. Die **Westindischen Inseln**, die eine sehr eigene Fauna besitzen, werden als eine Region behandelt. **Mittelamerika** ist ebenfalls eine eigenständige Region. Südamerika wird in die **andin-patagonische Region** – entlang der Anden mit ihren kühlen Pampasgebieten und Steppen – und die **guyana-brasilianische Fauna** mit tropischen Tieflandwäldern und Savannen unterteilt. Die Galapagosinseln stellen eine ganz eigene Region dar.

> ” Durch Landumwandlung ist die einzigartige Artenvielfalt Südamerikas in besonderem Maße bedroht. “

EIN KONTINENT MIT VIELEN GESICHTERN

Durch die geografischen Unterschiede ergeben sich sehr viele verschiedene Vegetationszonen innerhalb Südamerikas. Mittelamerika und der Norden Südamerikas bestehen vornehmlich aus Feuchtsavannen, tropischen und subtropischen Feucht- und Regenwäldern oder Nebelwäldern. In der Nordostregion Brasiliens gibt es auch große Trockensavannen. Mit 55.000 Samenpflanzen ist **Brasilien das artenreichste Land der Welt,** ein Megadiversitätsland. Von Bolivien bis nach Uruguay und Argentinien erstrecken sich tropische Trockenwälder, Trockensavannen und Halbwüsten. Auf der Pazifikseite Südamerikas herrschen heiße, (fast) vegetationslose Wüsten vor, die im südlichen Teil von Küstenregenwäldern abgelöst werden.

Die Neotropis erstreckt sich von Nord nach Süd über 9.000 km, das entspricht etwa der Strecke von München nach Bangkok, was vor Augen führt, wie groß und damit vielseitig dieses Florenreich ist. Neben dem **Amazonas-Regenwald** ist auch der **atlantische Regenwald** im Südosten an Brasiliens Atlantikküste ein Biodiversitäts-Hotspot, der jedoch stark vom Menschen durch Umwandlung in Agrarflächen bedroht ist. Der chilenische **immergrüne Winterregenwald, auch Valdivian genannt**, entlang der pazifischen Südküste von Chile bis nach Argentinien ist gleichwohl extrem artenreich. Die nördliche pazifische Küstenregion von Peru über Ecuador bis nach Kolumbien wird **Tumbes-Chocó-Magdalena** genannt. Sie beheimatet Trocken- und Regenwälder und ist von felsigen Küsten sowie Mangrovenwäldern geprägt. Schließlich sind die **tropischen Anden**, die sich Kolumbien, Ecuador, Peru, Venezuela und Bolivien teilen, Heimat für 45.000 Pflanzenarten – fast so viele wie im Megadiversitätsland Brasilien. Die ausgeprägte Topografie mit Tälern, Canyons, Schluchten oder Graslandschaften fördert die Artenvielfalt und verschiedene Ökosysteme. Durch Landumwandlung (Agrarflächen, Dämme, Bergbau, Städte) ist die einzigartige Artenvielfalt Südamerikas aber in besonderem Maße bedroht.

DIE CHARAKTERISTISCHEN GEWÄCHSE DER NEOTROPIS

Die Neotropis wird durch die Ananasgewächse (*Bromeliaceae*), Kakteen (*Cactaceae*), Kapuzinerkressengewächse (*Tropaeolaceae*), Blumenrohrgewächse (*Cannaceae*), Schwarzmundgewächse (*Melastomataceae*) und die bizarr blühenden *Marcgraviaceae* bestimmt. Außerdem stammen viele unserer Nutzpflanzen wie Kartoffel, Kakao, Mais oder die Ananas aus der Neotropis, sie wurden nach der Entdeckung Amerikas durch Kolumbus nach Europa gebracht.

Die Karibik

Die beiden Vulkankegel Gros Piton und Petit Piton sind die Wahrzeichen der malerischen Karibikinsel Saint Lucia.

Mit der Karibik unweigerlich verbunden sind Urlaubsfantasien von Sonne, Sand, Strand und Meer. Ein von Kokospalmen gesäumter weißer Sandstrand ist vielleicht klischeebehaftet, doch tatsächlich auf so mancher Insel in der Karibik anzutreffen. Botanisch gibt es dort aber noch mehr zu entdecken als den Hotelstrand, an dem Kokospalmen Schatten spenden, oder die gepflegten Gärten in den Hotelanlagen. Meist lohnt es sich auf kleineren Inseln und Inselgruppen, wie man sie von den ABC-Inseln (Aruba, Bonaire und Curaçao) über Trinidad und Tobago bis nach Antigua und Barbuda findet, ein kleines Fahrzeug wie ein Fahrrad oder ein Moped auszuleihen, um unabhängig mobil zu sein. Zwar sind die Inseln teilweise nur wenige Quadratkilometer groß, doch die Sonne in Äquatornähe verbrennt die Haut nach kurzer Zeit und lässt eine Wanderung schnell zur Anstrengung werden. Die Gebäude in den Städten vieler karibischer Inseln zeigen die typische Architektur der ehemaligen europäischen Kolonisation, doch hält man sich dort meistens nur für die An- und Weiterreise auf.

> ›› Auf fast allen Karibikinseln gibt es einen Nationalpark oder botanischen Garten. ‹‹

OHNEGLEICHEN: WASSER IN DER KARIBIK

Natürlich lädt ein Inselurlaub in der Karibik auch immer zum Schnorcheln und Tauchen ein. Leider haben die **Korallen** in den letzten Jahren sehr gelitten, jedoch finden sich immer noch einige gut erhaltene Spots. Unter den vielen bunten Riff- und Korallenfischen sind die Papageienfische die farbenfrohesten und am häufigsten anzutreffenden. Wenn sie an Korallen knabbern, kann man das unter Wasser deutlich hören. Mit etwas Glück kommt auch mal eine Meeresschildkröte vorbeigeschwommen oder Babyhaie halten sich im seichten Wasser des Strandes auf. Auf fast allen karibischen Inseln gibt es mindestens einen Nationalpark, Gewürzgarten oder botanischen Garten. In den **Nationalparks** kann man meist auf gut gekennzeichneten Wege kleinere oder mittlere Wanderungen machen, die auch nicht von einem Führer begleitet werden müssen, so hat man mehr Zeit, die Pflanzenwelt ausgiebig zu bewundern. Sobald man sich aber aus der Sonne in den Schatten der Bäume begibt, wird man zum Opfer unzähliger winziger Moskitos! Das Highlight solcher Wanderungen sind **Wasserfälle,** an denen man ein erfrischendes Bad nehmen kann, oder ein **Meerespool** wie der Conchi im Arikok Nationalpark auf Aruba.

In den **Gewürzgärten** sind viele Kolonialpflanzen zu sehen: Kakao, Bananen, Vanille und vieles mehr, was im tropischen Klima hervorragend wächst. Unter anderem gibt es auf Aruba die weltgrößten Aloeplantagen und ein Aloemuseum, auch wenn *Aloe vera* eigentlich aus Afrika stammt.

BLUMENFESTIVALS UND BOTANISCHE FEIERTAGE

Mit der Karibik verbindet man auch Frauen und Männer, die sich die Haare mit Blumen schmücken. Es gibt verschiedene Blumenfestivals, die immer mehr Touristen anziehen. Auf der Insel **Saint Lucia** finden jährlich die beiden Blumenfeste **»La Rose«** (Ende August) und **»La Marguerite«** (Mitte Oktober) statt. Diese beiden traditionellen Feste gehen auf das frühe 19. Jahrhundert zurück und sind Schutzpatronen gewidmet. Die »La Rose«-Mitglieder verpflichten sich, der Rose die Treue zu halten, indem sie sich rot kleiden und fantastische Kleider in Anlehnung an Rosen kreieren. Gemeint ist zwar die Heilige Rosa von Lima (1586–1617) und nicht die Blume, diese ist allerdings freilich das Vorbild für die Kleider. Die »La Marguerite«-Mitglieder feiern zu Ehren der Heiligen Margareta Maria Alacoque (1647–1690). Sie kleiden sich in der Farbe Lila und kreieren Dekorationen mit Margeritenblüten, zusätzlich singen sie traditionelle Lieder, während sie in einem festlichen Umzug durch die Stadt ziehen.

Der Ort Jarabacoa in der **Dominikanischen Republik** wird wegen seiner landschaftlichen Umgebung als »Schweiz der Karibik« bezeichnet. Er hat mit dem Pico Duarte den mit 3.098 m höchsten Gipfel der

Wasserfälle und Naturpools wie »The Blue Hole« nahe Ocho Rios auf Jamaika laden auf einer Wanderung zu einer erfrischenden Abkühlung ein.

Karibik vorzuweisen. Hier wird im Juni das Fest **»Jarabacoa flowers for everyone«** gefeiert. Dabei stellen viele lokale Anbieter auf einem Markt Blumen und Pflanzen aus der Region und Wildblumen aus den Bergen aus, bieten sie aber auch zum Verkauf an. Das Festival wird von einer Blumenparade gekrönt und von vielen musikalischen Events begleitet. In **Aibonito,** einer kleinen Berggemeinde auf **Puerto Rico,** findet jedes Jahr im Juli ein Blumenfestival statt. Dann kommen Landschaftsgärtner, Gärtner und Gartengestalter aus ganz Puerto Rico und stellen ihr Können und ihre Blumen zur Schau. Von tropischen Blumen (Orchideen, Obstbäumen, Gemüsepflanzen, Schnittblumen wie Helikonien, Ingwergewächsen oder Eibischen) über Handwerkskunst (getöpferte Gefäße) bis hin zu Gartenaccessoires bekommt man hier alles, was das Herz des Blumenfreunds begehrt. Umrahmt wird das Festival von kulturellen Darbietungen und Musik. Interessante und amüsante Informationen zu Feiertagen mit Pflanzenbezug hat der Blogger Sven Giese auf seiner Webseite zusammengestellt: https://www.kuriose-feiertage.de/botanische-feiertage

Frangipani

Plumeria-Hybriden
Hundsgiftgewächse (*Apocynaceae*)

Herkunft Ihre Heimat ist Mittelamerika und reicht von Mexiko bis nach Kolumbien und Guatemala.
Entdeckung Bereits Carl von Linné kannte die Frangipani und beschrieb sie wissenschaftlich gültig 1753.
Naturstandort Durch das inzwischen sehr weite Verbreitungsgebiet gibt es keinen richtigen Naturstandort und die sukkulenten Pflanzen besiedeln alle tropischen Gegenden.
Standort in der Wohnung Frangipani sind keine guten Zimmerpflanzen, sie können bei uns nur als Kübelpflanzen gezogen werden.
Substrat Während sie in tropischen Ländern kaum Ansprüche an den Boden stellen, brauchen sie in der Topfkultur ein humoses, aber durchlässiges Substrat, das man aus Bims, Sand, Perlit, Pinienrinde und Blumenerde am besten selbst mischt.
Wasserbedarf Vom Frühjahr bis in den Herbst, wenn sich die neuen Blätter bilden, können Sie reichlich gießen – müssen Sie aber nicht. Im Winter reduzieren Sie die Wassergaben auf ein Minimum.
Bestimmende Eigenschaft Frangipani verlangen dem Besitzer einiges ab, doch ihre duftenden Blüten entlohnen für die große Mühe.
Blütezeit Da sie bei uns ihre Ruhephase im Winter durchmachen, kommen sie in den Sommermonaten zur Blüte.

Frangipaniblüten duften sehr angenehm. Sie werden Besuchern Hawaiis als Blumenketten zur Begrüßung um den Hals gelegt.

FRÜH ENTDECKTE TROPENSCHÖNHEIT

Die Pflanze bekam ihren botanischen Namen *Plumeria* zu Ehren des französischen Paulanermönchs und Botanikers Charles Plumier (1646–1704), der sie schon 1690 auf seiner ersten Forschungsreise in die Karibik entdeckt haben soll. Plumier trat bereits mit 16 Jahren dem Paulanerorden bei und konnte dort neben Mathematik auch Botanik studieren. Später durfte er auf Dafürhalten des französischen Königs Ludwig XIV. drei Forschungsreisen in die Karibik unternehmen. Von dort brachte er nicht nur über 100 neue Pflanzen mit nach Europa, sondern entdeckte und benannte auch viele große Gattungen wie *Fuchsia*, *Begonia*, *Bauhinia*, *Lobelia* und *Magnolia*. Der französische Botaniker und Forschungsreisende Joseph P. de Tournefort (1656–1708) benannte die Gattung *Plumeria* zu seinen Ehren, was Carl von Linné bei seiner wissenschaftlichen Beschreibung übernahm. Insgesamt werden der Gattung *Plumeria* elf Arten zugeordnet, wobei es viele Synonyme (über 73 %) gibt. Die meisten Hybriden stammen von der laubabwerfenden *P. rubra* und der immergrünen *P. obtusa* ab. In den letzten Jahren hat die Beliebtheit der immerblühenden *P. pudica* mit den charakteristischen löffelartigen Blättern zugenommen. Die stark duftende *P. alba* mit weißen Blüten und einem gelben Schlund kann leicht mit Hybriden von *P. rubra* verwechselt werden. Ausführliche Informationen über Frangipani bietet das Buch »Plumeria in Thailand. A guide to 235 varieties« von Jörg Pein.

DIE PFLEGE

In den letzten Jahren bekommt man bei uns verstärkt Frangipani angeboten. Es sind sukkulente, sonnenhungrige Pflanzen, die im Sommer definitiv ins Freie gehören und dort am besten sechs bis acht Stunden täglich volle Sonne bekommen. Da sie nur langsam wachsen, müssen sie nur alle fünf bis sechs Jahre umgetopft werden. Selbst im Sommer reicht es, sie nur alle paar Tage zu gießen. Den Winter verbringen sie ohne Laub, während dieser Zeit brauchen sie fast gar kein Wasser. Die Winterruhe überdauern sie bei uns im Botanischen Garten München am besten warm bei 20–24 °C und möglichst luftfeucht, doch es gibt Berichte, dass man sie auch kühl und frostfrei überwintern kann. Sobald die Nachttemperaturen nicht mehr einstellig sind, können Sie die Pflanze ins Freie stellen, wo sie neue Triebe bildet. Es reicht, zu Beginn der Vegetationsperiode Langzeitdünger in die oberste Schicht der Topferde einzuarbeiten.

WISSENSWERT

Auch wenn das natürliche Verbreitungsareal in Zentralamerika liegt, sind Frangipani vor allem in den asiatischen Tropen überall in Tempeln und als Gartenpflanzen anzutreffen. Entsprechend gibt es zwei große Züchtungs-Hotspots: die Karibik und Südostasien. Frangipaniblüten duften intensiv, doch so angenehm nach Vanille und Jasmin, dass z.B. der hawaiianische Lei (Blumenkette) auch aus Frangipaniblüten gefertigt wird.

Königin der Nacht

Selenicereus grandiflorus
Kakteengewächse (*Cactaceae*)

Herkunft Sie kommt schon im Nordosten Mexikos vor, hat aber auf den Großen Antillen ihr größtes Verbreitungsgebiet.
Entdeckung Die Königin der Nacht wurde 1753 von Carl von Linné erstmalig als *Cactus grandiflorus* beschrieben. 1909 bekam sie ihren heute gültigen wissenschaftlichen Namen.
Naturstandort Sie klettert an Bäumen hoch, wächst in Sträuchern oder über Felsen in Küstenlagen oder bis in 700 m Höhe.
Standort in der Wohnung Die Königin der Nacht ist ein klimmender Kaktus und braucht somit Platz. Sie wächst am besten in einem kühlen Wintergarten.
Substrat Verwenden Sie ein mineralisches Kakteensubstrat, das es in Kakteengärtnereien zu kaufen gibt. Es darf einen Humusanteil von bis zu 20 % enthalten.
Wasserbedarf Vom Frühjahr bis in den Sommer kann die Pflanze reichlich gegossen werden, wenn es keine Staunässe gibt. Ab dem Hochsommer geht sie in eine Ruhephase über, dann benötigt sie nur noch wenig Wasser.
Bestimmende Eigenschaft Die Königin der Nacht ist eine der spektakulärsten Blütenpflanzen überhaupt, ältere Pflanzen haben mehrere Dutzend Blüten im Jahr.
Blütezeit Sie blüht im Sommer von etwa Mai bis Juli.

Besucht eine Fledermaus die Blüte der Königin der Nacht, ist sie anschließend dank der vielen Staubfäden am ganzen Körper mit Pollen eingepudert.

RÄTSELHAFTE NACHTBLÜHER

Neben der Königin der Nacht gibt es mit *Hydrocereus undatus*, *Peniocereus greggii* und *Epiphyllum oxypetalum* noch drei weitere auffällige nachtblühende Kakteenarten. Alle bringen helle, duftende und äußerst große Blüten hervor. Die großen Kelchblüten der Königin der Nacht sind langgestielt, an ihrem Grund befinden sich Nektar und Öle, die von den Bestäubern gesammelt werden. Die Blütenknospen reifen mehrere Wochen, bis sie fast 30 cm lang und sehr dick sind. Gegen 23 Uhr platzt die reife Blütenknospe an den Hüllblättern mit einem hörbaren »Plopp«-Geräusch auf und erblüht in den nächsten beiden Stunden vollständig auf bis zu 20 cm Durchmesser. Kurz nach der Vollblüte fängt sie auch schon wieder an zu welken. Nach weiteren zwei bis drei Stunden hängt sie schlaff herab. Die Zeit, in der die Blüte besucht und bestäubt werden kann, ist somit sehr kurz. Aufgrund des Blütenbaus und der Blütezeit kommen nur Fledermäuse und Schwärmer als potenzielle Bestäuber infrage. Während die Schwärmer lange Rüssel haben, mit denen sie bis zum Blütenboden und an den Nektar gelangen, besitzen die Fledermäuse extrem lange Zungen, die zwei bis drei Mal so lang wie ihr eigener Körper sind. Trotzdem müssen sie tief in den Blütenkelch hinein, um an den Nektar zu kommen, und sind anschließend voller Pollen, den sie innerhalb von wenigen Stunden zur nächsten Blüte bringen müssen, da die Blüten selbststeril sind.

DIE PFLEGE

Als Kletterpflanze wird die Königin der Nacht auch als Schlangenkaktus bezeichnet. Ihre Areolen mit den Stacheln sind zwar nur wenig ausgeprägt, trotzdem möchte man sie nicht gern anfassen. Sie benötigt eine Kletterhilfe, an der ihre langen Sprosse Halt finden. Ausgepflanzt kann sie bis zu 7 m oder 8 m Höhe erreichen. Am besten pflanzt man zwei bis drei Pflanzen in einen Blumenkasten, dann werden sie nicht so groß und man bekommt viele Blüten. Die Königin der Nacht braucht im Winter kühle Temperaturen (8 °C) und ganzjährig viel Licht. Besonders ältere Exemplare lassen sich nicht so einfach transportieren, weshalb sich die Pflanze am besten für unbeheizte Wintergärten eignet. Licht im Frühjahr fördert die Blüteninduktion, ab dem frühen Sommer beginnt dann ihre Blütezeit. Jungpflanzen bekommt man meist nur in Kakteengärtnereien, denn die Königin der Nacht ist ganz klar eine Liebhaberpflanze.

WISSENSWERT

Unter den etwa 1.500 Kakteenarten gibt es viele verschiedene Wuchsformen durch Standortanpassungen. Die bekannteste ist die Kugelform, die sich vor allem für aride Bedingungen bewährt hat. Daneben gibt es Epiphyten (Aufsitzerpflanzen), deren Sprosse extrem abgeflacht sind und wie Blätter aussehen (sog. Phyllokladien), z.B. bei *Epiphyllum* (Blattkakteen). Die beiden Gattungen *Hylocereus* und *Selenicereus* mit rund 40 Arten sind meist kletternde Pflanzen, die mit ihren Sprossen klimmen.

Wandelröschen

Lantana camara
Eisenkrautgewächse (*Verbenaceae*)

Herkunft Das Wandelröschen stammt ursprünglich aus dem tropischen Amerika, mit Schwerpunkt in Zentralamerika.
Entdeckung Ihren wissenschaftlichen Namen bekam die Pflanze bereits 1753 von Carl von Linné.
Naturstandort Sie besiedelt alle offenen Flächen wie Ödland, Weiden oder Waldränder.
Standort in der Wohnung Man bekommt das Wandelröschen bei uns als kleine Pflanzen für den Sommerflor oder als Hochstämmchen, doch kann man es leicht selbst in Kübeln überwintern und zu Büschen bis zu 2 m in Höhe und Durchmesser ziehen.
Substrat Das Wandelröschen stellt sehr wenig Ansprüche an das Substrat, trotzdem empfehle ich, ein gutes Kübelpflanzensubstrat zu verwenden.
Wasserbedarf Besonders im Sommer und wenn es in der vollen Mittagssonne steht, braucht es reichlich Wasser. Im Winter den Ballen nicht austrocknen lassen, da sonst die Blätter abfallen.
Bestimmende Eigenschaft Die Farbe seiner Blüten verändert sich von Gelb über Orange zu Pink.
Blütezeit Das Wandelröschen ist ein unermüdlicher Sommerblüher, doch wenn es hell steht, kann sich auch im Winter hin und wieder mal eine Blüte zeigen.

DURCHSETZUNGSFÄHIGES BLÜHWUNDER

Das bildhübsche Wandelröschen ist in anderen warmen Florenreichen ein gefürchteter Neophyt, der die heimische Flora stark verdrängt. Vögel fressen seine dunklen Beeren und verbreiten so die Samen. Seit langem weiß man, dass nur die jungen, gelben Blüten Nektar enthalten. Die älteren, sich verfärbenden Blüten sind nektarfrei und sollen nur den Lockreiz des Blütenstandes erhöhen. Schmetterlinge und Falter besuchen die Blüten am Tag und in der Nacht. Da die Blütenstände oberhalb der Blattachseln gebildet werden, dienen die Blätter als Rastplatz für Schmetterlinge, während diese mit ihrem Rüssel den Nektar trinken.

Weihnachtsstern

Euphorbia pulcherrima
Wolfsmilchgewächse (*Euphorbiaceae*)

Herkunft Seine Heimat ist Mittelamerika und liegt rund um den Golf von Mexiko.
Entdeckung Sein wissenschaftlicher Name wurde 1834 von Carl L. Willdenow und Johann F. Klotzsch in der »Allgemeinen Gartenzeitung« veröffentlicht.
Naturstandort Er besiedelt die Ränder von Wäldern entlang von Küstenregionen und wächst auf Berghängen bis in 1.000 m Höhe.
Standort in der Wohnung Er bevorzugt einen hellen, aber nicht zu warmen Platz.
Substrat Der Weihnachtsstern ist in Europa eine Saisonpflanze. Falls Sie ihn länger behalten wollen, können Sie ihn in normale Blumenerde topfen.
Wasserbedarf Bei Trockenheit fallen seine leuchtenden Hochblätter sehr schnell ab, bei immer leicht feuchtem Topfballen halten sie lange. Staunässe verträgt er gar nicht.
Bestimmende Eigenschaft Seine farbigen Brakteen sind seine Attraktion, da die eigentlichen Blüten sehr unscheinbar sind.
Blütezeit In Deutschland wird er saisonal zur Weihnachtszeit blühend angeboten. Er ist eine obligate Kurztagpflanze, d. h., er muss über mehrere Wochen 12–14 Stunden Dunkelheit pro Tag bekommen, um zur Blüte zu kommen. Wird die Dunkelperiode unterbrochen, blüht er gar nicht oder verspätet.

VOM STRAUCH ZUR TOPFPFLANZE

Der Weihnachtsstern ist eine Hauptkultur im Zierpflanzenbau, jährlich werden Milliardenbeträge mit ihm umgesetzt. In der Natur werden Weihnachtssterne 2–3 m große Sträucher, weshalb die Pflanze zu Beginn des 19. Jahrhunderts als Schnittblume kultiviert wurde. Indem man seine Triebe wendelförmig bog, versuchte man, ihn als Topfpflanze anbieten zu können. Erst mit der Übertragung von Phytoplasmen (parasitischen Bakterien) war es möglich, die kompakten Topfpflanzen von heute zu erzielen. Das dunkle Rot ist immer noch die beliebteste Farbe, doch durch intensive Züchtungsarbeit sind viele neue Farben wie Weiß, Cremeweiß, Rosa gesprenkelt, gefleckt etc. entstanden.

1
Bixa orellana, der Annattostrauch, ist bei uns kaum bekannt, wegen seiner Blüten aber eine beliebte Gartenpflanze in den USA. Aus seinen Samen gewinnt man rote Lebensmittelfarbe.

2
Selbst gezogene Ananas von der Fensterbank sind durchaus genießbar.

DIE KARIBISCHE KÜCHE

Die karibische Küche ist reich an vielfältigen Aromen. Man kann sie modern als Fusion-Kitchen bezeichnen, da sie sich unter den Einflüssen vieler verschiedener Völker entwickelte. So haben die indigenen Völker der Arawak und Kariben selbst, aber auch die Kolonialmächte aus Europa sowie die ehemaligen Sklaven aus Afrika und Indien ihre Spuren in der Esskultur hinterlassen. Durch das günstige Klima wachsen viele **Aromapflanzen** in der Karibik, sodass die meisten Zutaten leicht frisch zu bekommen sind. Das Meer liefert mit Fisch und anderweitigem Seafood das Eiweiß und die Basis vieler Gerichte. Der asiatische Einfluss manifestiert sich deutlich in den Currys, aber auch der Schärfe der Speisen, denn eine Portion verschiedener Chilis gehört fast immer dazu. Indische Anklänge bringen die Currys und die Verwendung von **»Garam Masala«** (eine indische Gewürzmischung aus Koriander, Anis, Nelken, Fenchel, Kumin, Kardamom, Sesam, schwarzem Pfeffer, Zimt, Muskat und Lorbeer) ins Spiel. Einen europäischen Touch bekommen die Mahlzeiten durch die Konzeption mit Beilagen wie Reis, Süßkartoffeln, Maniok, Yams, Kartoffeln und Kochbananen in Kombination mit Gemüse wie Okra und Bohnen. Die Gerichte erhalten durch viele frische Gewürze ihr außergewöhnlich reiches Aroma. Es kommen viel Zimt und Gewürznelken zum Einsatz, aber auch Ingwer, Piment (*Pimenta dioica*) und Muskatnuss *(Myristica fragrans)*, die in weiten Teilen der Karibik als Kolonialpflanzen angebaut wurden. Sie spielen beim Würzen mindestens eine genauso große Rolle wie Tomaten, Knoblauch, Pfeffer und Zwiebeln. Fleisch, z.B. vom Schwein, wird gern als **Barbecue** zubereitet, nachdem es in Sofrito oder Adobo mariniert wurde. Sofrito besteht aus Pfeffer, Kräutern, Olivenöl und Annatto (*Bixa orellana*). Adobo macht man aus gehacktem Knoblauch, Olivenöl, Salz, schwarzem Pfeffer, getrocknetem Oregano, einer Zitrusfrucht und/oder Essig. Zu den Hauptgerichten werden gerne scharfe Würzsaucen gereicht und als Nachspeise viel frisches Obst.

TROPISCHE FRÜCHTE ZU HAUSE ZIEHEN

Fast in jedem Haushalt werden mehr oder weniger tropische Früchte konsumiert. Dabei vergisst man leicht, dass es sich dabei um pflanzliche Reproduktionsorgane (Diasporen) handelt, die eigentlich der Fortpflanzung dienen. Während z.B. in der Bananenfrucht keine Samen enthalten sind (Parthenokarpie), gibt es viele andere tropische Früchte, in denen sich noch keimfähige Samen befinden.

AVOCADO, MANGO UND CO AUSSÄEN

Der Samen der **Avocado** (*Persea americana*) ist relativ groß, das Fruchtfleisch sehr energiereich. Daher glaubt man, dass Avocados von Tieren gefressen wurden, die zum einen ihre Samen nicht zerkauten und zum anderen viel Energie benötigten. Tiere, wie sie in der Megafauna Amerikas vorkamen. Nachdem diese ausgestorben ist, werden die Samen der Avocado nur noch durch den Menschen verbreitet. Sie können die Avocado zu Hause ganz leicht selbst ziehen, indem sie das untere Drittel des tropfenförmigen Samens in einen Topf mit Blumenerde stecken. Lassen Sie die Erde nicht austrocknen und stülpen Sie eine Plastiktüte darüber. Nach wenigen Monaten wird der Samen in der Mitte aufbrechen und es bildet sich ein Trieb, der im ersten Jahr etwa 50–100 cm wachsen wird. Nachdem Avocados 20 m große Bäume werden, werden Sie vermutlich aber keine eigenen Früchte ernten können. Auch der Samen der **Mango** (*Mangifera indica*), der ja recht groß ist, lässt sich aussäen. Dazu befreit man ihn aus dem Fruchtfleisch einer ausgereiften Frucht, lässt ihn einige Tage trocknen und pflanzt ihn vertikal ein. Zuvor schneidet man mit einer Gartenschere die oberen Zentimeter des spitzen Teils ab, welcher im Topf nach unten kommt. Nur reife Samen fangen nach einigen Wochen an auszutreiben und ihr Trieb durchbricht die Substratoberfläche. Da Mangos eigentlich ebenfalls 30 m hohe Bäume werden, können Sie leider sehr wahrscheinlich keine eigenen Früchte ernten. Einfach auszusäen sind die schwarzen Samen von Cherimoya (*Annona cherimola*), ebenso wie die Samen von Kaki (*Diospyros kaki*), Mangostane (*Garcinia mangostana*), Papaya (*Carica papaya*) oder Guave (*Psidium guajava*). Decken Sie sie mit etwas Vermehrungserde ab und halten Sie das Substrat feucht, dann keimen sie oft bereits nach wenigen Wochen.

VEGETATIVE VERMEHRUNG

Die **Ananas** (*Ananas comosus*) lässt sich ganz einfach vegetativ vermehren. Beim Zubereiten der Ananas schneidet man in der Regel den Schopf mit den Blättern ab. Lassen Sie noch ein Stückchen von der Frucht am Schopf, aber nicht zu viel, da er sonst leicht fault. Den Schopf topfen Sie nun so ein, dass nur noch die Blätter aus der Erde herausschauen. Zugegebenermaßen fault so ein Steckling trotz aller Pflege häufig, aber in einigen Fällen wächst er zu einer neuen Pflanze heran. Es ist sogar möglich, solche Pflanzen zum Fruchten zu bringen, jedoch werden ihre Früchte nicht so groß und süß wie die der Mutterpflanze.

2

DIE KOKOSNUSS – EIN ALLESKÖNNER

Kaum eine andere Pflanze wird so sehr mit Reisen und Fernweh verbunden wie die Kokosnuss (*Cocos nucifera*): weiße Strände vor tiefblauem Meerwasser, umrahmt von Kokosnusspalmen. Die Kokosnuss ist eine echte Palme (*Arecaceae*) und monotypisch, d. h., es gibt nur eine einzige Art in der Gattung *Cocos*. Dass sie so sinnbildlich für tropische Strände ist, liegt an ihrer Ausbreitungsart. Ihre Früchte sind botanisch gesehen Steinfrüchte, wie etwa auch die Kirsche. Sie sind aber von einem faserreichen Fruchtfleisch umgeben. Dieses Fruchtfleisch sowie die harte Fruchtschale schützen den Steinsamen im Inneren und sind trotz ihres Gewichtes schwimmfähig, sodass Kokosnüsse vom Meerwasser verbreitet und an den Küsten angespült werden, wo sie schließlich keimen. Während junge Kokosnüsse in vielen tropischen Ländern als erfrischender Drink angeboten werden (vergessen Sie nicht, das leckere Fruchtfleisch im Inneren auszulöffeln!), kennen wir eher die alten, geputzten Samen. Je älter der Same wird, desto weniger Kokosmilch enthält er, aber umso mehr Fruchtfleisch (Kopra), das fest mit der Samenschale verwachsen ist und nur mit einem scharfen Messer gelöst werden kann.

> ›› Portugiesische Seefahrer verwechselten die Kokosnüsse mit Affengesichtern. ‹‹

DIE WIRTSCHAFTLICHE BEDEUTUNG DER KOKOSNUSS

Die Kokosnuss hat große weltwirtschaftliche Bedeutung, im Pazifik wurden während des Zweiten Weltkrieges sogar Verwundete auf Inseln mit reichen Kokosnussbeständen gebracht, da Kokosnusswasser wegen den enthaltenen Elektrolyten direkt als Infusion gelegt werden kann. Die Fruchtschale liefert Fasern für Stricke und Taue und ist ein wichtiger Energielieferant, sie kann als Holzersatz verbrannt werden. Das Fruchtfleisch, die Kopra, ist ein guter Nährstofflieferant und aufgrund des hohen Fettanteils sehr energiereich.

Kokosnusswasser ist ein natürlicher, wohlschmeckender, keimfreier, erfrischender und isotonischer Energydrink.

BEWARE OF FALLING COCONUTS

Alles in allem ist die Kokosnuss eine wertvolle Pflanze, die in allen Teilen genutzt werden kann. Ihren Namen trägt diese wichtige Pflanze deshalb völlig zu Unrecht. Abergläubische portugiesische Seefahrer gaben ihr den Namen »Coco«, was übersetzt so viel wie »Affenfratze« bedeutet und ein Schimpfwort ist. Sie verwechselten die Kokosnüsse in der Krone der Palmen nämlich mit Affengesichtern, die ihnen Fratzen zu schneiden schienen.

Ich selbst bin sehr vorsichtig und setze mich nie unter Kokospalmen. »Beware of falling coconuts« steht auf vielen Hinweisschildern in den Tropen, und das nicht umsonst. Eine Kokosnuss kann mehrere Kilogramm wiegen und fällt leicht aus großer Höhe von der Palme herab. Mir wurde einmal erzählt, dass in Indien bald mehr Menschen von herabfallenden Kokosnüssen erschlagen werden, als im Straßenverkehr sterben. Weil ich den Verkehr in Indien kenne, bezweifle ich den Wahrheitsgehalt dieser Aussage, aber ich habe auch das Buch »Abgefahren« von Claudia Metz und Klaus Schubert gelesen, deren Zelt in der Nacht von einer herabfallenden Kokosnuss zerstört wurde. Sie selbst überlebten nur, weil sie nicht im Zelt lagen.

So schön es sich im Schatten unter Kokospalmen träumen lässt, herabfallende Kokosnüsse sind lebensgefährlich für alle, die sich unter den Palmen aufhalten.

Flammendes Schwert

Lutheria splendens
Bromeliengewächse (*Bromeliaceae*)

Herkunft Seine Heimat sind die Inseln Trinidad und Tobago, aber auch Kolumbien, Guyana und Venezuela.

Entdeckung Bekannt ist die Pflanze auch unter ihrem alten Namen *Vriesea splendens*, den sie von 1850 bis zu ihrer Umbenennung im Jahr 2016 innehatte. Ihr neuer Name ist fachlich umstritten, weshalb beide Namen zu finden sind.

Naturstandort Wie die meisten Bromelien wächst auch das Flammende Schwert als Epiphyt auf Bäumen, manchmal ist es auch am Boden zwischen den Baumwurzeln zu finden.

Standort in der Wohnung Es braucht einen hellen Standort ohne direkte Mittagssonne, in der es sonst sehr schnell leidet.

Substrat Das Flammende Schwert ist eine robuste Pflanze und wächst auch in Blumenerde. Wenn man diese mit 20 % feiner Pinienrinde vermischt, ist sie durchlässiger und Staunässe, die die Pflanze faulen lässt, wird vermieden.

Wasserbedarf Zwar verträgt das Flammende Schwert auch mal kurze Trockenheit, doch am besten gedeiht es, wenn Sie den Wurzelballen immer leicht feucht halten.

Bestimmende Eigenschaft Die leuchtend gelben und roten Hochblätter seines monatelang schönen Blütenstandes ergaben seinen Trivialnamen.

Blütezeit Es benötigt zur Blütenbildung viel Licht, daher blüht es bei uns ab den frühen Sommermonaten. Da seine Blüte künstlich induziert werden kann, werden ganzjährig blühende Pflanzen angeboten.

BLÜTENWUNDER BROMELIEN

Bis vor wenigen Jahren gab es noch viele Bromeliengewächse im Handel, die wegen ihrer ungewöhnlichen Blütenstände als Zimmerpflanzen sehr geschätzt wurden. Inzwischen ging der Trend zu kleineren Zimmerpflanzen und nur noch die kleinen Arten sind übriggeblieben. Vom Flammenden Schwert kann man einige Sorten wie 'Poelmannii' oder 'Barbara' kaufen sowie Hybriden, deren Blätter stark panaschiert sind, oder Hybriden mit *V. psittacina*, deren Blütenstände sehr farbenfroh sind. Zur näheren Verwandtschaft des Flammenden Schwerts gehört der Zimmerhafer (*Billbergia nutans*). Seine Blüten haben mit einer Kombination aus Gelb, Grün, Rosa und Blau eine sehr ungewöhnliche Farbe, zudem er ist er äußerst pflegeleicht. Da er jedes Jahr viele Kindel bildet, ist er eine wahre Friendship-Pflanze. Sehr ähnliche Wuchseigenschaften wie das Flammende Schwert haben auch die Hybriden von *Guzmania*, zudem sind ihre Blätter weich und ihr Blütenstand ist überproportional groß. Ihr pinkfarbener Blütenstand macht *Tillandsia cyanea* zu einer sehr beliebten Bromelie für das Zimmer.

Um zu erkennen, warum *Lutheria splendens* im Deutschen »Flammendes Schwert« genannt wird, braucht man nicht viel Fantasie.

DIE PFLEGE

Die Pflege eines blühenden Flammenden Schwertes beschränkt sich eigentlich auf regelmäßiges Gießen. Die Pflanze mag kein hartes und kaltes Gießwasser, sodass Sie am besten abgestandenes Regenwasser verwenden. Allgemein benötigen Bromelien ein saures, durchlässiges Substrat. Bei zu niedriger Luftfeuchtigkeit werden ihre Blattspitzen braun. Schon als Kind brachte mir meine Großmutter bei, dass man Bromelien immer über den Trichter gießen soll. Leider ist das nur sehr bedingt richtig. Graue Bromelien haben ihre Farbe von den grauen Härchen auf ihrem Blatt, werden diese übergossen, verkleben sie und das Blatt bzw. die Pflanze stirbt. Deshalb sollte man höchstens die grünblättrigen Arten über den Trichter gießen, es darf dann auch etwas Wasser darin stehen bleiben, das spätestens nach drei Tagen entleert werden muss, damit es nicht fault. Vom Frühjahr bis zum Herbst geben Sie für die Nährstoffversorgung monatlich 1 g Volldünger pro Liter ins Gießwasser.

WISSENSWERT

Obwohl sie schön gestreifte Blätter hat, wird die Pflanze wegen ihrer Blüten gezogen. Bromelien sind allerdings einmalblütig (hapaxanth), was bedeutet, dass die Pflanze nach ihrer Blüte abstirbt. Vorher treibt sie jedoch an ihrer Basis noch viele Kindel aus, die durch das Abtrennen von der Mutterpflanze zu eigenen Pflanzen herangezogen werden können. Solche Kindel blühen erst nach vielen Jahren, aber ihr attraktives Blatt ziert das Zimmer bis dahin ebenfalls.

Brasilien

Eine einzigartige, atemberaubende Landschaft bietet das Pantanal, ein riesiges Feuchtgebiet im mittleren Südwesten Brasiliens.

Brasilien ist das artenreichste Land der Erde und gehört somit zu den Megadiversitätsländern. Es ist Heimat für über **55.000 Blütenpflanzen,** von denen besonders viele zu den **Orchideen** gehören: Von ihnen gibt es 1.000 Arten. Das Klima ist vornehmlich tropisch geprägt, nur im Nordosten oder in Höhenlagen ist es semiarid und Savannen (Gras-, Strauch- und Baumsavannen) dominieren das Landschaftsbild.
Seit den ersten Siedlern im Süden Brasiliens ist der atlantische Regenwald inzwischen nahezu vollständig in Agrarflächen umgewandelt worden, Reste existieren nur noch in Nationalparks. Das im mittleren Brasilien gelegene Pantanal, eines der größten Binnenfeuchtgebiete der Erde, das im Grenzgebiet zu Bolivien und Paraguay liegt, beherbergt die **größte Artenvielfalt weltweit.** Die Amazonasregion im Nordwesten verzeichnet besonders hohe Niederschlagsmengen und beheimatet den größten zusammenhängenden tropischen Regenwald Brasiliens. Sie wird daher auch als Lunge der Erde bezeichnet.

DIE SÜDAMERIKAREISE ZWEIER BAYERN

An dieser Stelle möchte ich nicht über eine eigene Reise, sondern über die Reise zweier Forscher berichten, da es von Deutschland aus kaum eine vergleichbare Forschungsreise gegeben hat und sie eng mit München verknüpft ist. Es geht um die Brasilienreise von Johann B. von Spix (1781–1826) und von Carl F. Ph. von Martius (1794–1868), die zwischen 1817 und 1820 stattfand. Das Besondere an dieser Reise: Es gab nicht so viele Forschungsreisen, die Bayern finanzierte, und was die beiden damals geleistet haben, ist bis heute Basis unseres Wissens über Brasilien.
Spix war bereits an der Königlich-Bayerischen Akademie der Wissenschaften in München tätig und lernte den jungen Studenten Martius bei einer Reise nach Erlangen kennen. Nur wenig später kam der hochtalentierte Martius ebenfalls an die Akademie nach München, wo er dem älteren Franz de Paula von Schrank (1747–1835) beim Aufbau des ersten Botanischen Gartens in München behilflich sein sollte. Bei dieser Tätigkeit lernte er auch König Max I. Joseph bei seinen häufigen Besuchen kennen, der ihn bald schätzte und förderte. Zu dieser Zeit waren das bayerische Königshaus und der österreichische Kaiserhof eng miteinander verbunden und als die Erzherzogin von Österreich, Maria Leopoldine von Österreich nach Brasilien reisen sollte, um dort mit Dom Pedro d'Alcantara vermählt zu werden, wurde beschlossen, dass eine Gruppe von Wissenschaftlern sie begleiten sollte. Nach dem Vorbild der berühmten Reise von Alexander von Humboldt (1769–1859), der von 1799 bis 1804 in Südamerika unterwegs war, erstellte die Akademie der Wissenschaften einen Aufgabenkatalog.
Er reichte von Zoologie, Botanik, der Erforschung der Sprachen, mythischer Überlieferungen, Kultur und Geschichte bis hin zur allgemeinen Statistik. Wozu heute ein ganzes Team beordert würde, dem wurden damals die beiden Berufenen Spix und Martius gerecht.
Neben einem wissenschaftlichen Tagebuch mussten sie auch täglich Buch über ihre Finanzen führen.

> „Das Pantanal im Zentrum Brasiliens beherbergt die größte Artenvielfalt weltweit.“

EIN SCHWERER START

Ihre Reise führte sie über Wien und weitere Stationen bis nach Triest, wo sie an Bord der Fregatten »Augusta« und »Austria« gingen. Am 10. April, morgens um 2 Uhr, wurden die Anker gelichtet und die Schiffe verließen im stillen Dunkel der Nacht den Hafen. Schon kurz nach dem Auslaufen gerieten beide Schiffe in einen schweren Sturm und die »Austria«, auf der die beiden Forscher waren, erreichte nur mit Müh und Not und schwer beschädigt den Hafen Pula in Kroatien. Nach vielen Rückschlägen waren die beiden Schiffe endlich so weit, dass sie am 8. Juni überhaupt die Reise über den Atlantik antreten konnten. Die Überquerung endete nach nur einem Monat erfolgreich mit der Ankunft in Rio de Janeiro.
Beide bayerischen Forscher waren derart von Brasilien begeistert, dass sie dem König schrieben: »Nein! Brasilien und kein anderes Land ist jenes schon in der

Urzeit geträumte hesperische und das hoffnungsreiche Paradies unserer Erde.« Gleich nach ihrer Ankunft begannen sie mit ihrer Arbeit und erforschten Land, Natur und Leute in Rio de Janeiro. Schon nach wenigen Wochen waren die ersten Kisten mit Tier- und Pflanzenpräparaten versandfertig gepackt und wurden mit der »Augusta« nach Bayern geschickt. Ihre gesamten Reisebriefe wurden sofort im Journal »Eos, eine Zeitschrift aus Baiern, zur Erheiterung und Belehrung« in München abgedruckt und in der Heimat verfolgt.

DIE ABENTEUERLICHE ROUTE

Schon in Rio de Janeiro trennten sie sich von ihren österreichischen Forschungskollegen und begannen, auf eigene Faust eine Reiseroute zu entwickeln, die zuerst in das nördlich gelegene Salvador von dort nach São Luis und dann den Amazonasarm nach Manaus und bis nach Araracoara führte – weiter als je jemand vor ihnen gekommen war. Mit Empfehlungsschreiben der portugiesisch-brasilianischen Regierung ausgestattet, brachen sie mit drei Personen und sechs Last- und Reittieren zu ihrer Reise auf. In der Gegend um Rio Xipotó wollten sie Kontakt zu indigenen Indianern aufnehmen, doch diese flohen vor ihnen aus Angst, zum Militärdienst gezwungen zu werden. Schließlich trafen sie mit den Coroado zusammen, deren Gewohnheiten sie bei einem Fest beiwohnten. Viele **Besuche bei indigenen Völkern,** die meistens unter der Aufsicht von Gutsherren oder Missionaren standen, verliefen anfangs scheu. Häufig trafen sie auf Gebiete, in denen Rohstoffe wie Gold oder Diamanten abgebaut wurden und die sie nur mit Sondererlaubnissen betreten durften. Als sie schließlich in Salvador ankamen, hatten sie bereits einige Lasttiere verloren und waren selbst geschwächt, da Hunger und Dürre herrschten, weil es im Jahr zuvor nicht geregnet hatte. Sie notierten dazu: »Es fehlen uns die Worte, um die Leiden zu schildern, … fünf bis sechs Tage war auch nicht eine einzige Zisterne mit Wasser zu finden, und wir waren gezwungen Tag und Nacht zu reisen, um dem Tode zu entgehen.« Sie erkrankten so schwer, dass sie getragen werden mussten. Von Belém aus traten sie ihre Amazonasreise an, von der sie binnen vier Monaten wieder zurückkehren wollten.

Für seine »Historia Naturalis Palmarum« zeichnete Carl F. Ph. von Martius 1817–1829 unter anderem diese »Illustration of Iriartea ventricosa«.

LICHT UND SCHATTEN

Nachdem man nach acht Monaten noch kein Lebenszeichen von ihnen hatte, ließ man nachforschen, ob sie noch am Leben waren und ob noch Sammlungsgegenstände ihrer Exkursion geborgen werden könnten. Schließlich erreichten die beiden Forscher überraschenderweise am 10. Dezember 1820 wieder München, im Gepäck eine für sie selbst erstaunliche Anzahl von Aufsammlungen: Sie brachten 86 Säugetiere, 350 Vögel, 130 Amphibien, 116 Fische, 2.700 Insekten, 6.500 Pflanzen sowie Mineralien und andere Gegenstände mit.
Bis heute wird die Leistung der beiden Forscher vielseitig geehrt und die Reise gilt als ihr Lebenswerk. Jedoch kann man den Verdienst nicht uneingeschränkt anerkennen, da sie acht Indianerkinder nach Europa entführten. Vier davon starben schon auf der Überfahrt, zwei wurden verschenkt und zwei kamen in München an, wo sie zur Schau gestellt wurden und nach wenigen Monaten an Vereinsamung starben.

Flamingoblumen

Anthurium-Hybriden
Aronstabgewächse (*Araceae*)

Herkunft Die meisten Flamingoblumen, die als Zimmerpflanzen angeboten werden, sind gezüchtete Hybriden. Ihre Eltern stammen aus Kolumbien (*A. andraeanum*) und aus Costa Rica (*A. scherzerianum*).
Entdeckung Der österreichische Aronstabspezialist Heinrich W. Schott beschrieb *A. scherzerianum* 1857, 1877 folgte die wissenschaftliche Beschreibung von *S. andraeanum* durch Jean J. Linden.
Naturstandort Sie wachsen epiphytisch oder terrestrisch in Regenwäldern bis hinauf in 2.000 m Höhe.
Standort in der Wohnung Idealerweise bekommen sie einen hellen, aber luftfeuchten Platz, was meist nicht so leicht möglich ist.
Substrat Die Flamingoblume gedeiht in einer handelsüblichen Blumenerde, der man etwa 20 % Perlit zur Auflockerung beimengt.
Wasserbedarf Flamingoblumen vertragen kurzzeitige Trockenheit, ohne gleich einzugehen, doch nur ein gleichmäßig feuchter Wurzelballen lässt sie gut wachsen.
Bestimmende Eigenschaft Ihr Charakteristikum sind die glänzend roten, weißen oder rosafarbenen Hochblätter (Spatha).
Blütezeit Als Schnittblumen sind sie ganzjährig zu bekommen, als blühende Topfpflanze nur während der Sommermonate.

BLUME MIT ANSPRUCH

Flamingoblumen werden sprachlich in die Großen (*A.-Andraeanum*-Hybriden) und Kleinen Flamingoblumen (*A.-Scherzerianum*-Hybriden) unterteilt. Beide Gruppen sind tropische Pflanzen, die Temperaturen über 22 °C und eine relative Luftfeuchtigkeit von 70 % verlangen. Letztere erreicht man in der Wohnung eigentlich nur, wenn man eine durchsichtige Plastiktüte über die Pflanze stülpt. Die Ästhetik ist dann natürlich dahin. Unter unpassenden Bedingungen kommt ihr Wachstum schnell zum Erliegen, es bilden sich keine neuen Blätter mehr und irgendwann sterben sie. Im Sommer düngen Sie mit 1 g Volldünger pro Liter Gießwasser einmal wöchentlich, im Winter einmal monatlich.

Kolumneen

Columnea-Arten
Gesneriengewächse (*Gesneriaceae*)

Herkunft Die Kolumneen sind in Mittelamerika und im nördlichen Südamerika beheimatet.
Entdeckung Mit *C. scandens* beschrieb Carl von Linné die Kolumneen erstmalig 1753 wissenschaftlich.
Naturstandort Kolumneen wachsen meist auf Bäumen (Epiphyten) und kommen dort in feuchten tropischen Wäldern vor. Besonders viele Arten wachsen in den Gebirgswäldern Panamas und Bergregionen Costa Ricas.
Standort in der Wohnung Kolumneen eignen sich hervorragend als Ampelpflanzen für das halbschattige Fenster.
Substrat Sie sind salzempfindlich, verwenden Sie deshalb nur schwach gedüngte Vermehrungserde.
Wasserbedarf Auf starke Trockenheit und auch Nässe reagieren sie mit Blattfall. Halten Sie den Wurzelballen daher immer etwas feucht. Kaltes Gießwasser führt zu braunen Blattflecken.
Bestimmende Eigenschaft Die Kolumneen bereiten ihren Besitzern mit ihren zahlreichen Blüten die größte Freude. Form und Farbe locken am Naturstandort Vögel für die Bestäubung an.
Blütezeit Die meisten Kolumneen bilden ihre Blütenknospen im Sommer, die Blüten erscheinen ab dem frühen Herbst.

PRÄCHTIG BLÜHENDE AMPELPFLANZEN

Ich habe die Pflanzen hier bewusst nur allgemein mit *Columnea*-Arten bezeichnet, weil sich einige Arten und Sorten im Handel befinden. *C. microcalyx* (syn. *C. gloriosa*) wird als Ampelpflanze angeboten, da ihre langen Triebe bis zu 70 cm herabhängen. Ihre kleinen Blätter sind dicht behaart, bei der Sorte ‘Purpurea’ sind die Haare rot. Ihre Blüten sind scharlachrot mit gelbem Grund. Nicht ganz so stark hängend ist *C. hirta*, ihre Blätter sind auch nur leicht behaart. Im Vergleich zu ihren kleinen Blättern hat *C. microphylla* riesige, rote Blüten. Die vielen Hybriden erweitern mit Gelb, Orange und Mischungen das Farbspektrum der Blüten.
Alle Kolumneen brauchen konstante Bedingungen.

Rittersterne

Hippeastrum-Hybriden
Amaryllisgewächse (*Amaryllidaceae*)

Herkunft Die Elternteile der heutigen Hybriden haben ihre Heimat in den nördlichen und zentral gelegenen Ländern Südamerikas.
Entdeckung Nachdem es viele Jahrzehnte Verwirrung um die Abgrenzung zwischen der südafrikanischen Gattung *Amaryllis* und der südamerikanischen Gattung *Hippeastrum* gab, wurde letztere 1821 von William Herbert wissenschaftlich gültig aufgestellt.
Naturstandort Rittersterne kommen an terrestrisch- sumpfigen Standorten vor, können aber auch epiphytisch leben. Sie sind von Meereshöhe bis hinauf in submontane Regionen zu finden.
Standort in der Wohnung Die Rittersternhybriden brauchen einen hellen bis absonnigen Platz.
Substrat Sie können sie in jede handelsübliche Blumenerde setzen. Topfen Sie die Zwiebeln aber nicht vollständig, sondern nur bis zur Hälfte ein.
Wasserbedarf Nach der Blüte treiben die Zwiebeln frische Blätter, in dieser Zeit sollten Sie reichlich gießen. Ab dem Herbst können Sie die Wassergaben stark reduzieren, lassen Sie die Pflanzen aber nicht ganz austrocknen.
Bestimmende Eigenschaft Die sehr großen, ausdrucksstarken, leuchtend farbenfrohen Blüten der Hybriden finden viele Bewunderer.
Blütezeit Rittersterne werden in den Gartencentern meist als angetriebene Zwiebeln mit Blütenknospen um die Weihnachtszeit herum angeboten.

WEIHNACHTSFREUDE AUS DER ZWIEBEL

Sie können Rittersterne als langstielige Schnittblumen kaufen, die Sie wegen ihrer Länge und ihrem Gewicht am besten in schwere, hohe Vasen stellen, wo sie über viele Wochen blühen. Die Zwiebeln bekommen Sie vor Weihnachten trocken oder vorgetrieben zu kaufen. Topfen Sie sie ein und warten Sie auf die Blüte. Bei Exemplaren, die man schon länger besitzt, verschiebt sich die Blütezeit ins zeitige Frühjahr. Wenn man ab dem Sommer nicht mehr gießt, zieht das Laub ein und die Pflanze geht in eine Ruhephase, die sie ausgetopft überdauert. Lässt man sie nicht vollständig abtrocknen, zieht das Laub nicht vollständig ein, zur Blüte kommt sie aber in beiden Fällen.

1
Gongora-Arten sind schwer auseinanderzuhalten. Zur sicheren Bestimmung der Art werden zum Teil auch die Pollenpakete benötigt.

2
Jede Parfümorchideenart (hier *Coryanthes panamensis*) platziert ihre Pollenpakete an einer bestimmten Stelle am Bestäuber, hier dorsal.

3
Der außergewöhnliche Blütenbau der *Coryanthes*-Arten selektiert bereits Blütenbesucher von Bestäubern.

ORCHIDEEN UND IHRE KOMPLEXE BESTÄUBUNG

Orchideen besitzen die komplexesten und vielleicht auch bizarrsten Blüten im Pflanzenreich überhaupt. Doch genauso kompliziert wie ihr Blütenbau ist häufig auch ihre Bestäubungsbiologie, die auf sehr ausgesuchte Blütenbesucher abgestimmt ist. Auch in Europa sind sehr komplexe Bestäubungsvorgänge bei den Orchideen bekannt, wie zum Beispiel die Kopulationsbestäubung bei den Ragwurzarten (*Ophrys*-Arten). Hier täuscht die Pflanze in Form und Geruch eine weibliche Biene vor und lockt damit männliche an.

PARFÜMORCHIDEEN UND PRACHTBIENEN

In Mittel- und Südamerika kommen die Parfümorchideen (*Stanhopeinae*) vor, die in den feucht-temperierten Breiten bis in Höhen von 2.000 m verbreitet sind. Die prominentesten Gattungen sind *Coryanthes*, *Gongora* und *Stanhopea* mit großen Blüten (vgl. Seite 32), die intensiv und sehr angenehm nach Parfüm duften. Ihr angenehmer Geruch ist die Folge eines komplexen Cocktails aus mehreren Dutzend chemischen Verbindungen, die präzise auf die Anlockung bestimmter Blütenbesucher abgestimmt sind. Diese hohe Form der Spezialisierung bedeutet, dass es eine sehr enge Bindung zwischen Bestäuber und Blüte gibt. In der Folge heißt das aber auch: Fällt der Blütenbesucher weg, stirbt die Orchidee ebenfalls aus. Bei den Parfümorchideen ist diese Bindung so eng, dass man die Orchideen in der Natur nachweisen kann, indem man den Bestäuber fängt und den an ihm haftenden Pollen einer bestimmten Orchideengattung direkt zuordnen kann. Im Falle der Parfümorchideen werden männliche Prachtbienen (*Euglossini*) angelockt. Damit nicht verschiedene Prachtbienenarten angelockt werden, ist der Duft auf nur eine oder zwei Arten spezifisch abgestimmt. Da der Duft über viele Kilometer hinweg wahrgenommen wird, fliegen die Prachtbienen weite Gebiete ab. Neuere Erkenntnisse legen nahe, dass die Prachtbienenmännchen den Duftstoff für das Balzverhalten nutzen. An der Parfümorchidee angekommen, muss sich die Prachtbiene durch den komplizierten Blütenbau arbeiten, um an die begehrten Duftstoffe zu kommen, die sie schließlich absammelt. Der komplexe Blütenbau fixiert die Prachtbiene und je nach Art wird an einer bestimmten Körperstelle gleich ein ganzes Pollenpaket (Pollinarien) angebracht oder durch die Narbe von dort abgeholt.

VOR- UND NACHTEILE DER SPEZIALISIERUNG

Durch die Positionierung auf der Biene und einer gewissen Inkompatibilität gegenüber Pollen anderer Arten wird die Hybridisierung minimiert. Die große Spezialisierung bietet der Parfümorchidee den unschätzbaren Vorteil, dass sie ressourcensparend Pollen produzieren kann, weil er sehr präzise übertragen wird. Auf der anderen Seite ist die Spezialisierung ein großes Risiko, weshalb gleich ganze Pollenpakete überbracht und viele Samen gebildet werden. Der Orchideensamen ist der feinste im Pflanzenreich, in einer Frucht können mehrere Millionen Samen enthalten sein.

3

1
Mit bis zu 12 m ist der Blütenstand der Königin der Anden (*Puya raimondii*) der größte im gesamten Pflanzenreich.

2
Die Hundertjährige Agave (hier *Agave americana* 'Variegata') blüht nur ein einziges Mal in ihrem Leben, anschließend stirbt sie ab.

DIE SUPERLATIVE DER NEOTROPIS

Wie die Titanwurz (*Amorphophyllus titanum*) und die Rafflesie (*Rafflesia arnoldii*) in der Paläotropis (siehe Seite 156) gibt es auch in der Neotropis Pflanzen, die riesige Blütenstände bilden:

Die **Hundertjährige Agave** (*Agave americana*) ist bei uns als Kübelpflanze nicht unbekannt, sie generiert wegen ihrer Größe aber nach einiger Zeit Platzprobleme. Ihre Blätter können bis zu 2 m lang werden, was für ihre Blattrosette einen Durchmesser von über 4 m bedeutet. Ihr Trivialname Hundertjährige Agave impliziert schon, dass sie sehr alt werden muss, bevor sie zur Blüte kommt. Alle Agaven sind einmalblütig (hapaxanth) und sterben nach der Blüte ab. Bei dieser Agavenart ist das zwar nicht erst nach 100 Jahren der Fall, aber 70 bis 80 Jahre kann es schon dauern, bis sie das erste und letzte Mal blüht. Dann schiebt sich aus ihrer Mitte ein armdicker Blütenstand bis zu 9 m in die Höhe. Daran ordnen sich spiralig kleinere Blütenstände mit bis zu 30 Einzelblüten an. In der Natur werden die mit Nektar reichlich gefüllten Blüten von Vögeln besucht, in Kultur bestäuben sie sich am Ende selbst. Noch am Blütenstand, der bis zu zehn Monate besteht, keimen die Samen zu Jungpflanzen aus, was den falschen Eindruck des Lebendgebärens (Viviparie) vermittelt.

Die **Königin der Anden** (*Puya raimondii*), auch Riesenbromelie genannt, ist in den Hochplateaus Perus, Boliviens und im nördlichen Chile beheimatet. Sie ist ebenfalls hapaxanth. Ihre Blüte beginnt nach etwa 50–70 Jahren und nach etwa neun Monaten hat sich mit 12 m der **längste Blütenstand der Welt** entwickelt. Tausende von Einzelblüten, die dicht um den Blütenstand formiert sind, werden am Naturstandort von Kolibris umschwirrt, die sie bestäuben. Wie die Hundertjährige Agave schützt sich *Puya raimondii* mit vielen Stacheln vor dem Gefressenwerden. Halten Sie deshalb etwas Abstand, wenn Sie ein Exemplar zu Gesicht bekommen. Die dichtesten Bestände gibt es im Huascarán-Nationalpark in Peru. Da diese Bromelie eine rein alpine Pflanze ist – sie wächst in 3.500–4.500 m Höhe – ist sie außerhalb ihres Verbreitungsgebietes schwierig zu kultivieren. Man kann sie nur in der Natur bewundern.

Lanzenrosette

Aechmea fasciata
Bromeliengewächse (*Bromeliaceae*)

Herkunft Ihre Heimat liegt in den tropischen Regen- und Nebelwäldern im Südosten Brasiliens.
Entdeckung Sie wurde 1828 von John Lindley als *Bromelia fasciata* beschrieben, soll aber erst 1837 erstmalig nach Europa eingeführt worden sein. Ihren heutigen Namen bekam sie 1879.
Naturstandort Sie besiedelt als Epiphyt die Baumkronen küstennaher Wälder bis in 1.300 m Höhe.
Standort in der Wohnung Besonders im Winter liebt die Lanzenrosette einen hellen und warmen Platz in der Wohnung, im Sommer ist sie vor direkter Mittagssonne zu schützen.
Substrat Im Handel wird sie in Einheitserde verkauft, besser geeignet erscheint mir aber eine Mischung aus gleichen Teilen Blumenerde, feiner Pinienrinde und Lavabruch (6–12 mm).
Wasserbedarf Gießen Sie die Pflanze über das Substrat und nicht über den Blatttrichter, da sonst Fäulnis droht. Durchlässiges Substrat muss häufig befeuchtet werden.
Bestimmende Eigenschaft Ihr rosa Blütenstand mit den blauen Einzelblüten gehört zum Spektakulärsten, was das Zimmerpflanzensortiment zu bieten hat.
Blütezeit Ihre Blütenbildung wird im Langtag gefördert, nach Induktion im Sommer kommt sie im späten Herbst zur Blüte. Es gibt das ganze Jahr blühende Pflanzen zu kaufen, bei denen die Blüte künstlich gesteuert wurde.

KEINE »ORIGINALE« IM HANDEL

Die Züchtung der Lanzenrosette begann schon kurz nach ihrer Einführung nach Europa bei der belgischen Gärtnerei Van Houtte. Die reine Art findet man selbst in botanischen Sammlungen kaum noch, im Handel sind es allesamt Auslesen, die blühfreudiger sind, einen größeren Blütenstand haben oder attraktives Laub besitzen. Wie bei allen Bromelien stirbt die Mutterpflanze nach der Blüte ab (hapaxanth), jedoch treibt sie zuvor Kindel, die später als einzelne Pflanzen gepflegt werden können. Wasser in den Blatttrichtern kann sich unterschiedlich auswirken. Bei niedrigen Temperaturen oder wenn es nicht regelmäßig ausgetauscht wird, verursacht es Fäulnis. Ist es frisch, wird es gut vertragen.

Engelstrompeten

Brugmansia-Hybriden
Nachtschattengewächse (*Solanaceae*)

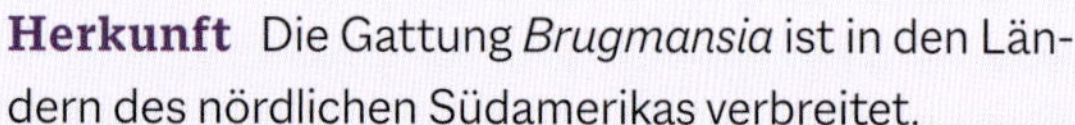

Herkunft Die Gattung *Brugmansia* ist in den Ländern des nördlichen Südamerikas verbreitet.

Entdeckung Bereits Carl von Linné beschrieb sie 1753 als *Datura arborea*, 1805 stellte Christian H. Persoon die Gattung *Brugmansia* wissenschaftlich gültig auf.

Naturstandort In der Literatur gibt es die Angabe, dass die Pflanzen in der Natur ausgestorben seien. Die Pflanzen, die man noch in Südamerika fände, seien aus Gärten verwildert. In den Anden trifft man sie bis auf 3.000 m Höhe an.

Standort in der Wohnung Engelstrompeten sind Kübelpflanzen und müssen kühl überwintert werden.

Substrat Sie brauchen eine nahrhafte Blumen- oder Kübelpflanzenerde. Mischen Sie zu Beginn der Saison zusätzlich Langzeitdünger unter.

Wasserbedarf Wegen der großen Blattmasse müssen Sie die Pflanzen an heißen Sommertagen und selbst im Schatten zweimal täglich gießen.

Bestimmende Eigenschaft Die Dutzenden von duftenden Blüten sind alle Mühen wert.

Blütezeit Bei den frühen Sorten beginnt die Blütezeit schon im Hochsommer, bei späten Sorten erst im Herbst, wenn man sie schon ins Haus holen muss, was sehr schade ist.

WUNDERBARE VIELFALT

Unter den Engelstrompeten gibt es wirklich bezaubernde Hybriden, weshalb man sich von ihrer Giftigkeit (siehe unten) nicht abhalten lassen sollte, sie zu kultivieren. Sehr viele Hybriden gelangen gar nicht in den Handel, sondern sind nur über ihre Züchter (www.engelstrompete.eu) erhältlich. Ich persönlich bevorzuge die Hybriden *Brugmansia × candida* (*B. aurea × B. versicolor*) wegen ihrer Toleranz gegenüber Sommerhitze, einer geringeren Virusanfälligkeit und ihrem fantastischen abendlichen Duft. Hier hat es mir besonders der wuchsfreudige Sport 'Maya' mit weiß-hellgrün panaschierten Blättern angetan. Das Schönste an ihr sind aber die Blüten, die sich cremeweiß öffnen und sich im Verblühen apricot färben. Wem weiß panaschierte Pflanzen nicht so liegen, kann sich vielleicht mit der Sorte 'Angels Flight variegata' anfreunden. Sie ist unauffällig in Grüntönen panaschiert, aber ihre Blüten ähneln denen von 'Maya', nur dass sie stärker ins Orange umschlagen und gefüllt sind.

DIE PFLEGE

Topfen Sie eine junge Pflanze, die Sie im Frühjahr kaufen, am besten gleich in einen Topf, der rechts und links zwei bis drei Finger breiter ist als der bisherige, und stellen Sie sie ins Freie. Im Sommer wächst sie dann zu einer 1 m großen Pflanze heran, wenn man sie mindestens einmal täglich gießt und wöchentlich mit 2–3 g Volldünger pro Liter Gießwasser düngt. Engelstrompeten mögen keine heißen Plätze in der Mittagssonne, ein absonniger, geschützter Platz bietet den besten Standort im Garten. Er hat auch den Vorteil, dass sie bei Sommergewittern nicht so stark in Mitleidenschaft gezogen werden. Vor den ersten Frösten im Herbst schneiden Sie die Engelstrompete um ein Drittel oder die Hälfte zurück. Wenn sie dadurch anschließend laublos ist, ist das kein Problem. Räumen Sie sie ins Haus, an einen hellen, frostfreien Platz. Im Winter gießen Sie nur minimal, lassen Sie aber den Wurzelballen nicht vollständig austrocknen. Sobald im Frühjahr die Sonne an Kraft gewinnt und die Temperaturen steigen, treiben die Pflanzen meist schon im Winterquartier aus und die Saison im Freien beginnt erneut.

Ältere Engelstrompeten sind mit ihrer Blütenfülle und dem angenehmen, weitreichenden Duft am Abend eine der auffälligsten Kübelpflanzen für Haus und Garten.

WISSENSWERT

Engelstrompeten enthalten in allen Pflanzenteilen hochgiftige Tropan-Alkaloide. Es gibt immer wieder Berichte, wonach Engelstrompeten wegen halluzinogener Wirkung missbräuchlich konsumiert worden sein sollen. Dabei handelt es sich wohl eher um Vergiftungen mit schweren Wahnvorstellungen (siehe Buch »Huanduj« von A. Hay et al.). Es ist beim Umgang mit diesen Pflanzen also eine gewisse Vorsicht geboten, aber unabsichtliche Vergiftungen, z. B. durch Pflanzensaft, der in die Augen gelangt, verlaufen in der Regel mild.

Die Praxis

Um die Welt in voller Blüte genießen zu können, egal ob zu Hause oder auf Reisen in fernen Ländern, finden Sie auf den nächsten Seiten einige Informationen zu benötigten Gegenständen und praktischen Fertigkeiten, zur Reisevorbereitung und zum Verhalten vor Ort.

Pflanzenkauf und Grundausstattung

Zimmerpflanzen werden zum Großteil in Gartencentern, Discountern oder im Lebensmitteleinzelhandel gekauft. Bereits hier gibt es große qualitative Unterschiede, da der Stress für die Pflanze stark vom Transport, der Standdauer im Verkauf und der Pflege vor Ort abhängt. Eine wärmebedürftige Zimmerpflanze schätzt es beispielsweise gar nicht, wenn sie während des Winterhalbjahres im Eingangsbereich eines Geschäftes steht und ständig der kalten Zugluft durch sich öffnende Türen ausgesetzt ist. Die Pflanzenpflege im Verkauf ist fast nie gut, weil das Personal sie nebenher erledigen muss, sodass wenig Rücksicht auf Blüten, Blätter und die individuellen Bedürfnisse der Pflanze genommen wird. Zum Gießen werden die Pflanzen daher meist einfach mit kaltem Wasser überbraust.

SCHLECHTEN ZUSTAND ERKENNEN

Viele Zimmerpflanzen, z.B. Gesneriengewächse, Begoniengewächse, Kakteen oder die Vulkanpalme (*Brighamia insignis*) reagieren auf so eine uniforme und eher grobe Behandlung sehr empfindlich. Bereits nach wenigen Tagen stellen sich erste Anzeichen einer kränkelnden Pflanze ein: Blüten und Blätter faulen, es bilden sich braune Flecken auf den Blättern, das Blatt wird unnatürlich dunkel (z.B. durch Chlorophyllanreicherung bei zu dunklem Standort) und im schlimmsten Fall fangen die Wurzeln an abzusterben. Da auf keiner Pflanze ein Datum zu finden ist, wann sie die Produktionsgärtnerei für den Endverkauf verlassen hat, müssen Sie vor dem Kauf auf all diese Symptome achten, damit Sie später viel und lange Freude an Ihrem neuen grünen Mitbewohner haben.

Nach dem Kauf sollten Sie den Stress für die Pflanze so gering wie möglich halten, indem Sie sie beim Transport nach Hause gegen Wind und Wetter schützen. In Gartencentern liegen meist Zeitungen oder Blumenpapier für diesen Zweck aus. Im Sommer muss man das nicht unbedingt machen, außer Sie transportieren die Pflanze mit dem Fahrrad.

DER START ZU HAUSE

Daheim angekommen, sollten Sie die Pflanze als erstes gründlich gießen, das wirkt wahre Wunder. Aber lassen Sie die Pflanze nicht im Wasser stehen. Falls Sie es sich nicht schon vor dem Kauf überlegt haben, müssen Sie als nächstes den richtigen Platz für die Pflanze finden. Bei der Standortwahl werden gewöhnlich die größten Fehler begangen, indem Pflanzen an völlig ungeeigneten Plätzen aufgestellt werden. Sie sollten also bereits zu einem gewissen Grad informiert sein, was die Pflanze braucht und wie sie gepflegt werden will. Sehr lichthungrige Pflanzen (z.B. Kakteen und Sukkulenten) stellen Sie an ein sehr helles Fenster, direkt an die Glasscheibe. Schattenverträgliche Pflanzen wie viele Aronstabgewächse, z.B. den Kolbenfaden (*Aglaonema*), oder das Fensterblatt (*Monstera*) können etwas weiter vom Fenster entfernt in der Raummitte stehen.

WAS MAN UNBEDINGT BRAUCHT

Wenn Sie ein völliger Neuling in Sachen Zimmerpflanzen sind, sollten Sie sich eine kleine Grundausstattung zulegen. Dazu gehört ein kleiner **Vorrat an Töpfen** in verschiedenen Größen, damit Sie nicht kreativ werden müssen und leere Joghurtbecher als Not-Topf nehmen müssen, denn sie sind als Pflanzgefäß einfach ungeeignet. Alte Töpfe kann man problemlos wiederverwenden, nachdem man sie zumindest grob von Schmutz befreit hat. Zwar besteht die Möglichkeit, dass dem Topf noch Schädlinge oder Sporen anhaften können, die die neue Pflanze infizieren könnten, doch nimmt die

Auf sogenannten CC-Containern werden Pflanzen von der Produktionsgärtnerei zum Endverkaufsort transportiert. Diese Phase stresst Pflanzen sehr, achten Sie daher schon beim Einkauf auf vitale Pflanzen.

Wahrscheinlichkeit sehr stark ab, wenn die Töpfe mehrere Monate unbenutzt waren. Ich persönlich bevorzuge Tontöpfe, da sie aus natürlichem Material bestehen und Wasser- und Luftaustausch an ihrer gesamten Oberfläche stattfindet, Plastik dagegen ist »luftdicht«. Kalkverkrustungen an alten Töpfen kann man gut entfernen, indem man sie über Nacht in Wasser mit etwas Zitronensäure einweicht.

Ob man besser einen **Untersetzer oder einen Übertopf** verwendet, ist Ansichtssache, doch optisch macht ein schöner Übertopf definitiv mehr her als ein Untersetzer. Nur darf ein Übertopf nicht zu klein sein, da man die Pflanze sonst leicht übergießt. Die Faustregel lautet: Man muss mindestens einen Zeigefinger zwischen Über- und Blumentopf stecken können.

Einen Vorrat an **Substrat und Zuschlagstoffen** sollten Sie ebenfalls immer griffbereit haben. Im Grunde spricht nichts gegen Fertigsubstrate, die für die meisten Zimmerpflanzen gut funktionieren. Doch sollten Sie bei den Blumenerden, da sie allesamt aufgedüngt sind, darauf achten, dass sie nicht zu alt sind, da sich ihre chemischen und physikalischen Eigenschaften beim Altern verändern. Im Haus oder in der Wohnung gelagerte Blumenerde sollte keinesfalls älter als ein Jahr sein. Abhängig von Ihren Pflanzen brauchen Sie auch Zuschlagstoffe für die Verbesserung von Substraten oder als Drainageschicht. Kakteen und Orchideen werden nämlich besser in mineralische Mischungen und Pinienrinde getopft. Die meisten Zimmerpflanzen reagieren positiv, wenn sie einmal im Jahr umgetopft werden (siehe Seite 269). Außerdem sollten Sie etwas **Flüssig- und Langzeitdünger** vorrätig haben.

Schließlich werden Sie auch eine **Schere, eine Gießkanne und einen Pumpsprüher, vielleicht auch ein Stecklingsmesser** brauchen. Mit der Schere schneiden Sie oberirdisch Äste, Zweige, Blätter oder Blütenstiele ab, Sie sollten sie niemals dazu verwenden, einen Wurzelballen damit zu teilen (einige Zimmerpflanzen werden durch Teilung vermehrt). Nehmen Sie dafür immer ein scharfes Messer, genau wie für das Schneiden von Stecklingen. Ein Messer ist scharf und die Schnittfläche wird dadurch nicht wie bei einer Schere gequetscht, was Einfluss auf den Anwachserfolg hat.

Die (fast) tägliche Pflege

Pflanzen sind Lebewesen, die es in ein für sie sehr hartes Ökosystem, nämlich Ihre Wohnung, verschlagen hat. Vieles von dem, was sie in Millionen von Jahren durch die Evolution an Standortanpassung entwickelt haben, nützt ihnen in der Wohnung nichts. Zwar müssen sie nicht täglich Gassi geführt werden, doch auch Pflanzen brauchen regelmäßige Aufmerksamkeit, weshalb Sie die Zimmerpflanzenpflege zur Routine machen sollten.

Pflanzen gedeihen am besten bei gleichbleibender Pflege, sehr wechselnde Bedingungen stressen und schwächen sie. Sie sollten daher nicht so lange mit dem Gießen warten, bis die Blätter an der Pflanze herabhängen. Besonders bei Neuzugängen, die man noch nicht so gut kennt, lohnt sich ein fast täglicher Blick.

DAS GIESSEN

Pflanzenwurzeln mögen sehr kaltes Gießwasser nicht besonders. Frisch aus dem Hahn gezapftes Wasser ist auch dann nicht die beste Wahl, wenn das Leitungswasser in der Gegend sehr kalkreich ist, da der Kalk aus dem Gießwasser den pH-Wert des Substrates stetig erhöht, was zu Problemen in der Pflanzenernährung führt. Lassen Sie das Gießwasser einen oder mehrere Tage abstehen, setzt sich ein Teil des Kalkes an der Gießkanne ab und gelangt nicht ins Substrat. In kalkreichen Gegenden kann man dem Problem der pH-Wert-Erhöhung eigentlich nur durch regelmäßiges Umtopfen entgehen, es sei denn, man bereitet das Wasser auf oder verwendet Regenwasser. Weil das Gießen die am häufigsten anfallende Tätigkeit in der Pflanzenpflege ist, sollten Sie Ihre Pflanzen dabei immer mit einem aufmerksamen Blick betrachten. Dieser Blick ist eine Art Gesundheits-Check, er dient dem frühzeitigen Erkennen von Schädlingen.

KRANKHEITSPROPHYLAXE

Viele Schädlinge sind sehr klein (Rote Spinne) und mit dem bloßen Auge nur schwer zu erkennen, andere verstecken sich anfänglich in den Blattachseln (Wollläuse) und fallen erst auf, wenn sie eine Kolonie gebildet haben, wieder andere (Schildlaus-Arten) sind nicht nur klein, sondern schwer zu sehen, da sie die Farbe eines Sprosses haben. Die ständige Beobachtung ist sehr wichtig, vor allem wenn man viele Pflanzen hat, unter denen sich die Schädlinge epidemiologisch ausbreiten können. Sehr stark befallene Pflanzen bringt man meistens nicht mehr richtig schädlingsfrei.

Außerdem sollten Sie Ihre Pflanzen einmal im Jahr einer »Wellnesskur« unterziehen. Dabei untersuchen Sie sie sehr gründlich, schneiden sie vielleicht zurück oder in Form und nutzen das geschnittene Material für Stecklinge. Anschließend sollten Sie die Pflanzen vom Hausstaub befreien, indem Sie sie unter der Dusche richtig abbrausen. Zum einen sind viele Schadstoffe im Hausstaub gebunden, die Sie auf diese Weise abwaschen, zum anderen reduziert der Staub die Fotosyntheseleistung der Blätter. Falls nötig, topfen Sie die Pflanzen auch gleich um (siehe rechte Seite).

RICHTIG DÜNGEN

Auch Pflanzen brauchen regelmäßig Nahrung. Während bei der Kultur im gewachsenen Boden die Humifizierung Nährstoffe an die Wurzeln bringt, muss man bei der Kultur von Zimmerpflanzen düngen. Nach dem Kauf einer Pflanze oder direkt nach dem Umtopfen sind meistens ausreichend Nährstoffe im Substrat vorhanden, sodass man ein bis zwei Monate nicht düngen müsste. Es bietet sich in der Pflegeroutine aber an, sich einfach einen bestimmten Wochentag auszusuchen, an dem man jede Woche düngt.

Langzeitdünger lassen sich am besten als umhüllte Kapseln gebrauchen. Es gibt sie in verschiedenen Ausführungen, mit einer Wirkungszeit von drei bis 15 Monaten. Die Freisetzung des in den Kapseln enthaltenen Düngers erfolgt durch Auswaschung, bei jedem Gießvorgang wird also etwas Dünger freigesetzt. Diese besonderen Dünger haben meist Namen, die auf »-cote« enden und sind in der Regel mit allen notwendigen Nährstoffen ausgestattet. Langzeitdünger eignet sich für die Grundversorgung der gängigsten Zimmerpflanzen, für Kakteen und Orchideen sind sie nur bedingt brauchbar. Mischen Sie die auf der Packung angegebene Menge in ein frisches Topfsubstrat, düngen Sie die Pflanze quasi für sofort und später: Das Topfsubstrat enthält sofort verfügbare Nährstoffe und der umhüllte Langzeitdünger versorgt die Pflanze, wenn die Nährstoffe des Substrats aufgebraucht sind. Da man einige Pflanzen nicht jedes Jahr umtopfen muss, kann man auch etwas von dem Langzeitdünger in die oberste Substratschicht mischen. Nur aufstreuen sollte man ihn nicht, da die Nährstoffe so nicht optimal freigesetzt werden können, ganz abgesehen von der unerwünschten Optik.
Die Grunddüngung erfolgt immer über das Substrat, trotzdem sollte man zusätzlich düngen. Pflanzen reagieren sehr positiv auf geringe, aber stetige Nährstoffgaben, bei Überversorgung verbrennen die Wurzeln und die Pflanzenzellen werden so stark geschädigt, dass die Pflanze eingehen kann. Die zusätzliche Düngung lässt sich am besten mit einem **Flüssigdünger** durchführen. Da Flüssigdünger in der Regel durch den Hersteller konzentriert werden, können sie in niedriger Dosis für alle Pflanzen angewendet werden. Dazu mischt man das Gießwasser mit 0,5–1,0 ‰ an Flüssigdünger, das entspricht 0,5–1 ml auf 1 Liter Gießwasser. Diese Dosis ist so gering, dass sie wöchentlich und das ganze Jahr über verabreicht werden kann, ohne dass eine Überdüngung zu befürchten ist.

PFLANZEN UMTOPFEN

Wenn Sie eine Pflanze umtopfen müssen, zeigt das, dass Sie alles richtig gemacht haben und gärtnerisch erfolgreich sind. Nur Pflanzen, die sich wohlfühlen,

1
Mindestens einmal im Jahr, am besten im Frühjahr, muss der Hausstaub, der sich angesammelt hat, von den Blättern gewaschen werden.

2
Eine regelmäßige flüssige Ergänzungsdüngung führt Ihren Pflanzen die nötigen Nährstoffe zu.

1
Die meisten Pflanzen entwickeln sich besser, wenn sie regelmäßig umgetopft werden.

2
Pflanzen sind sehr regenerativ, einige können sogar über Blattstecklinge vermehrt werden.

wachsen nämlich so gut, dass sie umgetopft werden müssen. Ich persönlich versuche, so ökonomisch wie möglich vorzugehen und daher nur zu wenigen Terminen im Jahr umzutopfen. Dann muss ich nicht ständig alles hin- und wieder wegräumen und hinterher den Boden putzen.

Das Umtopfen beginnt im Grunde schon, bevor Sie die Pflanze in die Hand nehmen, indem Sie die **Pflanze am Tag zuvor gut wässern.** Pflanzen, die einen trockenen Wurzelballen haben, sollten Sie niemals umtopfen, da sich der Ballen im neuen Substrat nur sehr schwer anfeuchten lässt. Das ist für die Pflanze unnötiger Stress, außerdem hilft ein feuchter Wurzelballen, die Lücke zwischen neuem und altem Substrat zu schließen.

Haben Sie die Pflanze ausgetopft, gibt es zwei Möglichkeiten zum **Umgang mit dem Wurzelballen.** Sogar unter Erwerbsgärtnern gibt es zwei Meinungen, die einen befürworten das Entfernen des unteren Drittels des Ballens, weil das die Neubildung von Wurzeln stimuliert, die anderen lehnen dieses Verfahren ab, da der Pflanze dadurch Verletzungen zugefügt werden, durch die sie mit Krankheitserregern infiziert werden kann, und Wurzeln zur Versorgung der Pflanze fehlen. Ich persönlich gehöre eher zur letzteren Gruppe, doch bei sehr großen Wurzelballen entferne ich die obere Schicht und fülle mit frischem Substrat auf. Durch das Gießen gelangen später die Nährstoffe zu den Wurzeln und man muss nicht gleich einen größeren Topf nehmen.

Eine Faustregel besagt, dass **der neue Topf etwa rechts und links ein bis zwei Fingerbreit größer sein sollte als der Wurzelballen.** Bei großen Gefäßen mit Pflanzen, die schon 1,5–2 m hoch sind, werden aus zwei Fingerbreit zwei Handbreit. Bei Tontöpfen lege ich immer eine Tonscherbe konkav über das Abzugsloch, damit es sich nicht zusetzt. Bei Kulturen, die auf Staunässe empfindlich reagieren, kann man noch eine 2–3 cm starke **Drainageschicht** aus Blähton darüber streuen. Danach füllen Sie etwas **Substrat** ein, setzen den Wurzelballen darauf, füllen schließlich die Seiten mit Substrat auf und drücken alles etwas an. Nach dem Topfen **gießen Sie die Pflanze so lange an,** bis das Wasser unten aus dem Topf läuft. Nach dem Abtropfen können Sie sie wieder in einen Übertopf und an ihren Platz zurückstellen.

PFLANZEN VEGETATIV VERMEHREN

Pflanzen vegetativ durch abgetrennte Teile zu vermehren, gehört zu den Grundfertigkeiten des Gärtnerns. Viele Pflanzen, die in Ampeln kultiviert werden, verkahlen mit der Zeit, alte Blätter fallen ab und nur noch die Triebspitzen sehen schön aus. Hier hilft ein Neuanfang über **Stecklingsvermehrung.** Darüber hinaus ist es schön, wenn man Friendship-Pflanzen mit Freunden teilen kann. Pflanzen verfügen über ein äußerst gutes Regenerationsvermögen, aus einem abgebrochenen oder abgeschnittenen Pflanzenteil kann sich eine vollständige Pflanze regenerieren. Diese Fähigkeit macht man sich in großem Stil bei der Sortenvermehrung im Erwerbsgartenbau zunutze, und auf diese Weise können Pflanzen theoretisch ewig leben.
Schneiden Sie Stecklinge immer mit einem scharfen Messer, da eine Schere die Schnittstelle quetscht und dabei Zellen zerstört. Da Pflanzen sehr unterschiedlich vegetativ vermehrt werden können, sollten Sie sich vorher erkundigen, welche die beste Methode für die jeweilige Pflanze ist. Viele Begonien, Gesnerien und der Bogenhanf (*Sansevieria*) können über **Blattstecklinge** vermehrt werden. Dazu wird ein Laubblatt entweder in Stücke oder nur an den Blattadern eingeschnitten. Die Schnittstellen werden anschließend in das Substrat gesteckt, wo sich dann Wurzeln und schließlich neue Pflänzchen entwickeln. Für viele krautige und verholzende Zimmerpflanzen bieten sich **Kopf- oder Teilstecklinge** an. Ein Kopfsteckling ist die Triebspitze, ein Teilsteckling ist ein Stück aus der Sprossachse. Stecklinge sollten 6–10 cm lang und nicht zu verholzt oder zu weich sein. Das untere Drittel der Stecklinge entblättern Sie mit dem Messer, tauchen es optional in eine Bewurzelungshilfe und stecken es anschließend bis zum ersten Blattpaar in einen kleinen Topf mit Substrat. Pro Topf können einer oder mehrere Stecklinge gesteckt werden. Da ein Steckling noch keine Wurzeln hat, kann er kein Wasser zu den transpirierenden Blättern transportieren, sodass er leicht vertrocknet. Stülpen Sie daher eine durchsichtige Plastiktüte über den Topf. Die so erzeugte hohe Luftfeuchtigkeit am Steckling mindert die Transpiration. Entfernen Sie kraftraubende Blüten.

GENERATIVE VERMEHRUNG

Vielleicht haben Sie sich aber auch in einen Exoten verliebt, den man nur als Samen im Internet bekommt und selbst aussäen und anziehen muss. Erkundigen Sie sich, ob es sich bei den Samen um **Licht- oder Dunkelkeimer** handelt. Dunkelkeimer müssen Sie mit Substrat abdecken, Lichtkeimer dürfen maximal hauchdünn von Sand oder Substrat bedeckt sein, sodass noch UV-Licht an die Samen gelangt.
Als Substrat eignet sich sowohl für Stecklinge als auch für Aussaaten nur Vermehrungssubstrat, normale Blumenerde enthält zu viel Dünger und ist dadurch ungeeignet. Ist das Saatgut gut aufgegangen oder sind mehrere Stecklinge in einem Topf gut angewachsen, müssen Sie die Pflanzen nach wenigen Monaten vereinzeln (pikieren). Sie machen sich sonst gegenseitig Konkurrenz.

2

KRANKHEITEN UND SCHÄDLINGE

Krankheiten und Schädlinge können sich immer einstellen und zu einem ernsten Problem werden. Oft fängt es schleichend an, Schädlinge sieht man nicht gleich sitzen oder fliegen. Einige Schädlinge sind recht klein, z.B. die Rote Spinne, und können mit dem bloßen Auge nur schwer erkannt werden. Erst wenn sich bereits eine kleinere oder größere Kolonie gebildet hat, die Fensterscheibe von Honigtau-Ausscheidungen klebt (Blattläuse), sich weiße Klumpen bilden (Wollläuse), braune Flecken an den Sprossachsen auffallen (Schildläuse), kleine Insekten schwirren (Trauermücken) oder sich Gespinste auf den Blättern bilden (Rote Spinne), fällt der Schädlingsbefall auf.

In so einem Fall muss man sich gut überlegen, was noch zu retten ist, denn ab einer bestimmten Befallsintensität wird es schier unmöglich, gegen die Kolonie zu gewinnen, und Nachbarpflanzen werden ebenfalls befallen. Dabei ist der Mensch gleichzeitig der größte Überträger: Durch Anfassen der Pflanzen, Abstreifen der Kleidung oder Heizungsluft werden Schädlinge in der Wohnung verteilt.

Auch Pflanzen verfügen über ein Immunsystem, doch funktioniert dies nur bei guter Gesundheit und vitalen Pflanzen. Bei wechselhafter Pflege (unregelmäßiges Gießen oder Düngen, kein Umtopfen) wird eine Pflanze gestresst und anfällig. Die Pflege ist also wichtig, dabei können Sie die Pflanzen auch gleich auf Schädlinge kontrollieren (Monitoring).

ERSTE HILFE

Befallene Pflanzen sollten Sie immer sofort von anderen Pflanzen in der Wohnung isolieren, um eine Ausbreitung der Schädlinge zu verhindern. Beginnen Sie sofort mit der Schädlingsbekämpfung, die Tierchen haben eine so schnelle Reproduktionsrate, dass sich ihr Bestand innerhalb einer einzigen Woche verdoppeln kann! Eine Sofortmaßnahme ist das gründliche Abwaschen der Blätter und aller befallenen Teile unter dem Wasserhahn, reiben Sie dabei vorsichtig die Oberflächen mit den Fingern ab. Verwenden Sie keine Hausmittel wie etwa Spülmittel, die schaden meist mehr als sie nutzen. Im Fachhandel gibt es chemische Produkte, die über den Kontakt wirken oder von der

Woll- und Schmierläuse gehören zu den hartnäckigsten Schädlingen, die fast nur durch Abwaschen und eine Behandlung mit ölhaltigen Präparaten bekämpft werden können.

Pflanze systemisch aufgenommen werden. Alternativ können Sie Nützlinge einsetzen oder die Pflanze im Freien weiterbehandeln (siehe unten). Trauermücken lassen sich recht ordentlich mit nützlichen Nematoden behandeln, bei Woll- und Schildläusen ist das leider nicht ausreichend möglich. Bei starkem Befall kann es sich anbieten, Stecklinge zu nehmen und diese zu behandeln, die Mutterpflanze aber zu entsorgen. Bringen Sie befallene Pflanzen oder Pflanzenteile sofort aus der Wohnung und in die Biotonne oder auf den Kompost. Mussten Sie eine sehr stark befallene Pflanze entsorgen, reinigen Sie den Standort gründlich und warten Sie mehrere Monate, bevor Sie eine neue Pflanze dorthin stellen. Eier oder kleine Larven könnten sich nämlich dort erhalten und die neue Pflanze sofort wieder befallen.

Einen sommerlichen Aufenthalt im Freien genießen viele Pflanzen sehr. Achten Sie auf Abhärtungsphasen beim Ein- und Ausräumen.

SOMMERFRISCHE FÜR ZIMMERPFLANZEN

Einige Zimmerpflanzen genießen im Sommer eine Freilandkur sichtlich, sie mögen den Wechsel von Tag- und Nachttemperaturen oder der Luftfeuchtigkeit, den es so in der Wohnung nicht gibt. Sie können dafür geeignete Zimmerpflanzen wie das Fensterblatt (*Monstera*), die Birkenfeige (*Ficus*) oder Kakteen und Sukkulenten bereits bei stabilen Nachttemperaturen über 15 °C ins Freie stellen. Im Frühjahr müssen Sie Ihre Pflanzen jedoch mehrere Wochen schattieren, da sie sonst einen **Sonnenbrand** bekommen. Ungeeignet sind Pflanzen mit haariger Blattoberfläche und weichen Blättern (z.B. Gesneriengewächse). Eine südliche Exposition in einem Innenhof kann an heißen Tagen bis zu zwölf Sonnenstunden und Temperaturen von über 40 °C bedeuten, das ist für fast alle Pflanzen zu viel. Haben sich die Pflanzen nach einigen Wochen an die neuen Standortverhältnisse gewöhnt, werden sie zwar etwas robuster, Sie sollten sie aber trotzdem vor Wind und Regen schützen. Platzregen und Sturmböen im Sommer können wahre Katastrophen anrichten und bevor Ihre Pflanzen um- und übereinanderfallen, Äste brechen oder sich Kakteen verletzen, müssen sie gesichert oder kurzzeitig hereingeholt werden. Vergessen Sie auch nicht, die Übertöpfe zu leeren, denn nach einem Starkregen sind sie meist randvoll mit Wasser. Der Balkon oder die Terrasse sind ein guter Schutz gegen **Schnecken,** im Garten können diese zum Problem werden. Wenn Sie die Pflanzen im Herbst wieder in die Wohnung holen, müssen Sie beachten, dass die Pflanzen viele Wochen sehr viel mehr Licht hatten als in der Wohnung. Bei vielen Pflanzen kann die Umstellung zu massivem Blattfall führen, stellen Sie sie also anfangs so hell wie möglich auf. Niedrige Temperaturen helfen bei der Rückgewöhnung ans Zimmer.

DIE FREILUFTKLINIK

Wenn es das Wetter zulässt, können Sie mit Schädlingen befallene Pflanzen im Freien behandeln. Wind und Wetter dezimieren tatsächlich viele Schädlinge (Wollläuse z.B. sind äußerst empfindlich für UV-Licht), wodurch sich der Befallsdruck etwas reduziert. Trotzdem ist das Problem noch nicht ausgestanden, Sie müssen entweder chemisch oder mit Nützlingen gegen die Schädlinge vorgehen. Ölpräparate fallen unter die klassischen Pflanzenschutzmittel, obwohl sie mechanisch wirken, indem sie die Atemlöcher der Schädlinge verkleben. Mit wiederholter Anwendung lässt sich eine Pflanze damit wieder schädlingsfrei bekommen, ohne dass Sie Vergiftungen bei Haustieren etc. befürchten müssen. Doch auch im Freien gilt: Trennen Sie befallene von gesunden Pflanzen weiträumig.

Zu Hause angekommen sollten Sie Schnittblumen wie diese Ranunkeln immer frisch anschneiden, weil sonst Luft die Leitbahnen verstopft.

SCHNITTBLUMEN KAUFEN UND PFLEGEN

In ein Buch über die Welt in voller Blüte gehört natürlich auch die Pflege der Blumen in Blumensträußen. Schnittblumen sind lebende, vom Wurzelsystem getrennte, teilweise oder ganz entwickelte Pflanzenteile, die folglich noch weiter wachsen, transpirieren usw. Züchter haben deshalb viele Schnittblumen auf die Haltbarkeit in der Vase hin verbessert, indem sie auf eine festere Cuticula, weniger Spaltöffnungen etc. selektiert haben. Daher ist eine Edelrosensorte aus dem Garten in der Vase niemals so haltbar wie eine Schnittrosensorte. **Schon beim Kauf** des Blumenstraußes können Sie erkennen, wie lange die Schnittblumen wohl halten werden, da die Haltbarkeit stark vom Entwicklungsstadium vor der Ernte abhängt. Sind die Pflanzen schon weit aufgeblüht und kaum noch knospig, sind sie meist schon zu weit entwickelt. Eine Ausnahme stellen Narzissen dar, die auch voll geöffnet geerntet werden. Chrysanthemen, Lilien und Nelken halten dagegen besonders lange, wenn sie noch sehr knospig sind, bei Iris hingegen sollte man schon die Farbe der Blütenblätter sehen können.

MASSNAHMEN FÜR EIN LANGES VASENLEBEN

Blumen werden durch die Fotosynthese konstant mit Kohlenhydraten versorgt, durch das Abschneiden fällt diese Versorgungsquelle weg. Auch wenn sie noch grüne Blätter haben, wird in diesen weniger assimiliert und fast nur noch transpiriert. Aus diesem Grund kann man das untere Drittel vom Blattstiel entblättern und dem Blumenwasser als neue Energiequelle **Blumenfrischhaltemittel** oder eine selbst hergestellte Zuckerlösung (1–7 %) hinzufügen. Damit die Nahrungsaufnahme über das Vasenwasser erfolgen kann, müssen die Leitungsbahnen des Blütenstiels frei sein. Beim An- und Abschneiden gerät Luft bis kurz hinter die Schnittstelle und Luftpfropfen verstopfen die Leitungsbahnen. Um Embolien zu verhindern, schneiden Sie die Stiele immer schräg ab. **Ein schräger Schnitt** hat eine größere Oberfläche und verletzte Zellteile können die Leitbahnen hier nicht so leicht verstopfen. Verwenden Sie dazu ein scharfes Messer, das im Gegensatz zu einer Schere nicht quetscht. Schneiden Sie in der Luft an, können Luftpfropfen durch angesäuertes Vasenwasser (pH-Wert 3–4) wieder gelöst werden. Eine andere Möglichkeit ist das Anschneiden in ca. 40 °C warmem Wasser, in welchem man die Blütenstiele anschließend langsam abkühlen lässt. Als Blumenwasser eignet sich besonders weiches Wasser, das arm an Carbonat (z. B. Kalk) ist, da Carbonate die Leitbahnen verstopfen. In Gegenden mit hartem Wasser versuchen Sie, Regenwasser als Gieß- und Blumenwasser zu verwenden. Wenn Sie Schnittblumen selbst ernten, tun Sie dies am besten abends, wenn die Blumen viele Kohlenhydrate eingelagert haben, statt morgens, wenn sie diese während der Nacht verbraucht haben.

Reisen in den Tropen

Der folgende Abschnitt basiert auf meinen persönlichen Erfahrungen, meinen Fehlgriffen, aber auch den schönen Zeiten, die ich auf all meinen Reisen durchleben durfte. Er soll Ihnen eine gedankliche Grundlage bieten, ist jedoch nicht als konkrete Anleitung zu verstehen.

Früher begann meine Reise schon, wenn die Post den »Lonely Planet« für das anvisierte Land lieferte. Stundenlang blätterte, las und notierte ich mir Ziele, Zeitpläne, Reiserouten, Hotels, Sehenswürdigkeiten und vieles mehr. Meine Vorfreude wuchs ins Unermessliche! Manchmal fehlten dann noch Impfungen oder die Reiseapotheke musste aufgefüllt, ersetzt oder ergänzt werden und ich stellte mich beim Arzt oder in der Apotheke vor. Dabei konnte ich sagen, ich brauche das für Indien oder ein ähnliches Land, und dabei kam ich mir fast so vor, als wäre ich ein vielgereister Kosmopolit, der selbst die Exotik und das Abenteuer ferner Länder verströmen würde. Inzwischen durchforstet man wohl mehr das Internet und macht sich über Social Media mit den Erfahrungen anderer Reisenden im Vorfeld vertraut. Das ist nicht zwingend weniger spannend, als in einem Reiseführer zu lesen, und es geht viel schneller.

Das **Auswärtige Amt** stellt auf seiner Homepage zu allen Ländern viele wichtige **Reisehinweise** informativ und übersichtlich zusammen. Ob Visum, die politische Lage, Sicherheitshinweise, Gesundheitsfragen, hier findet man ein wahres Füllhorn an Informationen für die Vorbereitung. Ein **regelmäßiger Gesundheitscheck** und ein Blick in den Impfpass sind nach wie vor Pflicht. Neben den hierzulande gängigen **Impfungen** (z.B. Tetanus) fallen für einige tropische Länder zusätzliche Impfungen (Typhus, Hepatitis) an, um die man sich einige Monate vorher kümmern muss.

EINREISEBESTIMMUNGEN

Obwohl für deutsche Staatsbürger die Einreisebestimmungen meist einfach sind, denn man bekommt in vielen Ländern ein Visum bei der Ankunft (Visa on arrival), gibt es auch Länder, für die man mehr oder weniger lange vor Abflug ein Visum beantragen muss (z.B. USA, Myanmar, Vietnam). Während des Fluges bekommt man häufig Einreisekarten, die man neben einer Zollerklärung ausfüllen muss. Zum einen lassen sich diese Karten im Flugzeug besser ausfüllen als an den überfüllten Einreiseschaltern, also immer einen Stift mit ins Handgepäck nehmen, zum anderen lohnt es sich, wenn man die Unterkunft für die ersten Tage vorgebucht hat, da nach einer Adresse gefragt wird (zumindest sollte man irgendeine Adresse nennen können).

GESUNDHEITSVORSORGE

Je nach Reiseland empfiehlt es sich, eine abgestimmte Reiseapotheke mitzunehmen. Wurde man vor 30 Jahren noch gegen Malaria geimpft, werden Malariamittel heutzutage nur noch als Standby mitgenommen oder man wird im Land selbst gegen Malaria behandelt. In jedem Fall sollten Sie eine Auslandskrankenversicherung mit Rücktransportmöglichkeit besitzen bzw. die Möglichkeit haben, Arztrechnungen sofort bezahlen zu können. Lassen Sie sich durch einen Tropenmediziner beraten, was er Ihnen für die Reiseapotheke empfiehlt.

SINNVOLLES GEPÄCK

Auf den Webseiten von Reiseveranstaltern oder bei Reisebloggern findet man viele Checklisten, was die Ausrüstung beinhalten sollte. Holen Sie sich Inspiration von allen und stellen Sie sich eine individuelle, für Sie relevante Liste zusammen. Vielleicht sind Sie ja mehr am Wandern interessiert, am Schnorcheln

In vielen Städten in den Tropen pulsiert das Leben bis tief in die Nacht, wie hier in Bangalore/Indien. Meiden Sie aber dunkle Gassen und große Menschengruppen.

und Tauchen, am Bergklettern oder Sie wollen Zelten, die Ausrüstung lässt sich also schwer verallgemeinern. Einen Reisewecker braucht hingegen heute kein Mensch mehr, da jedes Handy eine Weckfunktion hat. Erkundigen Sie sich nach einer SIM-Karte und den besten Anbietern für das Land. In Südkorea, Thailand und vielen anderen asiatischen Ländern kann man sich gut eine lokale SIM-Karte für das eigene Handy kaufen. In Südafrika, den USA oder Indonesien werden einem am Flughafen Wucherpreise dafür abgeknöpft. Kaufen Sie sich daher lieber erst in der nächsten Stadt eine.

GELD UND KRIMINALITÄT

Ich nehme mittlerweile nur Kreditkarten und einen kleinen Vorrat an Bargeld zur Absicherung mit. Zum Glück bin ich bisher noch kein Opfer von Kreditkartenbetrug und auch nur einmal und dabei eher halbherzig ausgeraubt worden (es hätte viel schlimmer kommen können), doch haben Sie immer ein wachsames Auge. In Shopping Malls oder Bankfilialen ist das Geldabheben meist sicher und vor Betrug geschützt, kleine Automaten in der Wildnis sollte man eher kritisch sehen. Ich meide Gruppen, die um einen Automaten herumstehen und Hilfe anbieten. Lassen Sie sich nicht »abdrängen« und laufen Sie nie jemandem hinterher, der Sie durch kleine Seitenstraßen zu einem »Fest« oder irgendetwas anderem bringen möchte. Hinweise zu gängigen Betrugsmaschen und zum besten eigenen Verhalten können Sie auf der Homepage des Auswärtigen Amts nachlesen und in Erfahrungsberichten im Internet. Es lohnt sich, das vorher zu lesen, um zu wissen, was einen erwarten könnte.

»NATÜRLICHE« GEFAHREN

Als Leser dieses Buches werden Sie vermutlich mindestens so viel Spaß und Interesse am Besuch eines Nationalparks oder eines botanischen Gartens haben wie ich selbst. Vor allem in Letzteren können Sie häufig die besonderen Pflanzen der dortigen Flora auf engstem Raum sehen und viel darüber erfahren. In einem Nationalpark kann so ein Erlebnis bei einer Safari sogar sehr aufregend werden, wenn man dabei auf wilde Tiere trifft. Niemand würde auf die Idee kommen, einen wilden Löwen zu streicheln, aber auch andere **Wildtiere und halb verwilderte Haustiere** können schnell zu einer Gefahr werden! Viele Insekten, Schlangen und Amphibien sind giftig oder anderweitig gefährlich, beobachten oder fotografieren Sie sie lieber mit Abstand. **Auch Pflanzen können wehrhaft sein,** passen Sie also auf, was Sie anfassen, wenn Sie es nicht kennen.

SONNEN- UND INSEKTENSCHUTZ

Die Sonne in den Tropen ist sehr stark, hinzu kommt, dass die Trockenzeit Asiens während unserer Winterzeit liegt und mitteleuropäische Augen und Haut zu dieser Zeit nicht an die viele Sonne gewöhnt sind. Besonders auf dem Wasser kann man sich innerhalb von Minuten einen kräftigen Sonnenbrand einhandeln und auch die Augen leiden im grellen Licht. Tägliches Eincremen mit Sonnencreme und das Tragen einer Sonnenbrille werden nicht umsonst empfohlen. Gegen Insekten können Sie ein Repellent aus Deutschland mitbringen, doch ich habe die Erfahrung gemacht, dass es viele örtliche Produkte gibt, die sehr gut aufzutragen, schonend zur Haut und hochwirksam sind. Erkundigen Sie sich vor Ort!

KONTAKTE KNÜPFEN

Grundsätzlich haben mir die Kontakte mit Land und Leuten immer viel Spaß gemacht, ich hoffe, es beruhte auf Gegenseitigkeit. Man muss sich jedoch im Klaren darüber sein, dass es nicht jeder gut mit einem meint. Zu Hause laufe ich nicht am Münchner Stachus auf und ab und frage Touristen, ob ich ihnen die Stadt zeigen darf, doch wenn man gemütlich im Biergarten sitzt, kommt man öfter mit Touristen am Nachbartisch ins Gespräch. Es kommt also immer darauf an, wen Sie wann und wo treffen, denn manche Leute sind freilich mehr an Ihrem Geld als an Ihnen als Mensch interessiert. Doch man kann viel Schönes erleben, wenn man

Der Machinelbaum (*Hippomane mancinella*), auch »Äpfelchen des Todes« genannt, ist eine der giftigsten Pflanzen der Welt. Schon eine Berührung genügt, sogar der Dampf beim Verbrennen des Holzes. Seien Sie sehr vorsichtig mit unbekannten Gewächsen und Tieren!

1
Ein besonderer Bildausschnitt, wie diese Makroaufnahme einer Mohnblüte, rückt Details ins richtige Licht.

2
Passen Sie bei Souvenirs pflanzlichen Ursprungs genau auf, damit sie keine Spezies gefährden und es am Zoll keine Schwierigkeiten gibt.

sich auf Land und Leute einlässt (siehe Seite 152), denn es gibt in fernen Ländern gefühlt mehr Feiertage und Zeremonien als in Deutschland, denen beiwohnen zu dürfen eine große Ehre ist.

MITBRINGSEL

Souvenirs gehören natürlich irgendwie zum Reisen dazu, es gibt wohl nicht viele Leute, die komplett darauf verzichten. Bitte kaufen Sie keine Andenken aus Tieren oder Pflanzen, die auf der Roten Liste der bedrohten Arten stehen. Lebende Orchideen oder Kakteen sowie alle anderen lebenden Pflanzen brauchen von Haus aus ein phytosanitäres Zeugnis, bevor sie nach Deutschland eingeführt werden dürfen. Es wäre jammerschade, wenn die Pflanzen vom Zoll mangels Zeugnis einfach weggeworfen würden.

PFLANZEN FOTOGRAFIEREN

In vielen wissenschaftlichen Studien über das Destinationsmarketing zeigte sich, dass Besucher verstärkt Pflanzen fotografieren und in Social Media teilen und deshalb viele Reiseziele mit Pflanzen verbunden werden. Exotische Blumen stehen für Fernweh und Reisen.

Perspektiven und Technik machen beim Fotografieren viel aus. Wollen Sie eine einzelne Pflanze fotografieren, wählen Sie das Hochformat. Es lässt das Auge fokussierter schauen und eignet sich für die Betonung einer Blüte oder um die Größe eines Baumes zu betonen, wenn Sie am Stamm hochfotografieren. Das Querformat hingegen eignet sich besonders für Landschaften, für Bereiche, in den man die Weite zeigen möchte. Je nachdem, was man mit dem Bild festhalten will, ist die Wahl eines Ausschnitts (z.B. eine Blüte) oder sogar nur eines Details sinnvoll (z.B. das Zentrum einer *Asteraceen*-Blume, um die Symmetrie zu zeigen). Will man das Bild »voll« und lebendig haben, fotografiert man am besten die Totale (z.B. ein Blumenbeet voller Blüten). Spielt man zusätzlich mit der Perspektive (Frosch-, Vogel- oder Zentral-), lassen sich überraschende Effekte erzeugen. Legen Sie sich bäuchlings auf eine Wiese und fotografieren Sie einmal auf zentraler Höhe Gänseblümchen, ein Blick, wie ihn

Aus einer anderen Perspektive lässt sich die Welt der Pflanzen und Blüten gleich ganz anders wahrnehmen und darstellen.

sonst nur Insekten kennen, weil wir immer von oben auf die Blümchen herabsehen.
Schließlich können führende Linien (vertikal, horizontal oder diagonal) **Dynamik** ins Bild bringen oder bestimmte Pflanzenformen betonen. Ein im Hochformat aufgenommenes Bild von vertikalen Stämmen in einem Bambuswald lässt die Halme in den Himmel wachsen!
Schließlich spielen auch noch **Symmetrien oder Asymmetrien** eine Rolle für das Bild, da sie etwas betonen oder in den Hintergrund rücken, bzw. dem Bild eine Dynamik geben. Asymmetrien sind ein wichtiger Aspekt bei Fotoregeln (Goldener Schnitt, Goldenes Dreieck, Fibonacci-Spirale), wie sie professionelle Fotografen anwenden.
Neben den technischen Aspekten des Fotografierens ist es die **affektive Ebene**, die den Betrachter anspricht. Mit Zeichen und Farben können Sie auf Ihren Bildern eine Botschaft ausdrücken (Semiotik). Eine bunte Blumenwiese mit einem darüber tanzenden Schmetterling vermittelt dem Betrachter das wohlige Gefühl von Sommer, Sonne und Wiesenduft. Der typische Sonnenuntergang an einem Strand unter Kokospalmen spiegelt das Ende eines tollen Urlaubstages mit Sonne, Strand und Meer. Leere, weite Landschaften vermitteln, dass Sie die erste Person sein könnten, die alleine diesen Ort betritt. Das Motiv der Rückenfigur (vor dem Fotografen läuft jemand) versetzt den Betrachter an die Stelle des Fotografen.
Mit ein paar Regeln und überlegten Motiven können auch Sie aus Ihren Pflanzen- und Urlaubsbildern richtig tolle Aufnahmen machen. Für einige der schönsten Pflanzenfotografien halte ich die Bilder in »Portraits of Himalayan Flowers« von Toshio Yoshida, auch wenn sie schon älter sind. Vielleicht eine Inspiration für Sie?

Stichwortverzeichnis

Pflanzennamen von A-Z

Unterstrichene Einträge verweisen auf ein Pflanzenporträt

Stichwörter von A–Z

Literatur

Bonstedt, C. (1931). Pareys Blumengärtnerei. Verlag Paul Parey

Duncan, G. (2008). Grow Clivias. National Botanical Institute, Kirstenbosch Gardening Series

Encke, F. et al. (1987). Kalt- und Warmhauspflanzen: Arten, Herkunft, Pflege und Vermehrung. Ein Handbuch für Liebhaber und Fachleute. Verlag Eugen Ulmer

Fast, G. (1980). Orchideenkultur. Botanische Grundlagen, Kulturverfahren, Pflanzenbeschreibungen. Verlag Eugen Ulmer

Fischer, A. und F. Fleischer-Dogley (2008). Coco de Mer: Myth and Eros of the Sea Coconut. Edition A. B. Fischer

Fukarek, F. et al. (1989). Pflanzenwelt der Erde. Urania

Gandhi, M. (1995). »Brahmas Haar« , Brandes & Apsel

Germann, P. und G. (2012). Pflanzen der Aromatherapie. Franckh Kosmos Verlag

Graf, A. B. (1982). Exotica 4: International pictorial cyclopedia of exotic plants from tropical and near-tropic regions. Rutherford, New Jersey: Roehrs Co.

Haage, U. und U. Manck (2006). Kaktus-Kochbuch. RBV Burkhardt

Harari, Y. N. (2015). Eine kurze Geschichte der Menschheit. Pantheon Verlag

Hay, A. et al. (2012). Huanduj: Brugmansia. Kew Books

Hepburn, R. J. (2012). Plants of the Cahuilla Indians of the Colorado Desert and Surrounding Mountains: Field Handbook. Enduring Knowledge Publications

Hess, D. (2019). Die Blüte: Struktur, Funktion, Ökologie, Evolution. Verlag Eugen Ulmer

Hessayon, D. G. (1993). The house plant expert. Expert Books, Transworld Publishers Ltd.

Jenuwein, H. (2004). Avocado bis Zuckerrohr: Tropische Nutzpflanzen selber ziehen. Verlag Eugen Ulmer

Kammesheidt, L. (2007). Die Dipterocarpaceen-Wälder Südostasiens. Naturwiss. Rundschau 60/2007

Keane, M. und H. Ohashi (1999). Gestaltung Japanischer Gärten. Verlag Eugen Ulmer

Kirchner-Abel, A. et al. (2003). Das große Buch der Engelstrompeten. akawa Verlag

Köhlein, F. (1997). Die Haus- und Kübelpflanzen: für Blumenfenster, Wintergarten, Terrasse. Verlag Eugen Ulmer

Manning, J. (2018). Field Guide to Fynbos. Struik Publishers Ltd.

Mastaller, M. (1997). Mangroves. The forgotten Forest between Land and Sea. Tropical Press, Kuala Lumpur

Matthews, J. (2019). Korean Gardens: Tradition, Symbolism and Resilience. Korean Book Services

Matthews, L. (2016). Protea: A Guide to Cultivated Species and Varieties. University of Hawaii Press

Metz, C. und K. Schubert (1999). Abgefahren: In 16 Jahren um die Welt. Kiwi Verlag

Nelson, E. C. und E. G. H. Oliver (2003). Understanding Erica × willmorei ... Bothalia 33,2, S. 149–154

Pein, J. (2012). Plumeria in Thailand. A Guide to 235 Varieties. White Lotus Co Ltd

Pfeiffer, Z. (2013). »Die Erforschung der anderen«. Essay in der Zeitschrift Hinterland, Ausgabe 23

Pleasant, B. (2005). The complete houseplant survival manual. Storey Publishing

Preissel, U. und H.-G. (1997). Engelstrompeten. Verlag Eugen Ulmer

Röber, R. und W. Wohanka (2014). 90 Kulturen im Zierpflanzenbau. Verlag Eugen Ulmer

Rubin, G. und L. Warren (2016). The Drought-Defying California Garden. Timber Press

Rücker, K. (1990). Handbuch Pflanzen zu Hause: Pflege, Arten, Sorten. Weltbild Verlag

Sacalis, J. N. (1998). Schnittblumen länger frisch. Thalacker Medien

Stammel, H. J. (1986). Die Apotheke Manitous ... Verlag Wunderlich

Taylor, N. P. (1985). The Genus Echinocereus. Timber Press

Waddick, J. W. und G. M. Stokes (2000). Bananas you can grow. Verlag Stokes Tropicals

Yoshida, T. (2002). Portraits of Himalayan Flowers. Timber Press

Zimmer et al. (1989). Hauptkulturen im Zierpflanzenbau. Verlag Eugen Ulmer

Bezugsquellen

Neben der Gärtnerei und dem Gartencenter in Ihrer Nähe gibt es eine Vielzahl von spezialisierten Versendern mit einem Onlineshop:

www.araflora.de (breites Sortiment an Blütenpflanzen und Blattschmuckpflanzen)
www.bens-jungle.com (Blattschmuckpflanzen)
www.canarius.com
www.casa-fiori.de (Proteen)
www.engelstrompete.eu (Kübelpflanzen)
www.fangblatt.de (Wachsblumen, Passionsblumen, Orchideen, fleischfressende Pflanzen etc.)
www.farnwerk.ch (Farne, Blattschmuckpflanzen)
www.garten-jan.de (breites Sortiment)
www.kakteen-haage.de (Kakteen und Sukkulenten)
www.kakteengarten.de (Kakteen und Sukkulenten)
www.koehres-kakteen.de (Kakteen und Sukkulenten)
www.kopf-orchideen.de (Orchideen)
www.kraeuter-und-duftpflanzen.de
www.kunst-und-lustgaertnerei.de
www.orchideen-wichmann.de (Orchideen)
www.pasiora.com (Sukkulenten)
www.rarepalmseeds.com (Palmen, Aronstabgewächse, Agaven, Strelitzien, Bananen)
www.rareplants.de (breites Sortiment aus Teneriffa)
www.raretropicals.de (tropische Pflanzen und Samen)
www.roellke-orchideen.de (Orchideen)
www.siamgreenculture.com (thailändischer Shop)
www.uhlig-kakteen.de (Kakteen und Sukkulenten)
https://utopiaclivias.co.za (Klivien)

Über den Autor

Nach seinem Studium zum Dipl.-Ing. (FH) Gartenbau an der FH Weihenstephan/Freising arbeitete Till Hägele in verschiedenen botanischen Gärten in ganz Deutschland. Seit 2001 ist er Abteilungsleiter der Gewächshausabteilung des Botanischen Gartens in München. Seit vielen Jahren bildet er auch Gärtner aus. Er hält Vorträge auf internationalen Symposien und verfasst fachliche Publikationen. 2017 promovierte er in Agrarwissenschaften zum Doctor of Philosophy. Bekannt wurde er auch durch seine Mitwirkung als Experte in der BR-Sendung »Querbeet«.

DIE KÖNNTEN SIE AUCH INTERESSIEREN.

ISBN 978-3-96747-062-8

ISBN 978-3-96747-027-7

ISBN 978-3-96747-001-7

ISBN 978-3-8354-1747-2

ISBN 978-3-8354-1861-5

ISBN 978-3-8354-1855-4

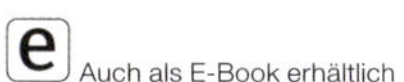
Auch als E-Book erhältlich

Mehr von BLV auf **www.blv.de**

Impressum

Postfach 860366, 81630 München

BLV ist eine eingetragene Marke der GRÄFE UND UNZER VERLAG GmbH, www.blv.de

ISBN 978-3-96747-063-5

1. Auflage 2021

Projektleitung: Susanne Kronester-Ritter, Ariane Heger
Lektorat: Corina Steffl
Bildredaktion: Hannah Crawford, Natascha Klebl (Cover)
Korrektorat: Dr. Helga Hofmann
Umschlaggestaltung: kral & kral design, Dießen a. Ammersee
Herstellung: Susanne Fuhrmann
Layout: kral & kral design, Dießen a. Ammersee
Satz: Anton Walter, Gundelfingen
Repro: Longo AG, Bozen
Druck und Bindung: Printer Trento s.r.l., Trento

Umwelthinweis:
Nachhaltigkeit ist uns sehr wichtig. Der Rohstoff Papier ist in der Buchproduktion hierfür von entscheidender Bedeutung. Daher ist dieses Buch auf PEFC-zertifiziertem Papier gedruckt. PEFC garantiert, dass ökologische, soziale und ökonomische Aspekte in der Verarbeitungskette unabhängig überwacht werden und lückenlos nachvollziehbar sind.

Bildnachweis

Titelbild: Stocksy/Alan Shapiro

Illustrationen: Stefan Caspari: 41; Matias Kovacic: 47-1
Icons: Shutterstock

AdobeStock: 2, 4-1, 8, 11-1, 11-2, 12, 13, 19, 21-1, 21-2, 24, 28, 29, 30, 33, 34-3, 34-4, 36, 38, 42, 45, 47-2, 53, 54-1, 56, 57, 60, 61, 62, 63, 64, 72, 74, 79, 82, 83, 84, 91, 96-1, 96-2, 97, 98, 99, 100, 103, 104, 106, 107-2, 107-3, 107-4, 108, 109, 112, 116, 118, 120, 122, 124, 125-1, 129-1, 129-2, 129-3, 129-4, 131, 133, 140, 144, 148, 154, 155-1, 158, 159-2, 159-3, 160, 162, 168, 170, 171, 173, 179, 187, 189, 192, 194, 198, 202, 207, 212, 219, 222, 225, 226, 227-2, 228, 229, 230, 232, 240, 242, 244, 245, 248, 249, 257, 260-1, 261, 269-1, 272
agefotostock/Cornelia Doerr: 164
agefotostock/Lee Junggeun: 71
Alamy: 5-2, 15-2, 23, 26, 27-2, 32, 34-2, 37-2, 39, 43, 44, 54-2, 55, 68, 80, 81, 88, 111, 115, 125-2, 130, 137, 143, 145, 147, 150, 153, 155-2, 181, 182, 183, 185, 186, 190, 196, 197, 206, 209, 215, 217-1, 218, 223, 237, 241, 264, 276, 277, 278-2, U4-2
biodiversitylibrary.org/Carl Friedrich Philipp Martius: 254
Biosphoto: 27-1
Botanikfoto: 73
FloraPress: 169, 199, 200, 217-2, 258-1, 269-2, 274
FloraPress/Visions: 93, 135, 208-1, 231, 251, 273
Friedrich Strauss: 69, 75, 95, 117, 163, 193, 203, 205, 211, 227-1, 263, 270, 271
GAP Photos: 157, 161, 227-3, 227-4, 247, 259, 260-2
Getty Images: 5-1, 48, 50, 64, 66, 84, 87, 90, 100, 127, 140, 150, 164, 166-2, 176, 179, 195, 212, 215, 234, 237, 252, 278-1, U4-1
Dr. Till Hägele: 167
HUBER IMAGES/Günter Gräfenhain: 138
HUBER IMAGES/Justin Cliffe: 142
HUBER IMAGES/Susanne Kremer: 51
ibulb.org/Wouter Koppen: 191
Dr. Areenan In-lam: 6, 146, 286
istockphoto: 34-1, 48, 70, 76, 92, 94, 132, 134, 156, 159-1, 172, 220, 234, 239, 252, 262
living4media/Eising Studio: 15-1
mauritius images: 77, 204, 246, 258-2
naturepl.com/Jiri Lochman: 221
Nova-Photo-Graphik: 121
picture alliance/CPA Media Co. Ltd: 78
pixabay/Michaela Wenzler: 243
plainpicture/KuS: 279
Shutterstock: 4-2, 16, 17, 22, 37-1, 67, 102, 105, 107-1, 110, 114, 119, 123-1, 123-2, 126, 136, 159-4, 166-1, 175, 176, 184, 188, 201, 208-2, 210, 224, 233, 250, 255, 256, 267
Stocksy/Alan Shapiro: 6, 48, 84, 176, 212, 234
Stocksy/Eyes on Asia: 87

Wichtiger Hinweis

Das vorliegende Buch wurde sorgfältig erarbeitet. Dennoch erfolgen alle Angaben ohne Gewähr. Weder Autor noch Verlag können für eventuelle Nachteile oder Schäden, die aus den im Buch vorgestellten Informationen resultieren, eine Haftung übernehmen.

Liebe Leserin und lieber Leser,
wir freuen uns, dass Sie sich für ein BLV-Buch entschieden haben. Mit Ihrem Kauf setzen Sie auf die Qualität, Kompetenz und Aktualität unserer Bücher. Dafür sagen wir Danke! Ihre Meinung ist uns wichtig, daher senden Sie uns bitte Ihre Anregungen, Kritik oder Lob zu unseren Büchern. Haben Sie Fragen oder benötigen Sie weiteren Rat zum Thema?
Wir freuen uns auf Ihre Nachricht!

GRÄFE UND UNZER Verlag
Grillparzerstraße 12
81675 München
www.graefe-und-unzer.de

Ein Unternehmen der
GANSKE VERLAGSGRUPPE

ARCTIC
OCEAN
Hall
Newman B.
Land
Petermann Fd
Washington Ld
Greely Fd
Smith Sound
Hayes Sd
Smith Ch.
Hayes Penª
Iteplik
N. Cornwall
Pr. Patrick I.
Parry Isles
N. Lincoln
Jones Sound
Melville I.
Bathurst I.
N. Devon
Baffin Bay
Banks Str.
Melville Sound
Pr. of Wales I.
Nth Somerset
Lancaster Sd
Banks Land
Pr. Albert Ld
Mc Clintock Chan.
Admiralty In.
Eclipse Sd
Upernavik
GREENLAND
Boothia
G. of Boothia
Baffin Land
Omenak Fd
Victoria Ld
C. Bathurst
Pt Barrow
Wrangell I.
Behring Strait
Disko
Davis Strait
Scoresby Land
Emp. William Ld
C. Bismarck
Koldewey I.
Shannon
Emp. Francis
Gr. Bear L.
L. Garry
Coppermine R.
Mackenzie R.
Back R.
Melville Penª
Fox Chan.
Wager R.
East C.
C. Pr. of Wales
Alaska
Yucon
NORTH DOMINION OF CANADA
Southampton I.
Cumberland Sd
Frobisher B.
Godthaab
Reykiavik
Iceland
St Lawrence I.
Unalacleet
Behring Sea
Mt St Elias
Mt Fairweather
Cook Inlet
Alaska Penª
Kodiak I.
Aleutian Is
Sitka
Gr. Slave L.
L. Athabasca
Hudson Str.
Hudson Bay
Labrador Penina
Julianshaab
C. Farewell
Faroe
Shetl.
Orkn.
Hebrides
BRITISH ISLES
Ireland
Dubli.
Cork
York Factory
Nelson R.
Nain
Saskatchewan
L. Winnipeg
Winnipeg
Rocky Mountains
Qn Charlotte Is
British Columbia
Vancouver I.
Vancouver
Victoria
Quebec to Glasgow 2560 m.
Glasgow to New York 2780 m.
Cable 1865
Cable 1866
Str. of Belle Isle
Newfoundland
St Johns
C. Race
St Pierre
Cape Breton I.
Nova Scotia
Halifax
St Lawrence
L. Superior
Duluth
St Paul
L. Michigan
L. Huron
L. Ontario
Ottawa
Montreal
Quebec
Portland
Boston
New York
Philadelphia
Washington
New York to Liverpool 3025 m.
Cable 1869
New York to New Orleans 4500 m. via Havana
New Route to Far East 5200 m.
Yokohama to Victoria 4320 m.
R. Columbia
Portland
Missouri
Salt Lake City
Omaha
Chicago
L. Erie
C. Mendocina
UNITED STATES
San Francisco
California
St Louis
Cincinnati
Alleghany Mts.
C. Hatteras
Yokohama to S. Francisco 4800 m.
R. Colorado
Arkansas
Mississippi
Texas
Charleston
Bermudas
Southampton to New Orleans
Azores
Oporto
Lisbon
Gibraltar
Madeira
Morocco
San Diego
L. California
R. Bravo
Mobile
New Orleans
Florida
Matamoras
G. of Mexico
Bahama Is
Southampton to Aspinwall 4600 m.
Canary Is
Tropic of Cancer
London to Demerara
Sandwich Is
Honolulu
Hawaii
C. San Lucas
Revillagigedo Is
Mexico
Acapulco
Tampico
Vera Cruz
Havana
Cuba
Yucatan
Belize
WEST INDIES
Hayti
Porto Rico
St Thomas
Jamaica
Little Antilles
Caribbean Sea
Barbadoes
Trinidad
Guatemala
Truxillo
Aspinwall
Maracaibo
Caracas
Venezuela
R. Orinoco
Demerara
Paramaribo
Cayenne
Guiana
CENTRAL AMERICA
Panama
Carthagena
COLOMBIA
Bogota
C. Blanco
Cape Verd Is
C. Verd
Bathurst
Senegal
Sierra Leone
Monrovia
Cape C.
PACIFIC
New Route to Australasia
Fanning I.
Christmas I.
Equator
Galapagos Is
Quito
R. Negro
Macapa
Marajo I.
Guayaquil
EQUADOR
R. Amazon
Para
Maranhao
C. St Roque
Payta
Maranon
Truxillo
SOUTH AMERICA
Therezina
Pernambuco
Ascension
Phœnix Is
POLYNESIA
Marquesas Is
Penrhyn Is
Panama Route 6160 m.
Samoa Is
Friendly Is
Cook Is
Society Is
Tahiti
Low Archipelago
Tongatabu
Gambier Is
Pitcairn
Ducie
Callao
Lima
PERU
L. Titicaca
Madeira
BRAZIL
Matto Grosso
R. S. Francisco
Bahia
Islay
Arica
Iquique
Cobija
BOLIVIA
Sucre
Ouro Preto
Porto Seguro
Jujuy
Asuncion
PARAGUAY
Parana
Victoria
Trinidad
C. Frio
Rio de Janeiro
Tropic of Capricorn
Santos
St Ambrose
Caldera
ARGENTINE REPC
Corrientes
Desterro
Porto Alegre
Rio Grande
Coquimbo
Juan Fernandez
Valparaiso
Rosario
Sta Fe
Uruguay
Bass Is
Kermadec Is
Santiago
Buenos Ayres
Monte Video
Rio de la Plata
OCEAN
Concepcion
Valdivia
C. Corrientes
Tristan da Cunha Is
CHILE
Andes
Bahia Blanca
NEW ZEALAND
Wellington
Chatham Is
Ancud
G. of San Matias
Patagonia
G. of St George
C. Horn to Southampton
Str. of Magellan
Falkland Is
Tierra del Fuego
Staten I.
S. Georgia
C. Horn
Melbourne to London 13,310 m.
ATLANTIC OCEAN